機構學

詹鎮榮　編著

全華圖書股份有限公司

編輯大意

一、本書係依教育部所頒「機構學」課程標準編輯而成。

二、參考中外相關書籍及多年教學經驗編輯而成。

三、本書力求簡單明瞭，並以圖表輔助說明。

四、本書承榮譽教授周廣周先生指導，謹此致萬分謝意。

五、編撰如有疏誤之處，尚祈先進惠予指正，俾再版時修正，謝謝！

編輯部序

「系統編輯」是我們的編輯方針，我們所提供給您的，絕不只是一本書，而是關於這門學問的所有知識，它們由淺入深，循序漸進。

本書作者任教二十餘年，教學經驗豐富，其間寫過不少教本都相當不錯，這本是專門針對大專院校「機構學」課程編寫而成。全書由基本概念開始乃至於速度、加速度分析，和各種機構的解說，文句淺顯易懂、圖表清晰明瞭，並附中英文對照表方便學生查詢之用，爲學習機構學的最佳教本。

同時，爲了使您能有系統且循序漸進研習相關方面的叢書，我們以流程圖方式，列出各有關圖書的閱讀順序，以減少您研習此門學問的摸索時間，並能對這門學問有完整的知識。若您在這方面有任何問題，歡迎來函連繫，我們將竭誠爲您服務。

相關叢書介紹

書號：01780
書名：沖模結構設計圖解
日譯：黃錦鐘
16K/304 頁/280 元

書號：0273401
書名：產品機構設計(修訂版)
編著：顏智偉
20K/256 頁/300 元

書號：0535401
書名：連續沖壓模具設計之基礎與應用(第二版)
日譯：陳玉心
20K/328 頁/400 元

書號：01138
書名：圖解機構辭典
日譯：唐文聰
20K/256 頁/180 元

書號：05861
書名：產品結構設計實務
編著：林榮德
16K/248 頁/280 元

書號：01025
書名：實用機構設計圖集
日譯：陳清玉
20K/176 頁/160 元

書號：0542901
書名：塑膠模具設計與機構設計(修訂版)
編著：顏智偉
20K/368 頁/380 元

◎上列書價若有變動，請以最新定價為準。

流程圖

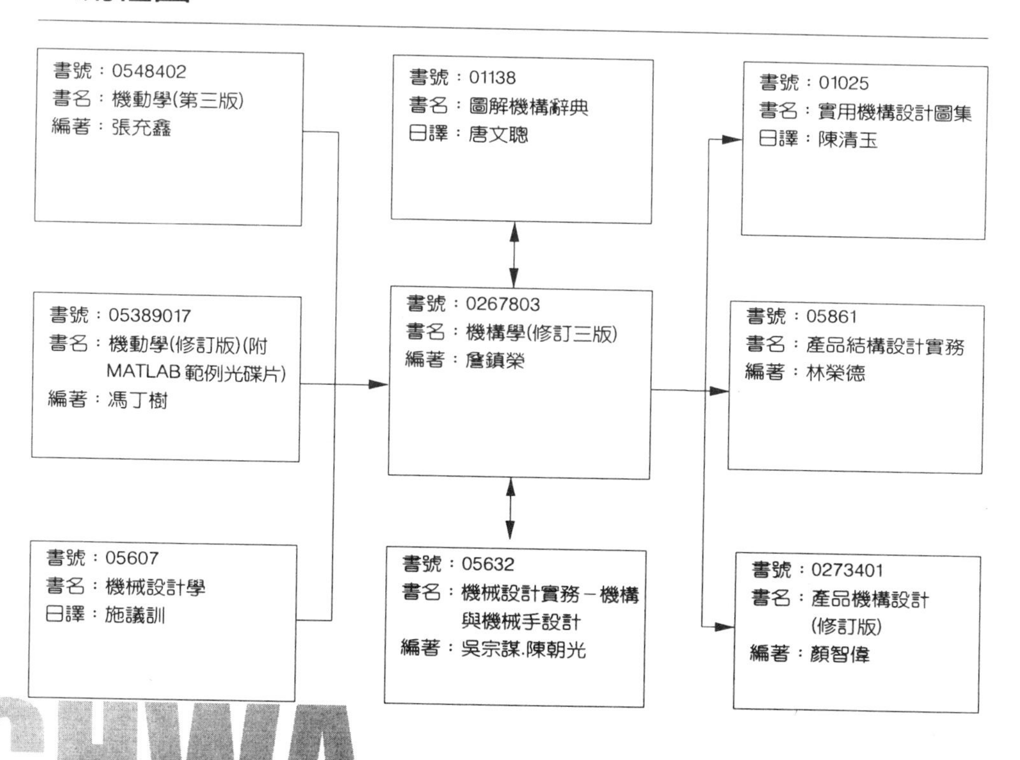

目　錄

第八章　齒輪機構　8-1

第九章　輪系機構　9-1

第十章　摩擦輪機構　10-1

第十一章　撓性傳動機構　11-1

第十二章　螺旋機構　12-1

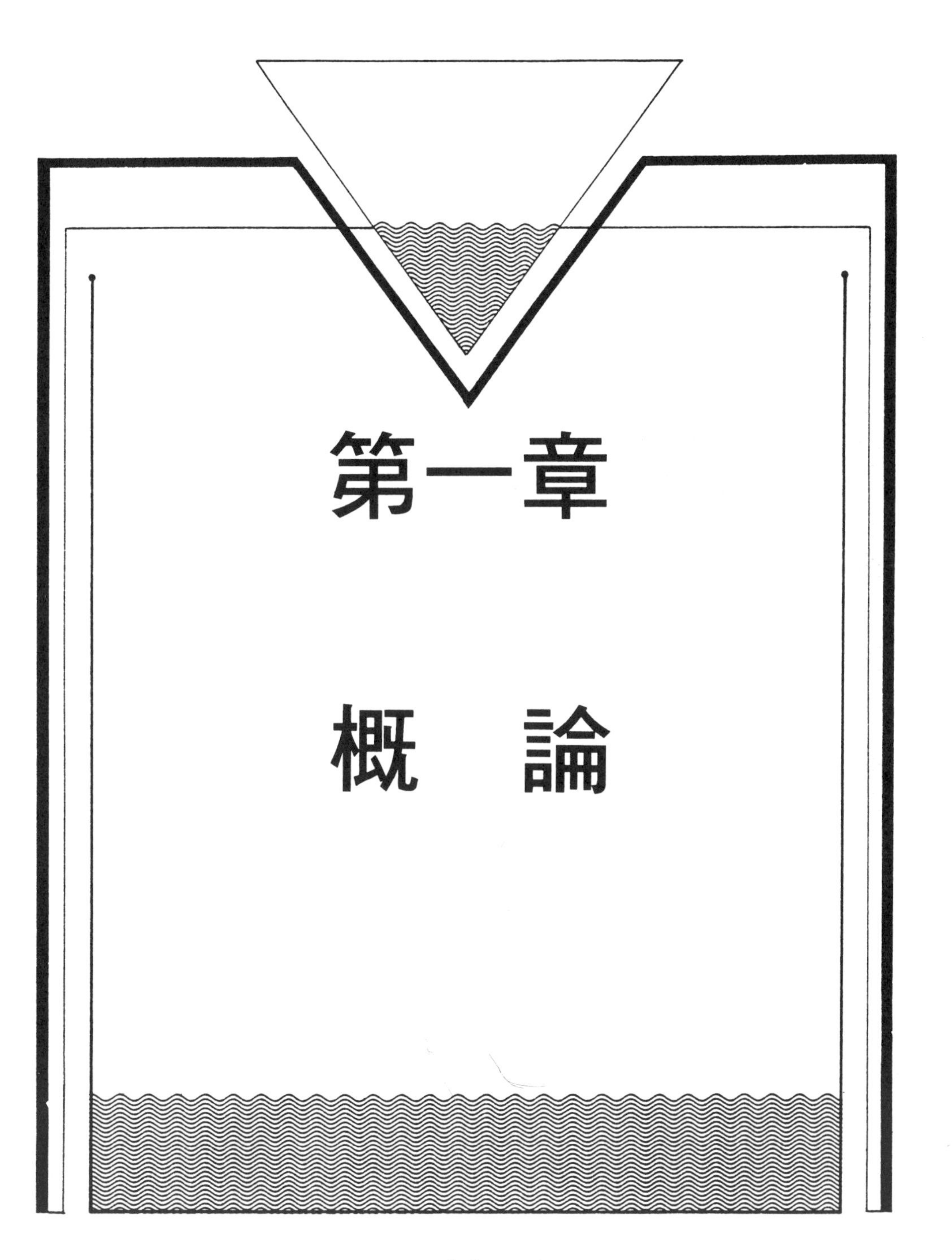

第一章

概　論

1-1　機構與機械定義

機械(machine)及機構(mechanism)兩個名詞，其所代表意義，並不完全相同；機構可說是機械中一個組合而已。換句話說，機構是屬於機械中一份子；機械是代表整體，它能使能量轉變為功者。

茲分述其定義如下：

機構之定義：機構為一組剛體(rigid bodies)之組合，移動其中一個剛體，迫使其另一相關剛體，依照該組合所形成之規律(形式)，產生一種可以預期之運動。

機械之定義：由兩個或兩個以上機構，互相配合而形成；某部份運動必定與其他部份相關，迫使自然機械力產生某種預定之效應或作功。它可以改變能量形式或轉移能量的。

機械必需具備有下列四條件：

1. 機械能接受能源(source of energy)，必能使能轉變為功，或其他效果的能力。
2. 機械是兩個或兩個以上機構配合而成。
3. 組成機械之各機構零件，必為抗力體。
4. 機械各部份運動，必須互相受限制。

一般動力機械如①水力發電機：它是由水壩→水道、壓力鋼管→水輪機→發電機→變壓器輸電所組成；是由流體能→機械能→電能，這是它作功的轉變。②火力發電機：它是由煤倉(或油庫)經散煤器或噴嘴(nozzle)→鍋爐→汽輪機→發電機→輸電設備等所組成；它的作功是由熱能→機械能→電能。③一般加工機械：是由液體能；(如舊式碾米工廠是利用水輪機。)或電能→機械能；分別以圓周、平面、往復、……等運動，配合工具加於工作物上，產生各種形狀，成為我們所要求產品。④印刷機械：是由電能→機械能，利用各種運動，使排成的鉛字板，印出各種印刷品、書籍等。以上四種例子，都合乎上列四個條件，缺一即不能成為機械。

根據上列機械四條件，機械必須具備下列四部份：

1. 接受能部份。
2. 將所接受能傳達或轉變部份。
3. 發生功或相當效果部份。
4. 支持上述三部份，相對靜止部份。

以腳踏車言之：踏板為第一部份接受腳的功；曲桿及鏈輪，屬第二部份，將功傳到後輪，使它迴轉。第三部為後輪及前輪，因迴轉而向前走，前輪也因而帶動作功；第四部份為車架，它固定前三者為一體。如圖1-1所示。

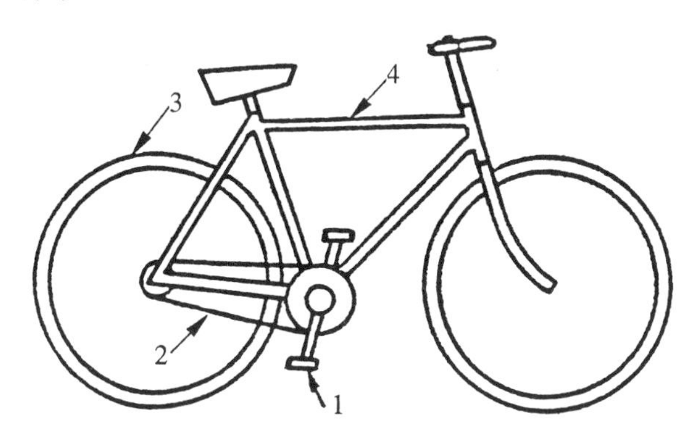

圖1-1　機械必具四部份

1-2　機構學研究對象

機構學以研究機件各組件形狀，與配合為主要對象。對於機件間之運動關係及速度有關知識；進而推究加力於一定點，將如何影響和存在於各部及各個機件之間；換句話說：了解、計劃、運用機件上特點與技巧，物理上運動原理，必須融會貫通，依其法則，加入能以求所需功；此是本書主要研究對象，謂之純粹機構學(pure mechinism)。至於機件粗細、大小、厚薄、平衡(balance)與震動(vibr-ation)等問題，是屬材料力學，機械設計及高深特殊範圍；非本書討論範圍。

1-3 機構學中之符號

在純粹機構學裡，即不考慮到機件粗細、大小與厚薄；如一連桿，一根粗一根粗大連桿與一根細小連桿，運動相同，不論它的斷面，是圓形、方形、工字形、十字形、或其他形狀，我們都以一條細線代表之，即不考慮到材料性質及強度；爲方便起見，我們常以點、線、圓……等表示；玆將機構學常用符號列述如下：。

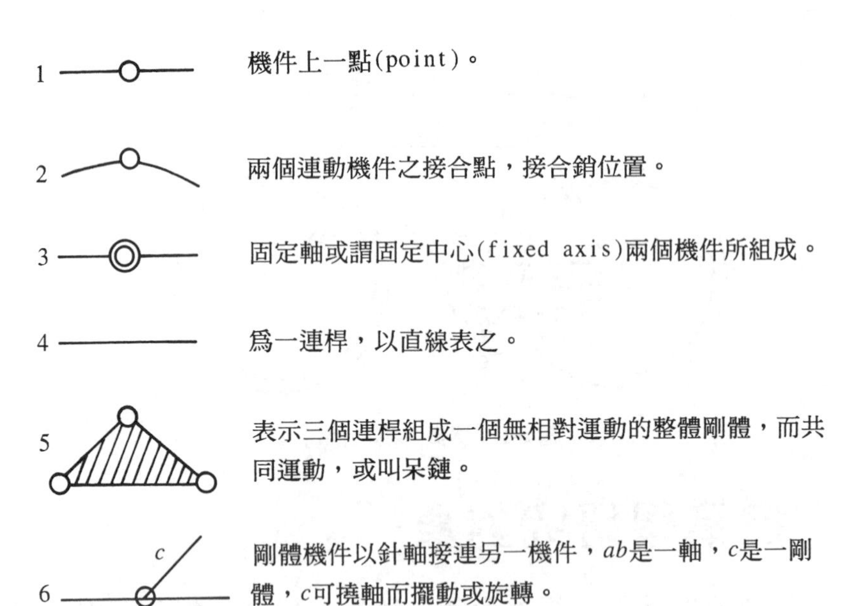

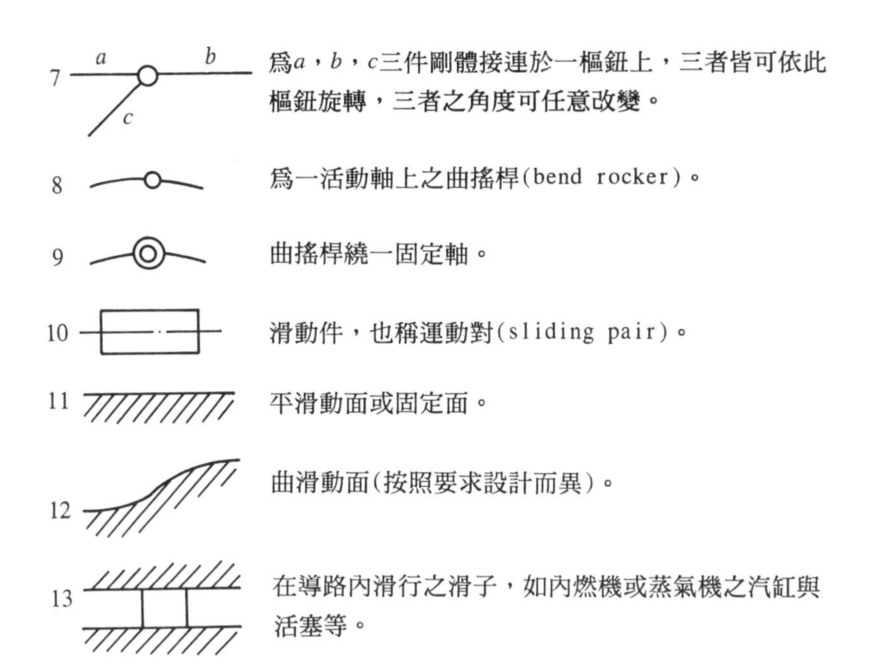

7　爲a，b，c三件剛體接連於一樞鈕上，三者皆可依此樞鈕旋轉，三者之角度可任意改變。

8　爲一活動軸上之曲搖桿(bend rocker)。

9　曲搖桿繞一固定軸。

10　滑動件，也稱運動對(sliding pair)。

11　平滑動面或固定面。

12　曲滑動面(按照要求設計而異)。

13　在導路內滑行之滑子，如內燃機或蒸氣機之汽缸與活塞等。

1-4　運動(motion)與靜止(rest)

太陽是一固定體，地球圍繞它而作有規律運轉，只有太陽是近似靜止(absolute stationary)，而地球上任何東西移動，僅能說是相對運動(relative motion)而已。爲了研究起見，我們假設地球是靜止的；所以一般我們稱物體不變位置現象爲靜止(rest)，物體繼續變更位置現象稱爲運動(motion)。爲了研究運動和靜止問題，必先確定一物體或一點存在空間地位，稱爲位置(postion)。

1-5　原動件與從動件

在一機構中，凡能推動其他機件運動之機件，稱爲原動件(driver)；凡被原動件運動之影響而產生運動者，稱爲從動件(foldower)。如圖1-2所示，裝於馬達軸上之摩擦輪，即爲原動件；傳達工作母機，而裝於工作母機上之摩擦輪，即爲從動件。

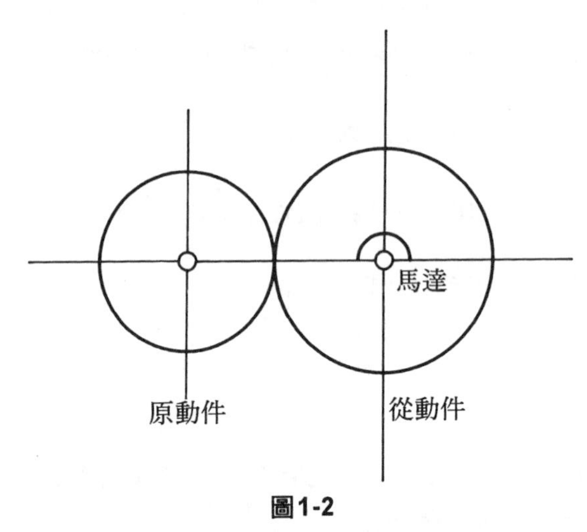

圖1-2

1-6　機件之對偶

機構每一部份運動，均係受限制之運動，單一物體，決不能按照一定之限制運動，故必需兩個物體互相控制，始能使一物體運動受限制，此種情形稱爲機件對偶(pairs of eloments)。按照接觸性質不同，可分爲兩種：

1. 低對(lower pair)一又稱爲合對(closed pair)，此種機件成面接觸(sur face contact)，而且需互相密合，它又可分爲三種型式：

(1) 滑動對(silding pair)：如圖1-3所示，兩機件間作直線運動。

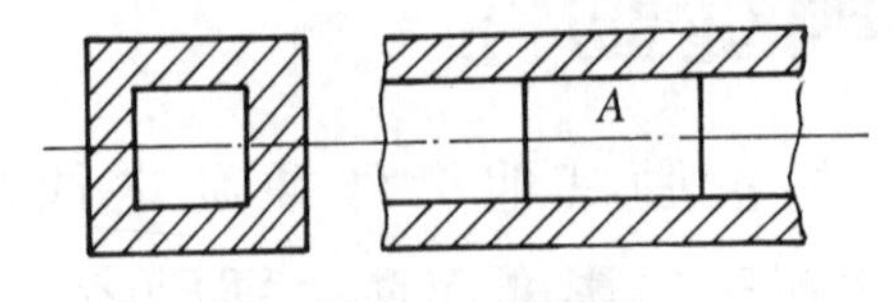

圖1-3　滑動對

⑵　迴轉對(turning pair)：兩機件間作迴轉運動。如圖1-4所示。

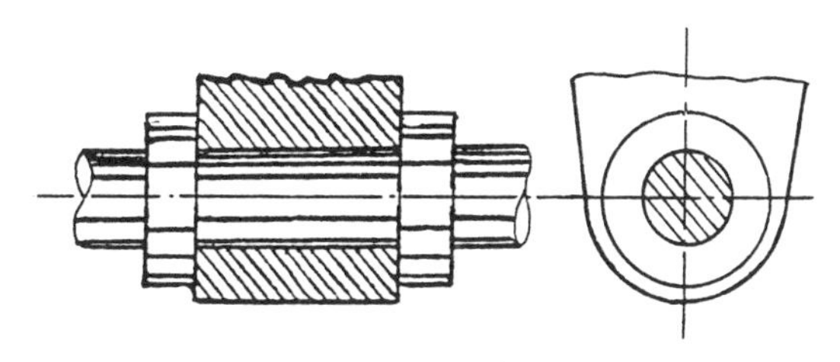

圖1-4　迴轉對

⑶　螺旋對(screw pair)：兩機件間，作迴轉運動及直線運動，爲滑動對與迴轉對之組合，如圖1-5所示。

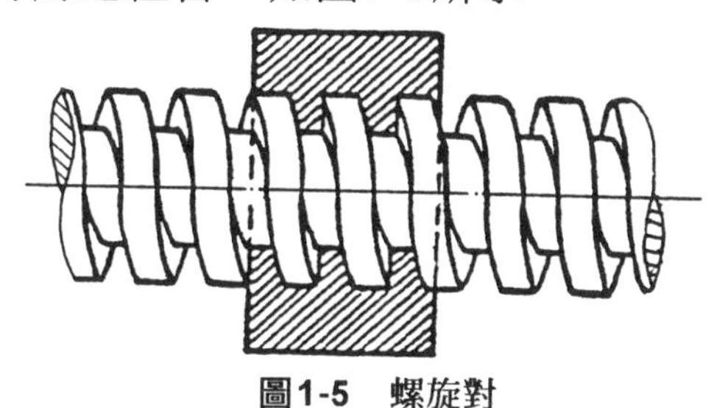

圖1-5　螺旋對

2.　高對(higher pair)

兩個接觸傳動之間靠點或一線接觸(linecontact)，如球面與平面接觸，此稱爲高對。如圖1-6所示，*A*球在滑道*B*上流動。

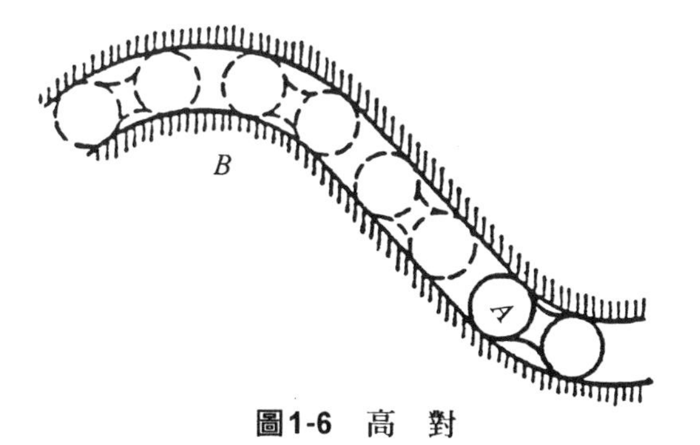

圖1-6　高　對

高對使用場所很多，如滾珠軸承(ball bearing)之鋼珠與座圈(race)間之接觸，火車輪沿軌道行走，及齒輪之轉動等。

1-7 運動鏈

凡能傳達力量，產生或約束運動之堅固機件，稱爲連桿(link)；在理想上爲一剛體。一個連桿必與另一連桿構成對偶，由若干個連桿經由若干對偶而聯繫一起之組成物，稱爲連桿裝置(link work)或稱連桿組(linkage)。構成一鏈，最少需三根連桿，如圖1-7(a)所示。但三連桿組當運動或能量輸入A、B時，都不能使B、C產生運動或能量，這是一種不能接受輸入能與運動的鏈，叫做呆鏈(locked chain)。如圖1-7(b)所示爲四連桿組(four barlinkage)。一般連桿1固定在機座上，AD爲連心線(line of centers)，AB與CD皆稱爲曲柄(crank)，BC爲連桿。若將能量或運動輸入曲柄AB，使B擺到B'時，C之位置也因而擺至C'點，CD必定擺動同一角度。這種運動鏈最後機件運動與能量，完全受第一機件控制，此種裝置稱爲拘束運動鏈(constrao-ned kinematic chain)。通常機構上應用，爲此種形式之連桿。

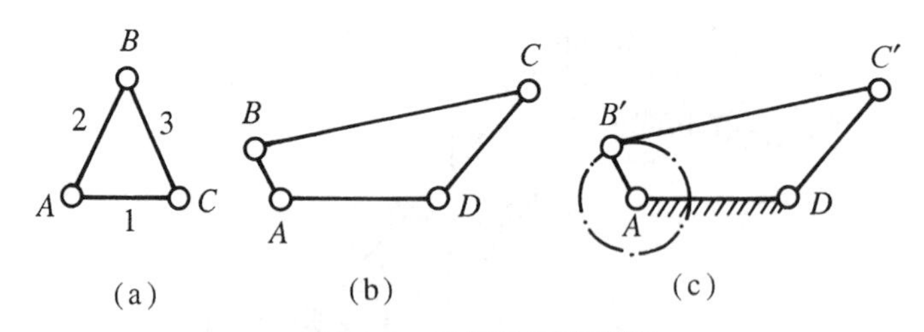

圖1-7 呆鏈及四連桿組

用五個機件在一個平面上成一個運動鏈，如圖1-8所示，BC與CD是連桿，AB，OE爲曲柄，AE爲連心線，假使BC運動，B點運動到B'

點，此時可能運動從C'到C''點，不受控制位置，D點位置從D'到D''點，很多不定位置，DE位置很難確定，就是說最後桿運動，不能爲原動桿控制，我們稱此種裝置，爲無拘束運動鏈(unconstrained kinematic chain)，這種運動鏈在機械上，很少有利用價值。一般稱五個連桿以上之運動鏈，均爲無拘束運動鏈。

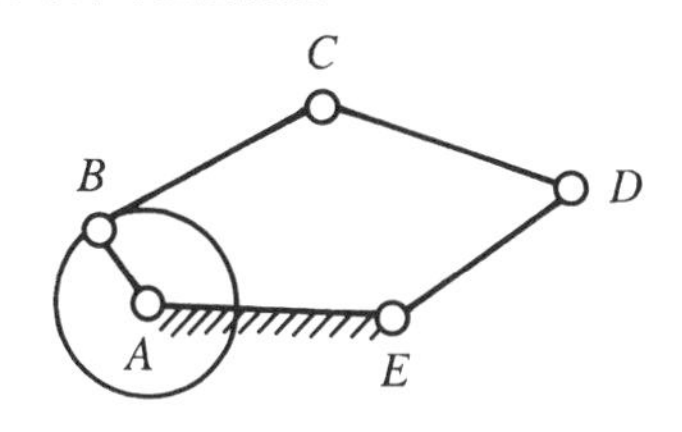

圖1-8 無拘束運動鏈

1-8 傳達運動方式

1. **直接接觸(direct contact)：靠直接接觸而傳達運動者。**

(1) 滑動接觸(sliding contact)：依靠兩者之間直接接觸，產生摩擦力而傳動者，如第十章之摩擦輪等。

(2) 滾動接觸(rolling contact)：靠點與線之接觸而傳達運動者，如鋼珠軸承等。

2. **間接接觸(intermedicate contact)：藉中間物而傳達運動者。**

(1) 剛體中間聯接物(rigid counector)：原動件與從動件之間傳達，爲剛體者。

(2) 撓性中間聯接物(flexidle counector)：中間以撓性體(如皮帶、繩、鏈等)，來傳達動力者。

(3) 液體中間聯接物：中間物爲液體者，原動件經流體而傳達給從動件者，完全藉壓力而推動。

習題一

1. 試述機械與機構定義。
2. 一般機械應具備四個條件，列述之。
3. 試以簡單例子，說明從動件與原動件，並畫圖指出。
4. 低對與高對區別，試述其種類。
5. 試列述運動傳達方式。
6. 試畫圖並說明運動鏈及呆鏈。
7. 何謂拘束運動鏈與無拘束運動鏈？

第二章

機械運動

2-1 點與剛體運動

根據前章所述，一個機件各質點運動均勻時，我們稱分析它運動特性，可任意取一點爲代表，我們稱此點爲質點(particle)，普通以此機件重心表之。

運動中物體上一質點，運動時所經路徑，稱爲該質點動路(path)。動路爲直線時，此點運動稱爲直線運動(rectilinear motion)；動路爲曲線時，此點運動即爲曲線運動(curvilinear motion)；圓周運動(circular motion)爲曲線運動特例，它的動路爲一圓周。

一質點運動，通常稱爲線運動(linear motion)，依其性質而言，可分爲下列幾點：

1. 連續運動(continuous motion)：一質點沿一定路線連續向前運動，並且有一指向，能沿動路回到最初位置，此稱爲封閉曲線(closed curve)；如軸在軸承上運動。
2. 往復運動：如活塞在汽缸內運動。
3. 搖擺運動(osillating motion)：係沿一段圓弧作往復運動，如時鐘之擺錘運動。
4. 間歇運動(inteermittent motion)：係一質點於運動中，間以若干靜止階段。今日大量生產之送料及自動脫落之運動，都屬於此種運動；多配合凸輪運動，達到目的。

剛體之運動，有下列幾種：

1. 平移(translation)：係一剛體在運動時，物體各點之運動，依同一方向而平行者，故物體內任一點運動，即可代表此點運動。此運動與某一固定平面，保持一定距離，此種運動稱爲平面運動(plane motion)；沿曲面運動者，稱爲曲面運動(curve motion)。

2. 迴轉(rotation)：係物體內有一直線固定不動，稱爲迴轉軸(axis of rotation)，其他不在此直線各質點，沿此軸而作迴轉運動，稱爲迴轉；這個迴轉軸可作任意方向，而此迴轉軸常在重心軸(center-line)上。

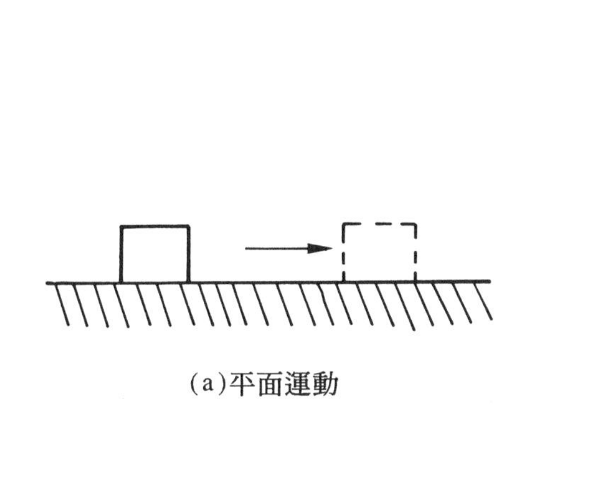

(a)平面運動

(b)迴轉運動

圖2-1

2-2　運動之種類

點與剛體運動情形，已如前節所述，若該運動爲連線運動(continous motion)時，則又可分爲：

1. 等速運動(uniform motion)：物體運動時，在每單位時間所行距離(或位移)相等。

   設以s表位移，t表示所需時間，v表示速率，則

$$v=\frac{s}{t} \qquad \therefore \quad s=vt \qquad\qquad \text{(公式2-1)}$$

速率單位常以每秒公分(cm/sec)，每秒公尺(m/sec)，每時公里(km/hr)，每秒呎(ft/sec)，每時浬(mil/hr)等。

【例2-1】火車於45分鐘內行駛38公里，則其速度每小時爲若干公里？

解：

$$s=38\text{km}，t=45\text{min}=\frac{45}{60}\text{hr}$$

$$\therefore v=\frac{s}{t}=\frac{38}{\frac{45}{60}}=\frac{38\times 60}{45}=50.7(\text{km/hr})$$

【例2-2】飛機之速度爲每小時96公里，求向一定方向飛行5分鐘之距離。

解：

$$v=96\text{km/hr}，t=5\text{min}=\frac{5}{60}\text{hr}$$

$$\therefore s=\frac{v}{t}=96\times\frac{5}{60}=8(\text{km})$$

2. 變速運動：單位時間的位移不相等，它可分爲二類：

(1) 等加速運動(motion of unform acceleration)：物體運動時，每單位時間內之加速度相等，等加速度可爲正值時，爲等加速度運動；爲負值時爲減加速度，可由下列公式求出：

設初速爲v_0，加速度a，末速度v，t表示速度自v_0變爲v所需時間。

$$\left.\begin{aligned} v&=v_0\pm at \\ s&=v_0t\pm\frac{1}{2}at^2 \\ v^2&=v_0^2\pm 2as \end{aligned}\right\} \qquad \text{(公式2-2)}$$

正號表示加速度，負值表減速度。

等加速度之單位爲每秒每秒公分(cm/sec^2)，每秒每秒呎(ft/sec^2)，……等。

【例2-3】一物體之速度爲每秒9公尺，經15公尺後，其速度變爲每秒12公尺；則其 加速度爲若干？

解：　$v_0 = 9\text{m/sec}$，$V = 12\text{m/sec}$，$s = 15\text{m}$，

$$\therefore A = \frac{v^2 - v_0^2}{2s} = \frac{12^2 - 9^2}{2 \times 15} = 2.1(\text{m/sec}^2)$$

(2) 變加速度運動(motion of variable acceleration)：物體運動時，單位時間內之加速度不等，尙無一定公式求出；使用場合也較少。

2-3　簡諧運動 (Simple Harmonic Motion)

此運動可說是一種變速運動及等速度運動混合的運動，如圖2-2所示，P點在圓周上作等速度運動，則該點在x軸或y軸上之投影P'在軸上作不等變加速度之運動，稱爲簡諧運動。

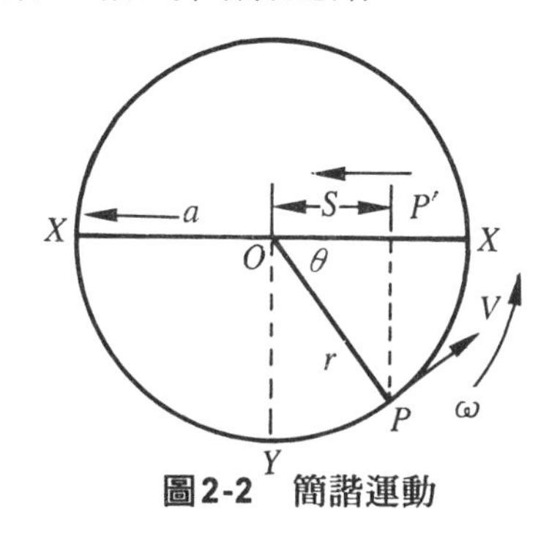

圖2-2　簡諧運動

如圖2-2所示，r表圓周運動半徑，ω爲角速度，單位爲弧度／秒(rad/sec)。

P點以O爲圓心，r爲半徑，作圓周運動，P在x軸上投影點爲P'，P'至圓心O之距離爲S，則：

$$S = r\cos\theta \cdots\cdots\cdots\cdots\cdots\cdots\cdots\cdots\text{①}$$

ω為角速度，t為所需時間$\theta = \omega t$，代入①式，得

$$S = r\cos\omega t \cdots\cdots\cdots\cdots\cdots\cdots\cdots\cdots\text{②}$$

P點之角速度為ω，則其切線速度$V = r \times \omega$，此線速度在x軸分速為

$$V_x = r\omega\cos\theta = r\omega\cos\omega t \cdots\cdots\cdots\cdots\text{③}$$

如圖2-3(a)所示。

∴利用速度公式求得至P'之加速度a

$$\therefore a = -r^2\cos t$$

如圖2-3(b)所示，P點加速度之水平分加速度，

$$S = r\cos\omega t$$

$$\therefore a = -\omega^2 S \qquad \text{(公式2-3)}$$

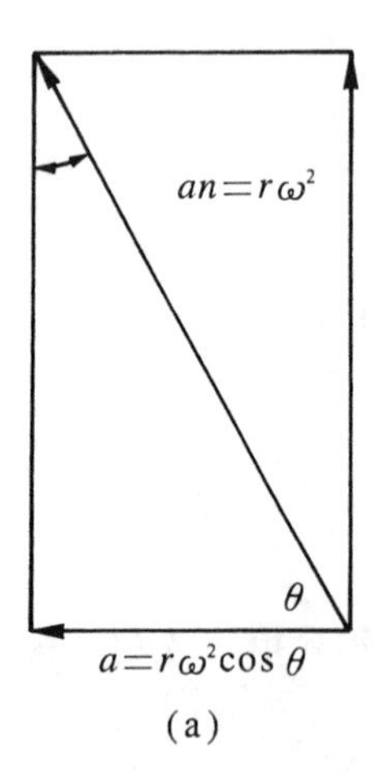

(a)

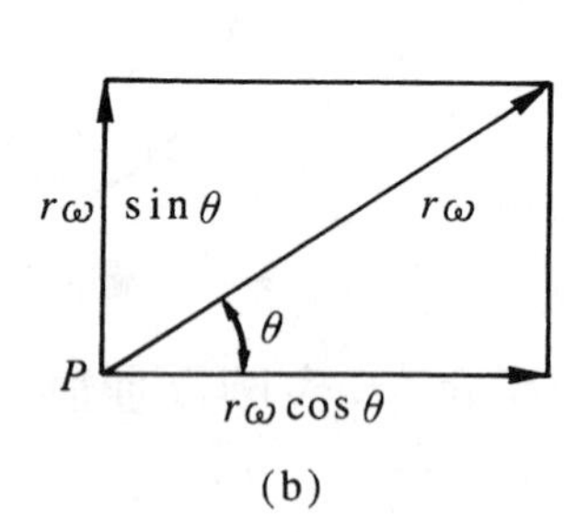

(b)

圖2-3

由O點運動至P'點所需時間，由

$$S = r\cos\omega t$$

$$\therefore t = \frac{1}{\omega}\sin^{-1}\frac{s}{r} \qquad \text{(公式2-4)}$$

P迴轉一週，P'點在$x-x'$軸上往復二次，其所需時間爲$T=\dfrac{2\pi}{\omega}$，由上列公式可知，它們之間的關係，爲速度隨運動中心距離之增加而減少，加速度則與距離成正比；即$S=0$時速度爲最大，$V=r\cdot\omega$，而加速度$a=0$；在兩側時$S=r$之位置$V=0$，而加速度爲最大$a\pm r\omega^2$。

2-4　角速度

角速度爲角位移，對於時間之比率：即單位時內之角位移量如圖2-4所示，動點由P點動至P'點所需時間爲t，則點運動之角速度：

$$\omega = \frac{\theta}{t} \qquad , \qquad \theta = \omega \cdot t$$

$$\therefore 1\text{弧度} = \frac{360^\circ}{2\pi} = 57.29578^\circ$$

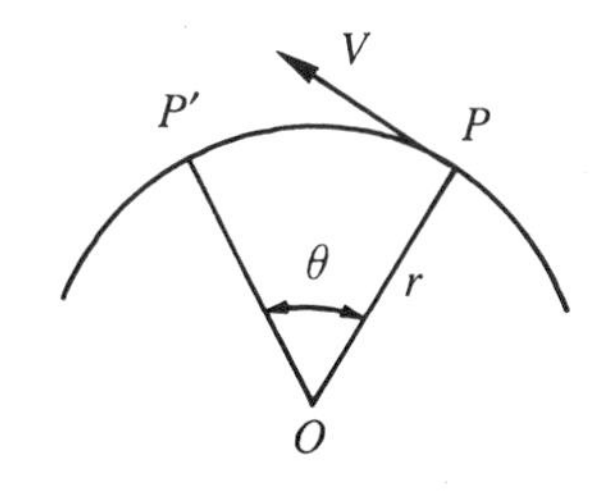

圖2-4　一個圓周有2π弧度，1圓周＝360°

角速度單位爲每秒轉多少弧度(rad/sec)，每秒多少轉數(rps)，每分多少轉數(rpm)等表示。

設 ω_0 ＝初角速度(rad/sec)，θ ＝所迴轉弧度(rsd)，ω ＝末角速度(rad/sec)，a＝角加(減)速度(rad/sec²)，t＝迴轉所需時間(sec)則可得一般公式：

$$\left.\begin{aligned}\omega &= \omega_0 \pm at \\ \theta &= \omega_0 t \pm \frac{1}{2}at^2 \\ \omega^2 &= \omega_0^2 \pm 2a\theta\end{aligned}\right\} \qquad \text{(公式2-5)}$$

正號代表正角加速度，角號代表負角加速度。

此公式物理上已有詳盡解答，請溫習之。

【例2-1】 每分鐘90迴轉之飛輪，於旋轉25次後，變成每分50迴轉之速率；則其角速度及所經之時間各爲若干？

解： 初角速度 $\omega_0 = 2\pi n_1 = 2\pi \times 90 = 180\pi$ (rad/min)

末角速度 $\omega = 2\pi_2 = 2\pi \times 50 = 100\pi$ (rad/min)

相當於25轉之角度 $\theta = 2\pi \times 50 = 50\pi$ (rad)

則 $(100\pi)^2 = (180\pi)^2 + 2\beta \times 50\pi$

$\beta = -224\pi = -704$(rad/min)

或 $\beta = -\dfrac{704}{60 \times 60} = 0.196$(rad/sec²)

式中負號係表示減速度。

又 $100\pi = 108\pi - 224\pi t$

$\therefore t = \dfrac{180\pi - 100\pi}{224\pi} = 0.357\text{(min)} = 0.357 \times 60 = 2.4\text{(sec)}$

2-5　角速度與線速度關係

如圖2-4所示 $\theta=\frac{s}{r}$，而角速度

$$\omega=\frac{\theta}{t}=\frac{s}{r}\cdot\frac{1}{t}=\frac{1}{r}\cdot\frac{s}{t}\cdots\cdots\cdots\cdots①$$

但線速度 $V=\frac{s}{t}$ 代入①式

$$\therefore\ \omega=\frac{V}{r}，V=r\times\omega \qquad \text{(公式2-6)}$$

兩者關係在機械學上(連桿傳動)應用很多，請多練習。

習題二

1. 試述點運動種類。
2. 列述剛體運動種類並畫圖說明。
3. 簡諧運動是屬於何種運動？
4. 掛鐘之擺錘，所作運動屬於那一種？試詳述之。
5. 一輪子之轉速爲3000RPM，試求它的角速度。又輪之直徑爲8吋，試求它的線速度爲多少？
6. 試證明簡諧運動中 $a=-\omega^2 S$。
7. 一軸作3000RPM迴轉，試求等於每分多少弧度(rad/min)？設其直徑爲28cm，求其線速度爲多少？
8. 汽車每小時走30哩，試求其速度每秒多少呎？(假設作等速運動)。

9. 一火車每小時以40哩之速度行駛，因事故30秒後完全停止，試求火車之負加速度及至停止時所行距離爲多少呎？

10. 一球從500呎高之塔上落下，設不計空氣阻力，此球到達地面之速度及所需時間爲多少？($g=32.2 ft/sec^2$)

第三章

速度分析

3-1 向量與無向量

物理性質大致可分爲二大類。一爲無向量：如密度、溫度、濕度、壓力、尺寸、內能、功率(power)等，它僅有大小之別而無方向之別。一爲向量：如一球運動，發生位移方向，飛行有高低之分；運動有快慢之分；產生有大小與方向關係叫向量。向量通常以直線表示，直線之一端附以箭頭(如圖3-1所示)，直線表示向量大小，箭頭表示向量方向，直線起點稱爲原點(origin)，箭端稱之末端(extremrity)或稱爲頭(head)。

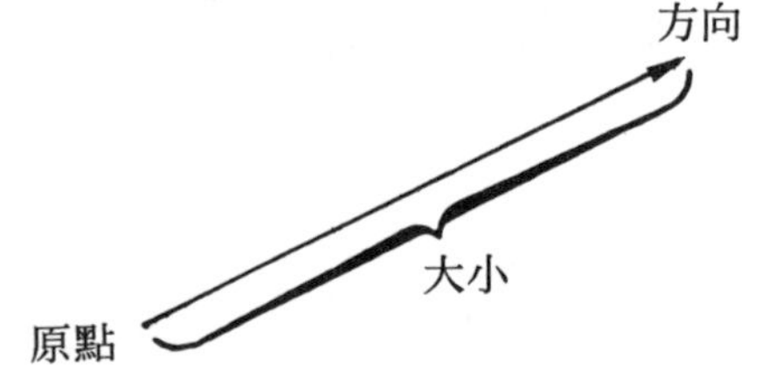

圖3-1 向量

3-2 運動方向與指向

在同一方向內，有兩種指向：如上與下，左與右，前與後，東與西，南與北等。這是**一個方向產生兩種相反指向；所以無向量雖無方向觀念，卻有指向觀念**，卻有指向觀念。一般假設向上爲正，向下即爲負；向右爲正，向左即爲負，所以方向(direction)與指向(sense)之意義略有不同。

線的運動方向，一般由其動路來表示；有一物體沿直線動路而運動，其運動方向是直線，若其動路爲曲線，則其運動方向必爲曲線，其方向則可以箭頭來表示。

角運動方向，係由其迴轉方向表示之，它是以轉軸爲中心；一般言之，以順時鐘方向(clock-wise)爲正，反時針方向(counteclockwise)爲負。

3-3　向量之和及差

1.　畫圖法：

向量大小可以比例尺(scale)畫於紙上，於紙上求出它的合力大小及差之大小出來；用一合力也可求出它垂直與水平分力。

(1)　在一直線上合力及向量之差。

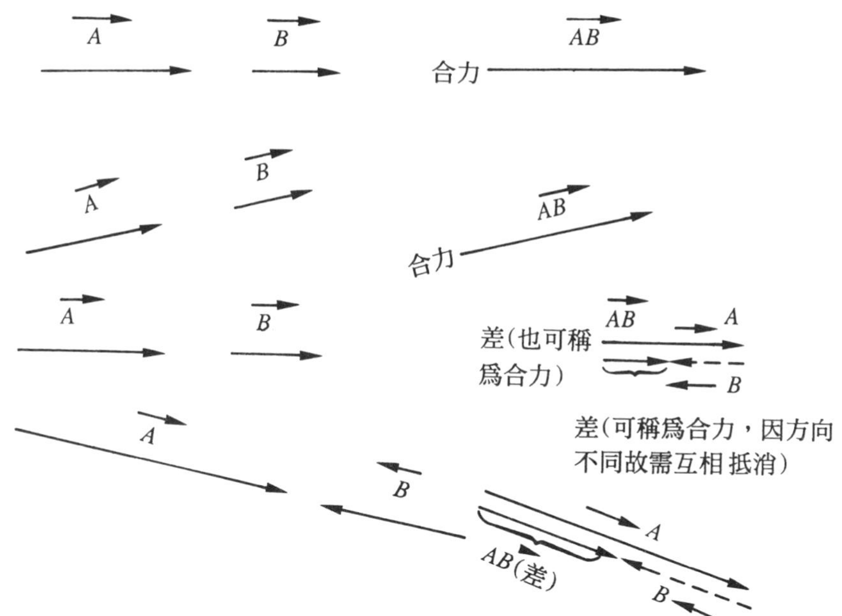

(2)　不同在一線上向量之和及差(但必需在同一原點)。

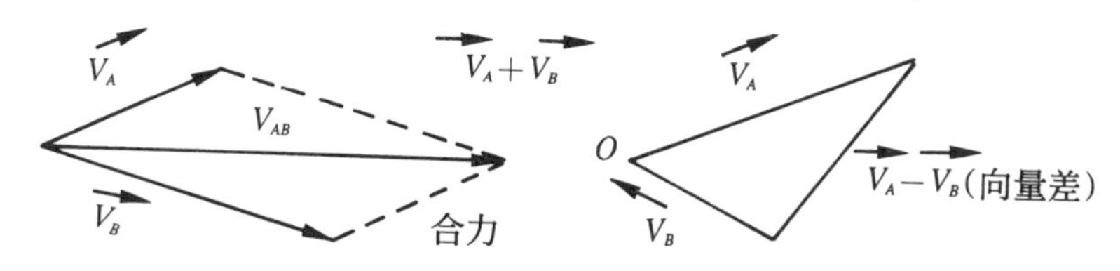

【例】已知二向量V_1及V_2之絕對值分別爲12及8，兩者間之夾角爲60°，試求其向量和之絕對值。

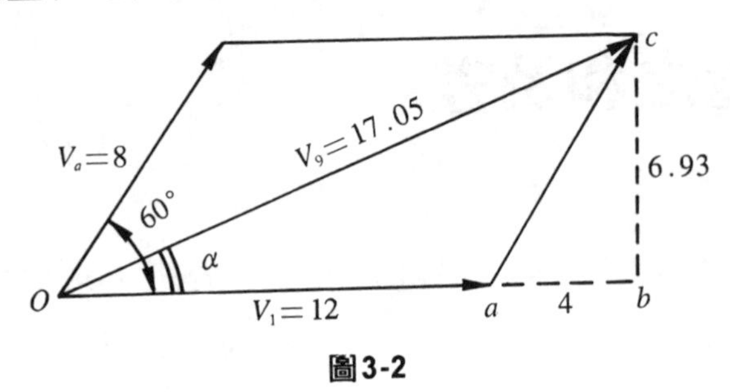

圖3-2

解1：如圖3-2所示，應用餘弦定律求其絕對值爲：

$$|V_0|=\sqrt{V_1^2+V_2^2+2V_1+V_2\cos\beta}$$

$$=\sqrt{12^2+8^2+2+\times 12\times 8\cos 60^\circ}$$

$$=17.45$$

應用正弦定律求其夾角爲

$$\frac{V_0}{(\sin 180-\beta)}=\frac{V_2}{\sin\alpha}$$

$$\frac{17.45}{\sin(180-60^\circ)}=\frac{8}{\sin\alpha}$$

$$\sin\alpha=\frac{8}{17.45}\sin 120^\circ=0.3971$$

$$\therefore\alpha=23.4^\circ$$

解2：應用直角三角形關係解之：

將ac(即V_2)投影於ob，因$ac=8$，故

$ab=ac$，$\cos 60^\circ=4.00$

$bc=ac$，$\sin 60^\circ=6.93$

於直角三角形obc中

$$oc = |V_0| = \sqrt{(oa+ab)^2+bc^2}$$

$$= \sqrt{(12+4)^2+bc^2} = 17.45$$

oc與oa間(即V_0與V_1間)之夾角α爲

$$\tan\alpha = \frac{6.93}{12+4} = 0.433$$

$$\therefore \alpha = 23.4^\circ$$

解3：數個向量之和(但原點必需在同一點)。

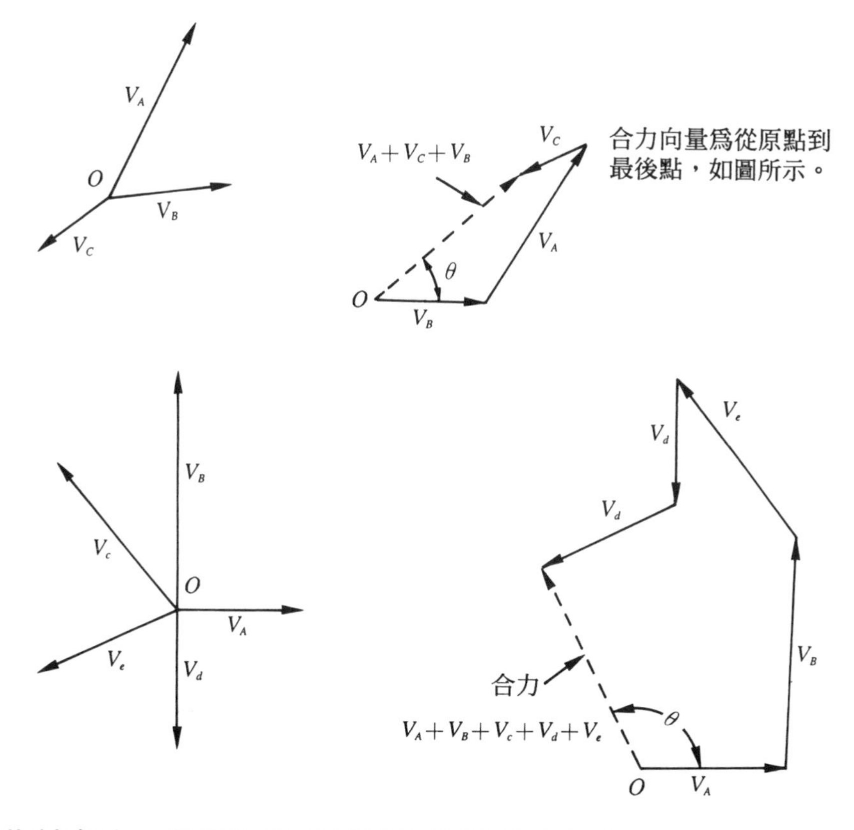

此種求法，所得數值視畫圖的比例尺及角度正確而定。其角度θ值也可從圖中求得(用量角規量出)。設有數力起點(原點)爲一點O，求出它的一力，於何處才能使此合力平衡呢？即求出此數力之合力，再以相反方向相等大小即可。畫圖法在物理上，應用力學都用得上，而且講過，對學機械者很有用處，願大家共研究之。

2. 計算法：

(1) 解答向量之差及和若爲二分力，可以正弦定律(sine law)及餘弦定律(cosine law)求出。

正弦定律：

$$\frac{a}{\sin\alpha}=\frac{b}{\sin\beta}=\frac{c}{\sin\gamma} \quad \text{(公式3-1)}$$

餘弦定律：

$$\begin{aligned} a^2&=b^2+c^2-2bc\cos\alpha \\ b^2&=a^2+c^2-2ac\cos\beta \\ c^2&=a^2+b^2-2ab\cos\gamma \end{aligned} \quad \text{(公式3-2)}$$

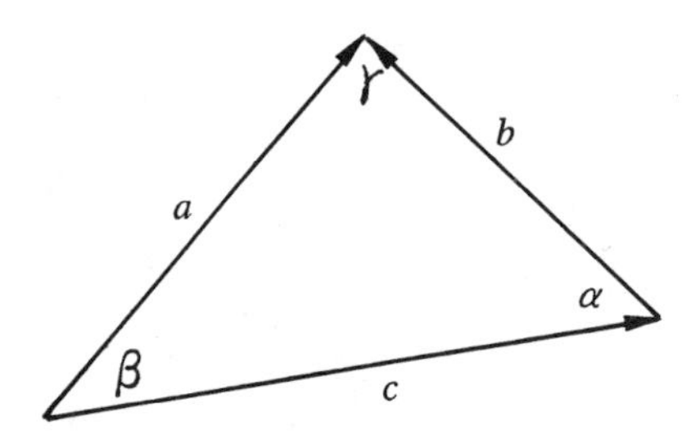

(2) 若爲數個分力求合力。

$$\Sigma x=x_1\cos\theta_1+x_2\cos\theta_2+x_3\cos\theta_3+\cdots\cdots$$

$$\Sigma y=x_1\sin\theta_1+x_2\sin\theta_2+x_3\sin\theta_3+\cdots\cdots$$

$$合力R=\sqrt{\overline{\Sigma x^2}+\overline{\Sigma y^2}}$$

$$\theta=\tan^{-1}\frac{\Sigma y}{\Sigma x} \quad \text{(公式3-3)}$$

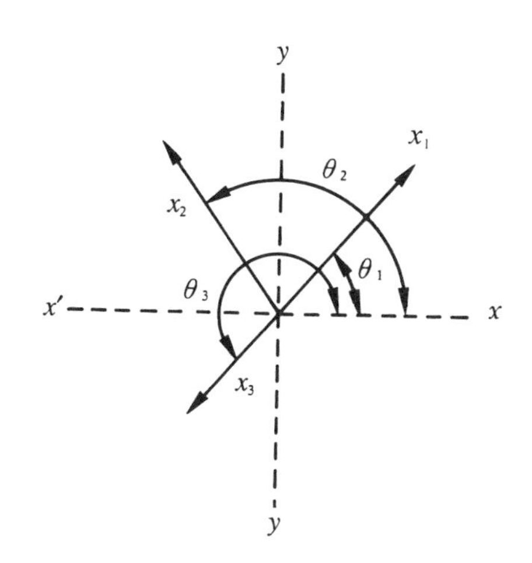

【例】如圖3-3所示，一質點具有每秒10公尺之四相等速度，試求其合速度。

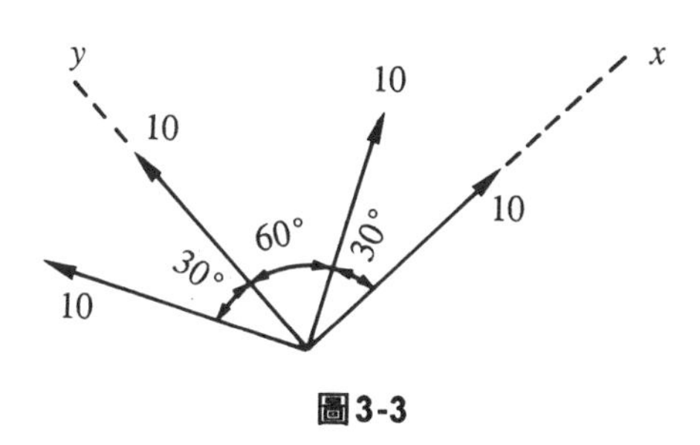

圖3-3

解：以直尺與量角器畫向量圖，則由向量加法可由圖面直接求出其合速度；但由計算以求之，亦頗簡便，茲例解如下：

先如圖所示，取以虛線所示直角相交二線Ox及Oy，則

$$\Sigma x = 10\cos 0^\circ + 10\cos 30^\circ + 10\cos(30^\circ + 60^\circ) + 10\cos(30^\circ + 60^\circ + 30^\circ)$$

$$= 10 + 10\cos 30^\circ + 10\cos 90^\circ + 10\cos 120^\circ$$

$$= 10 + 10\cos 30^\circ + 10\cos 90^\circ - 10\cos 60^\circ$$

$$=10+10\times\frac{\sqrt{3}}{2}+10\times 0-10\times\frac{1}{2}$$

$$=5+5\sqrt{3}=13.66\text{m/sec}$$

$$\Sigma y=10\sin 0^\circ+10\sin 30^\circ+10\sin(30^\circ+60^\circ)+10\sin(30^\circ+60^\circ+30^\circ)$$

$$=10\sin^\circ+10\sin 30^\circ+10\sin 90^\circ+10\sin 120^\circ$$

$$=10\times 0+10\times\frac{1}{2}+10\times 1-10\times\frac{\sqrt{3}}{2}$$

$$=15+5\sqrt{3}=23.66\text{m/sec}$$

故合速度R之大小為

$$R=\sqrt{(\Sigma x)^2+(\Sigma y)^2}=27.3\text{m/sec}$$

又合速度R與Ox所成之角θ為

$$\tan\theta=\frac{\Sigma y}{\Sigma x}=\frac{23.66}{13.66}=1.732$$

$$\therefore\theta=\tan^{-1}1.732=60^\circ$$

即合速度對於Ox在自O放射之方向成60°之角，其大小為每秒27.3公尺。

3-4 瞬時中心

1. 瞬時中心

連桿裝置中，各連桿的運動；一般相對運動，必需考慮，所以連桿上各質點運動的性質，與固定連桿相互運動之瞬時中心有關。一個連桿中的兩個不同點的速度，可從瞬時中心很容易求出；任何點的速度，與此點至瞬時中心半徑成直角。如圖3-2所示各點速度V_a，V_p，V_b與其至瞬時中心(I)之連線，即其運動半徑成垂直，它線速度為半徑

$\overline{AI}$，$\overline{PI}$，$\overline{BI}$與角速度ω之乘積。$\omega V_a=\omega \overline{AI} V_b=\omega \overline{BI} V_p=\omega \overline{PI}$同一連桿上任意點之線速度，如圖$\overline{AI}$桿上之$C$點線速度，與它距離瞬時中心距離成正比，如圖3-4所示$\dfrac{V_c}{V_a}=\dfrac{\overline{CI}}{\overline{AI}}$。

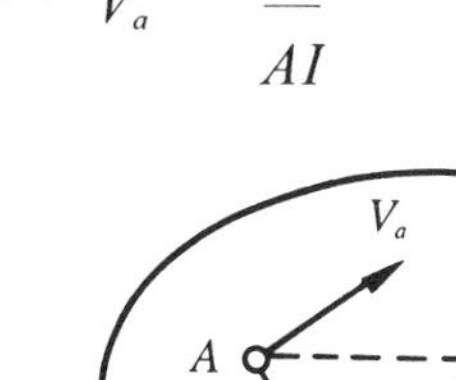

圖3-4

2.　瞬時中心求法

一般直線滑動對偶的場所，它的相對運動中心，是與滑動平面成直角，在無限遠的距離。如圖3-5(a)所示，它連結點為O_{ab}，O_{bc}，O_{ad}是當無瞬時中心；連桿A，B伸長線交點O_{ac}，O_{bd}，尚有一點即與滑面成垂直，在無窮遠地方O_{cd}；綜合此例，建設連桿數為n，則其瞬時中心，設為N：

$$N=\frac{n(n-1)}{2} \qquad \text{(公式3-4)}$$

如圖3-5(b)所示為四個連桿，它瞬時中心即為

$$N=\frac{4(4-1)}{2}=6$$

即如上段所示有O_{ab}，O_{bc}，O_{ad}，O_{ac}，O_{bd}，O_{cd}六點。

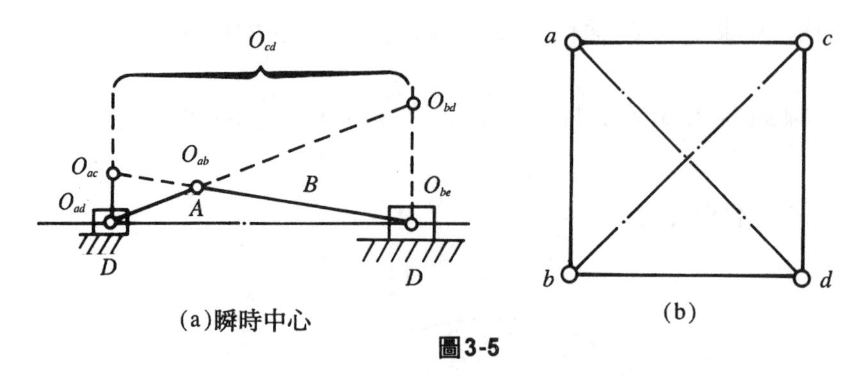

(a)瞬時中心 (b)

圖3-5

也可以 n 個連桿畫出 n 角形，算出其連線及爲瞬心數。此四角形有 ac，bd，ab，cd 及 ad，bc 六連線，即它的瞬心數 $N=6$，也可以代數組合代表之。

$$N=nc_2=4c_2=\frac{4\times 3}{1\times 2}=6 \qquad \text{(公式3-5)}$$

四連桿組(four bar linkage)之瞬心求法，如圖3-6所示，四連桿交點O_{ab}，O_{bc}，O_{ad}，O_{cd}，爲當然瞬心點(兩連桿交點)，又B桿與D桿延長線交於O_{bd}，A與C桿交於O_{ac}，於此四連桿之瞬心即爲六點。

用計算法

$$N=\frac{4(4-1)}{2}=6$$

用代數組合法

$$N=nc_2=4c_2=\frac{4\times 3}{1\times 2}=6$$

用畫圖法可如圖3-6(b)所示爲六線，即爲六點。

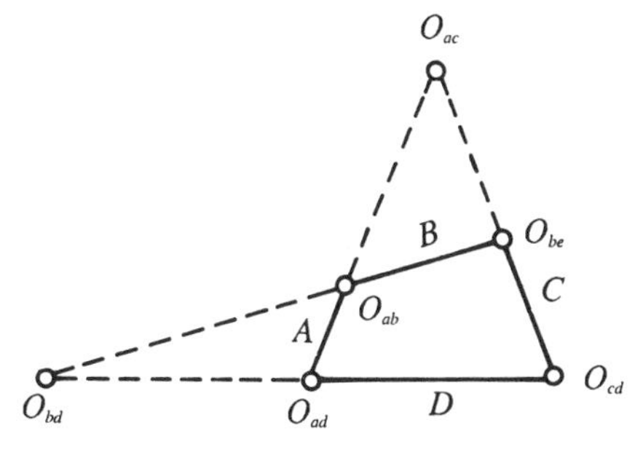

圖3-6　四連桿組

3-5　三心定律

機構上瞬時中心，可用堪尼迪定理(kennedy's theirem)或謂三心定理(theorem of three centros)決定之。如圖3-7所示。其定理爲「三物體作相對平面運動時，應有三個瞬心必在同一直線上。」此定理爲kennedy先生所創立，故又稱堪尼迪定理。

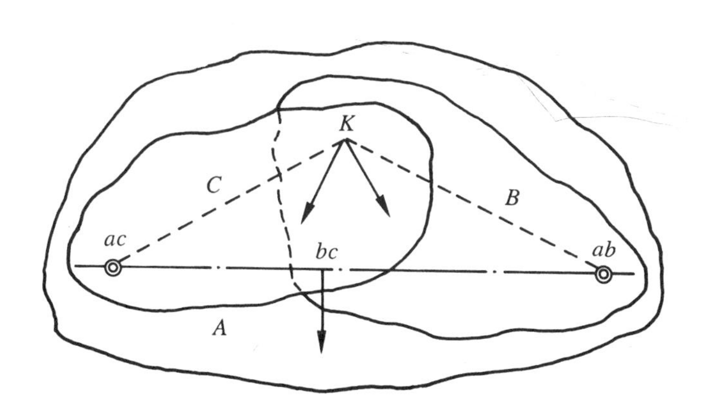

圖3-7　三心定理

如圖3-7ABC爲三個剛體，設AB瞬心爲ab，AC瞬心爲ac，即AB兩件運動僅能繞ab而運動，AC兩件運動，也能繞ac而運動(瞬心)。另一瞬心bc，假設不在$ab-ac$之連線上，而在圖中K之位置，則K之線速度，當以B考慮時所得K之速度，其大小(不包括方向)與以C考慮時相同，但其速度之方向卻不相同，因此欲得方向相同之點，則bc必須在ab之連線上。

在此證明中bc之正確位置，並不能在連線上決定，因連桿B，C並不能限制於任何特定之相同運動中(三連桿無相對運動)。

3-6　連桿裝置(linkage system)求速度法

連桿裝置，是工業上用途最多，它可利用動力點，求出相關點速度：如汽車內燃機之曲柄，是將活塞之往復運動，轉變爲圓周運動，從曲柄轉數可求出桿上各點之線速度。本節所講之連桿速度求法，僅爲畫圖法，至於詳細準確計算法，待下冊始再討論之。其方法列述如下：

1.　以瞬心法求速度：

圖3-8(a)所示，設已知A曲柄角速度爲ω，可以前章公式求出O_2點線速度$V_2 = \omega \times \overline{O_1O_2}$，曲柄上$P$點速度$V_p = \omega \times \overline{O_1P}$。假設$D$桿爲固定桿(或稱固定側)，連桿$B$之速度可根據瞬時中心$O_5$，利用$O_2$點線速度以圖法求出。$O_2$點之線速度與投影到$C$曲柄上之$d$點相等；又利用$C$桿以$O_5$爲瞬時中心，根據前定理：同桿上各點之線速度，與此點至瞬時中心距離成正比；即O_d：$O_5O_3 = V_2$：V_3，用此法可畫出V_3速度，也可用計算法求出。同理，利用V_3關係可求出S點速度V_3及C桿上之Q點速度V_a。圖3-8(b)爲以O_6爲瞬心之求法，可求出各點速度，原理與上列相同。圖3-9爲例子，請各自研究之。

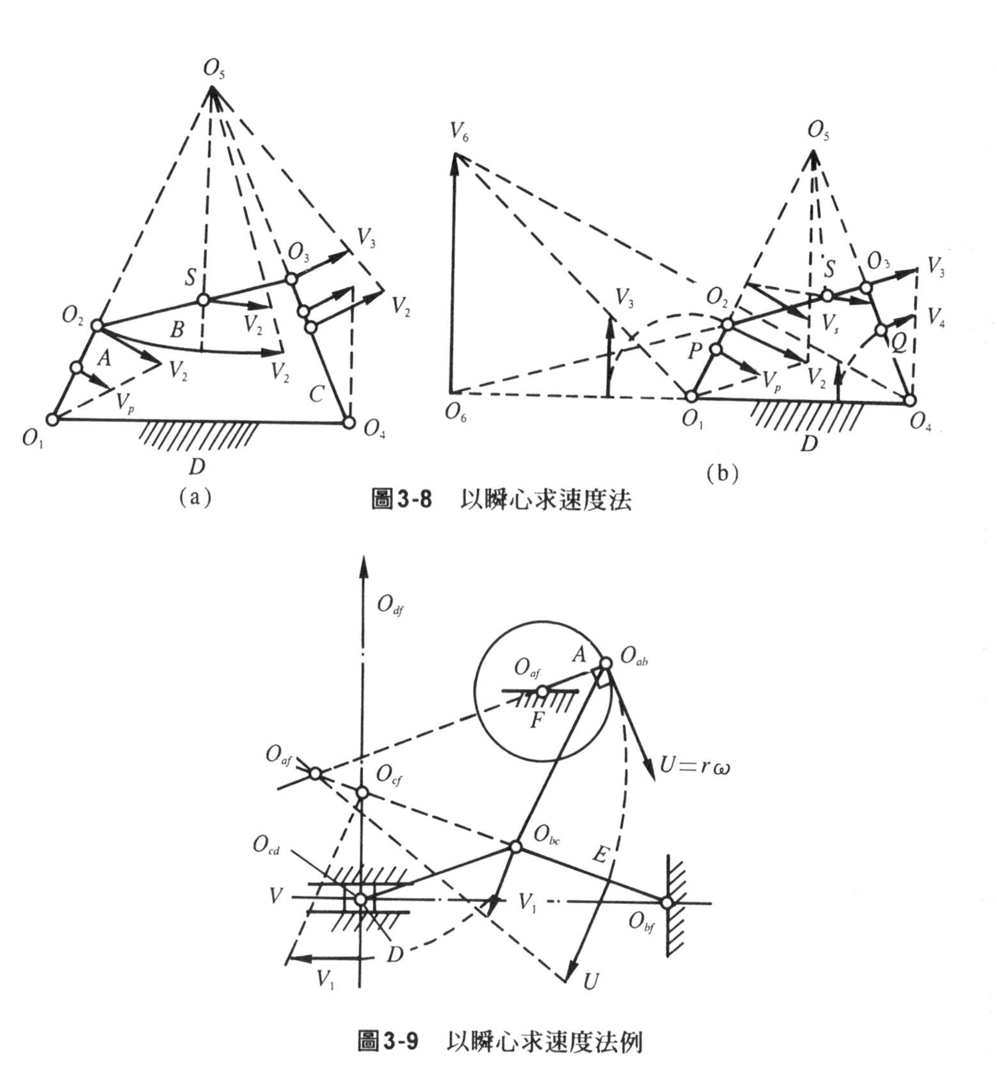

圖3-8　以瞬心求速度法

圖3-9　以瞬心求速度法例

2.　速度分解法

利用前節所述；連桿上任一點與桿成一體(即水平)之分速大小相等。如圖3-10所示，連桿B上之任一點線速度(與桿成平行)，它大小相等，圖中V_{2n}及V_{3n}相等，而桿上每點速度與連桿(或稱此點與瞬心連線)成垂直，根據合速求法；S點速度，它在連桿B上分速$V_{sn}=V_{2n}$，垂直分速可以比例求出，再求出它的合速V_s。

請指導教授，根據上列原理參考圖講解之。

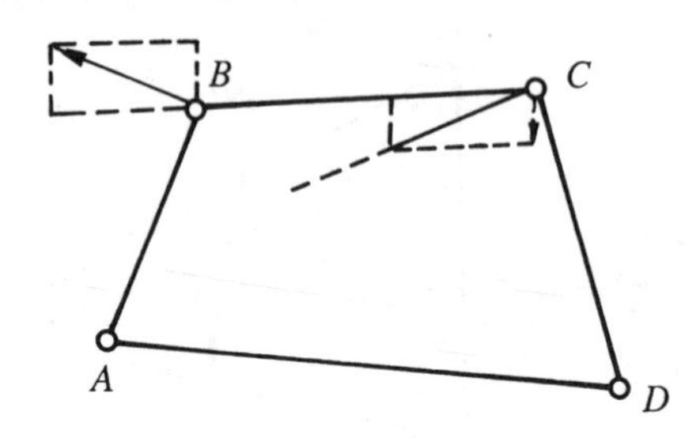

圖3-10 速度分析法

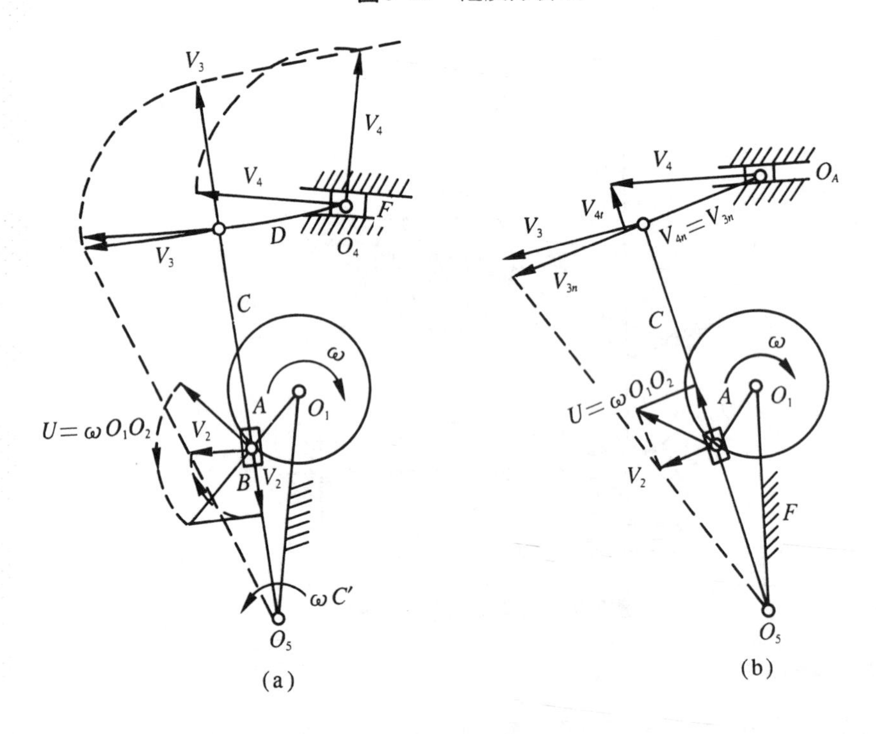

圖3-11 速度分析法應用

3. 連結法

如圖3-12所示，O_2點的線速度V_2，是A曲柄長度，乘以角速度而來（$\overline{O_1O_2}\times\omega$）。此點速度可作與$O_2O_3$平行線，移到$O_3O_4$桿上爲$V_3'$，以90°相對轉向可決定$V_2$速度；$V_2$速度也以同法移轉時$O_3$點爲$V_2$，可求出$O_3$點之相對速度爲$V_{32}$。相同原理作$V_{32}$平行$V_{s2}$，S點$V_2$平行$O_2$點$V_2$，可求出$s$點速度爲$V_s$。此種速度求法，較前兩者爲佳；唯較複雜，需徹底了解，始能利用。

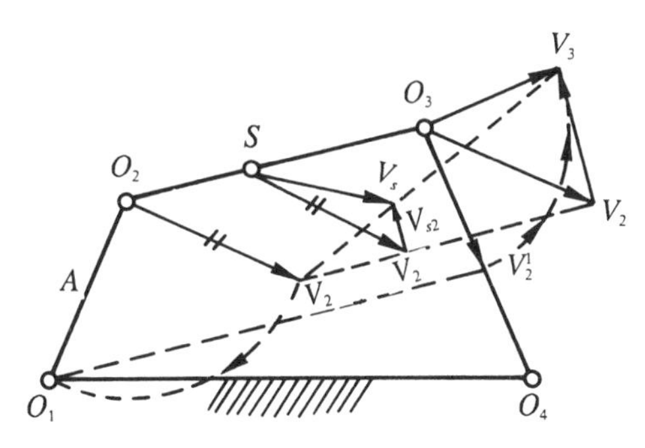

圖3-12　連結法

習題三

1. 試述向量與無向量意義並舉例說明。
2. 方向與指向有何不同？
3. 一力向東爲15kg，一力向西北爲12kg，而同一原點；試以計算法及畫圖法求其合力。
4. 某力向南爲24kg，一力向東北爲18kg，同一原點，試以計算法及畫圖法求其力差。
5. 某力向西北爲18kg，另一力向東南爲8kg，試以計算法及畫圖法求出其力之和及差。

6. 有五力，而同一原點，一力向東爲16kg，一力向東偏北60°爲18 kg，一力向北爲5kg，一力向西偏南30°爲10kg，一力向南爲12 kg，試以計算法及畫圖法，求其合力及方向。
7. 有四向量，同一原點，一向量向東北20lb，一向量向北12lb，一向量向西南15lb，一向量向南爲12lb；試求五力(向量)需多少？方向偏向方始能平衡？試以畫圖法求出。
8. 何謂瞬時中心？
9. 試述連桿速度求法種類；簡單說明之。
10. 如圖所示，試求它的瞬心數(以畫圖法及計算法)。

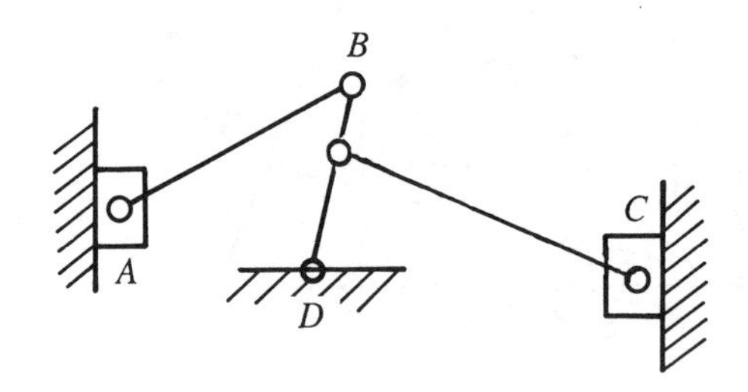

11. 如圖所示，試以畫圖法及計算法求出它的瞬心數。

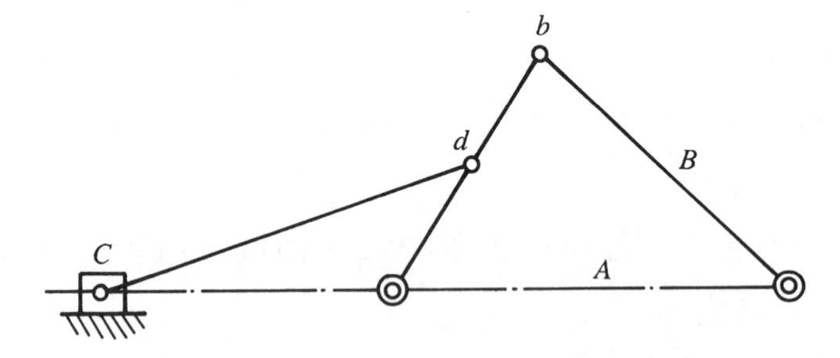

12. 如圖所示$\omega_b = 120\text{rad/sec}$，試求$b$及$c$點線速度及$S$、$M$兩點線速度，以瞬心法及分速法求出。

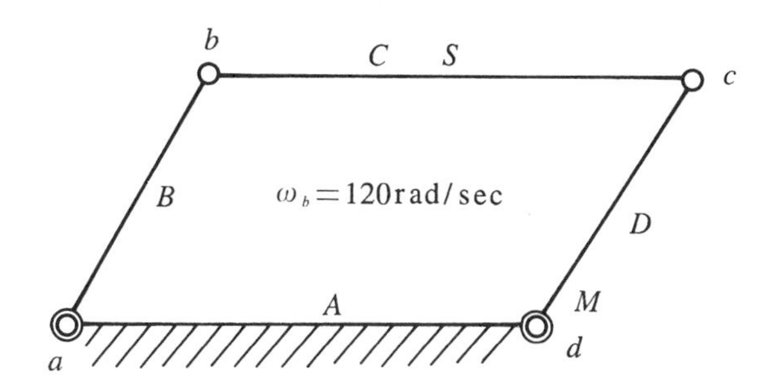

13. 如圖所示，設B桿轉速為60rpm；A桿＝30cm，B桿＝25cm，C桿＝18cm，下桿為10cm，D桿為22cm；試以連結法及分速法求b、c、e三點線速度。

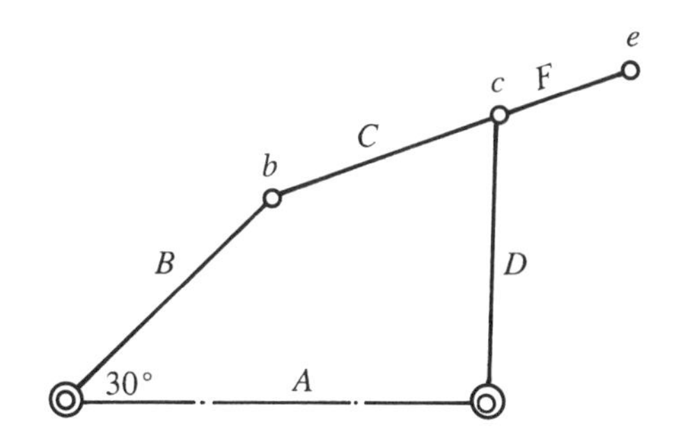

14. 以11題之圖，設B桿之轉速為順時鐘60rpm，B桿長16吋，O桿12吋，d點在中心點；C桿為14吋，試以分速法求出b、d、c點線速度各為多少？c點之滑動方向。

15. 何謂三心定理？

第四章

加速度分析

4-1　加速度分析之意義

當機械以高速運轉時，則各機件的作用力，必然有相當的衝擊，因爲每一機件都有相當重量，由於加速度運動，因而產生慣性力相當大。因此每一機件作力分析時，必先分析其加速度，作爲機械設計的參考。

4-2　法線加速度與切線加速度

一個動點在曲線運動，其速度的變化，產生兩種加速度，即法線加速度與切線加速度。如圖4-1(a)觀察一個在圓周上運動的動點B。動點B起初的速度爲V_B，以向量$\overline{Bb}$表之，即$V_B = \overline{Bb} \times K_V$。設圓心爲$J$，半徑爲$r$，$B$對於$J$的角速度起初爲$\omega$，經過時間$dt$後，變化爲$\omega'$。

$$V_B = r\omega \qquad V_B' = r\omega'$$

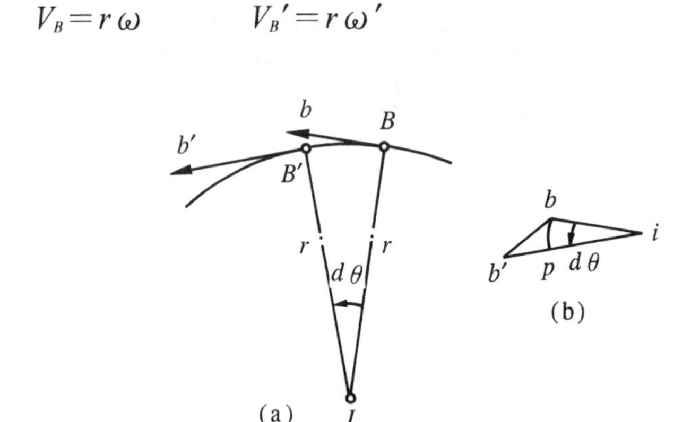

圖4-1

又設JB在經過時間dt後的角位移爲$d\theta$。在作一個速度如圖4-1(b)，取一極點i，由i作$\overline{ib}$等於$\overline{Bb}$，$\overline{ib'}$等於$\overline{B'b'}$。可見向量$\overline{b\text{–}b'}$等於

$\overline{ib'} \rightarrow \overline{ib}$，即表示$B$點速度改變量，或可寫作：

$$dVB = V_B' \rightarrow V_B = \overline{bb'} \times K_V$$

因ib，ib'各與$\overline{JB}$，$\overline{JB'}$垂直，所以ib，ib'之間的夾角也等於$d\theta$；須注意(b)圖不可視爲速度，因爲B與B'並非同一剛體上的兩點，而是同一點在不同間上的兩點。而以i爲圓心，以$\overline{ib}$作爲半徑，作弧與ib'相交於P。由於$d\theta$爲極小值，弧$\overset{\frown}{bP}$與弦$\overline{b'P}$可謂相等，所以$\overline{bP} = \overline{ib} \times d\theta$。向量$\overline{bb'}$等於兩向量$\overline{bP}$與$\overline{Pb'}$之和，即

$$dV_B' = (\overline{bP} + \rightarrow \overline{Pb'}) \times K_V$$

B點的加速度A_B爲V_b對於時改變率，

$$A_B = \frac{dV_B}{dt} = \frac{\overline{bP}}{dt} \times K_V + \rightarrow \frac{\overline{PB'}}{dt} \times K_V$$

$$= \frac{ib \times d\theta}{dt} K_V + \rightarrow \frac{|\overline{ib'}| - |\overline{ib}|}{dt} K_V$$

因$\overline{ib}$代表V_B，$\overline{ib'}$代表V_B'；所以

$$|\overline{ib'}| - |\overline{ib}| K_V = |\overline{VB'}| - |\overline{VB}| = r(\omega' \omega)$$

而ω'-ω表示在時間dt內之ω改變量，$d\omega$表之。

由於$\frac{d\theta}{dt}=\omega$，$\frac{d\omega}{dt}=\alpha$，所以：

$$A_B=V_B\omega+\rightarrow r\alpha$$

$$=A_B^n+A_B' \qquad \text{(公式4-1)}$$

又 $$A_B^n=V_B\omega=\frac{V_B^2}{r}=r\omega^2 \qquad \text{(公式4-2)}$$

此加速度乃是由向量$\overline{bP}$演變而來。當B'與B相近時，bP的方向就與ib垂直，即與圓周正交，所以稱爲法線加速度。將$\overline{ib}$以i爲中心，依ω的方向旋轉時，b點移動的方向就是bP的指向。所以法線加速度的指向必向圓心，又稱爲向心加速度(centripetal acceleration)，公式4-1中

$$A_B^t=r\alpha \qquad \text{(公式4-3)}$$

這個加速度是由$\overline{Pb'}$演變而來。當B'與B無窮接近時，ib與ib'方向合而爲一。Pb'就與V_B的方向一致，成爲圓的切線方向。成爲圓的切線方向。所以這個加速度稱爲切線加速度。A_B^t可以有相反的兩個指向；若V_B'大於V_B，A_B^t就與V_B同向。若V_B'小於V_B，A_B^t與就V_B反向，則A_B^t的指向依α而定。

在一般情形，B點的動路不是圓，而是其他曲線時，J點取在曲線在B點的曲率中心；r爲曲線在B點的曲率半徑。

B點的全部加速度，爲A_B與A_B^n與A_B^t的向量和，以$\overline{Bb}$表之：

$$A_B=r\sqrt{\omega^4+\alpha^2} \qquad \text{(公式4-4)}$$

A_B與線JB所成的角r，由下公式表之。

$$\tan r = \frac{A_B^t}{A^n B} = \frac{\alpha}{\omega^2} \qquad \text{(公式4-5)}$$

由A_B^n與A_B^t的表示可看出，A_B^n僅與ω^2有關，與α無關；而A_B^t只與α有關，與ω無關。只要B點在曲線上運動，V_B存在，而A_B^n必存在，必爲向J。因此若在B作曲線的切線。如圖4-2所示。A_B只能在線之內側。即與曲線在切線之同側，而不會發生在切線之外側。V_B若爲零，A_B^n即爲零，A_B方能切線方向。

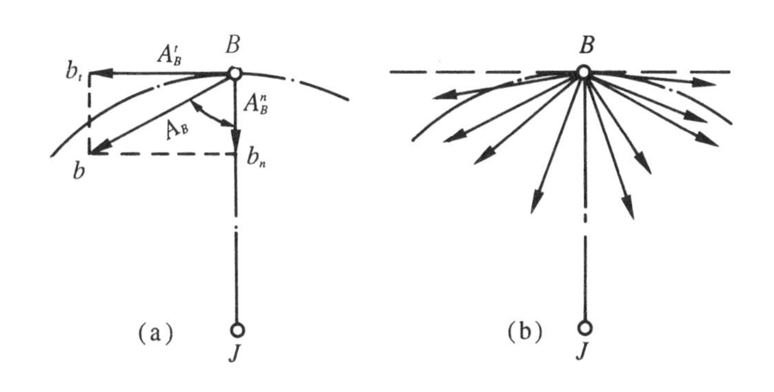

圖4-2

4-3　同一浮桿上；兩點間之相對加速度

對於時間t微分即得

$$\frac{dV_B}{dt} = \frac{dV_{BA}}{dt} + \rightarrow \frac{dV_A}{dt}$$

即　　$A_B = A_{BA} + \rightarrow A_A$

B點的絕對線加速度，等於B對於A點相對線加速度加以A點絕對線加速度。一個機構中某點的加速度，完全根據這一原理，根據已知加速度的點去求其他點的加速度。

現在來看A、B兩點在同一剛體上，A_{BA}應爲如何？圖4-3(a)中，J爲固定點。JA爲一個曲柄以J爲中心而旋轉。AB爲在A點聯接JA上的連桿，該曲柄JA爲2，連桿AB爲3。在起初位置。2以角速度ω_2旋轉，3以角速度ω_3旋轉，ω_2與ω_3俱係絕對角速度。B對於A的相對速度V_{AB}爲$\overline{AB}\times\omega_3$，其方向與$\overline{AB}$垂直。設經過時間$dt$後，$A$、$B$兩點各在$A'$、$B'$位置，如圖4-3(b)，這時2的角速度變爲$\omega_2'$，3的角速度變爲$\omega_3'$，$B$對於$A$的相對速度$V_{BA}'$變爲$\overline{AB}\times\omega_3'$。 3 的角位移爲 $d\theta$，如圖 4-3 中所示。

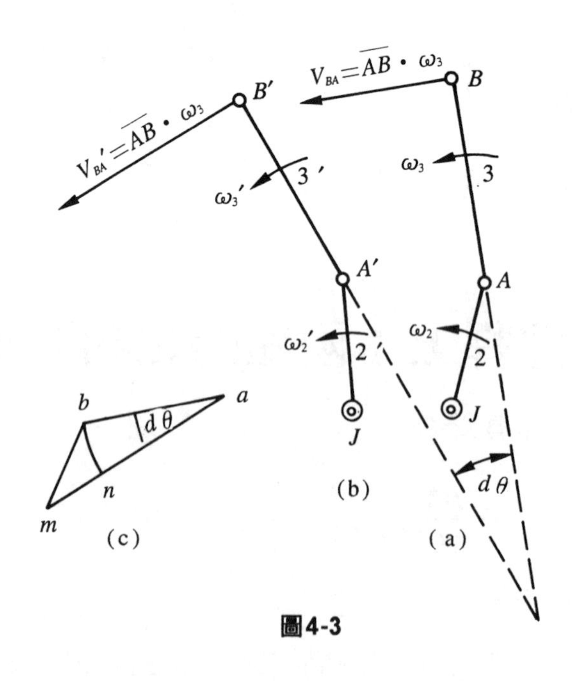

圖4-3

作一速度圖如圖4-3(c)所示，作向量$\overline{ab}$表示V_{BA}，再由a作$\overline{am}$表示V_{BA}'，則向量$\overline{bm}$等於$\overline{am}\rightarrow\overline{ab}$即表示$B$對於$A$的相對速度的改變量，或可寫作：

$$dV_{BA}=V_{BA}'\rightarrow V_{BA}=\overline{bm}\cdot K_V$$

因爲ab，am各與$\overline{AB}$，$\overline{A'B'}$垂直，所以ab，am間的夾角也等於$d\theta$。以a爲圓心，以$\overline{ab}$爲半徑，作弧與am相交於n。由於$d\theta$爲無限小角，弧$\widehat{bn}$與弦，當A爲固定點時，兩式相同，相對法線加速度與絕對法線加速度表示式同一形式，只角速度的平方有關，而與角加速度無關。所以只要剛體的瞬時角速度不爲零，其兩點間必有沿兩點聯的相對法線加速度。相對切線加速度與絕對切線加速度的表示同一形式，只與角加速度有關與角速度無關。由切線加速度的表示來看，可是切線加速度對於角速度對於角加速度的關係，一如線速對於角速度的關係。

$$A_B^n+\rightarrow A_B^t=A_{BA}^n+\rightarrow A_{BA}^t+A_A^n+\rightarrow A_A^t \qquad \text{(公式4-5)}$$

由這個方程式其方向皆爲已知，若只有兩個向量的大小不知，由於這方程式之表示一個閉口的加速度多邊形，從其最後兩條線的交點，就可決定兩未知向量的大小。

4-4　相對加速度的圖解法

因爲B爲2上的一點，其加速度完全爲已知，我們可由B點的加速度，求C點的加速度，依照4-5公式，可求出：

$$A_C^n + \rightarrow A_C^t = A_{CB}^n + \rightarrow A_{CB}^t + \rightarrow A_g^n + \rightarrow A_B^t \qquad \text{(公式4-6)}$$

在公式4-6中，六個向量的方向皆為已知。除A_C^t與A_B^t外，其他四個向量的大小都已知，現在計算如下。

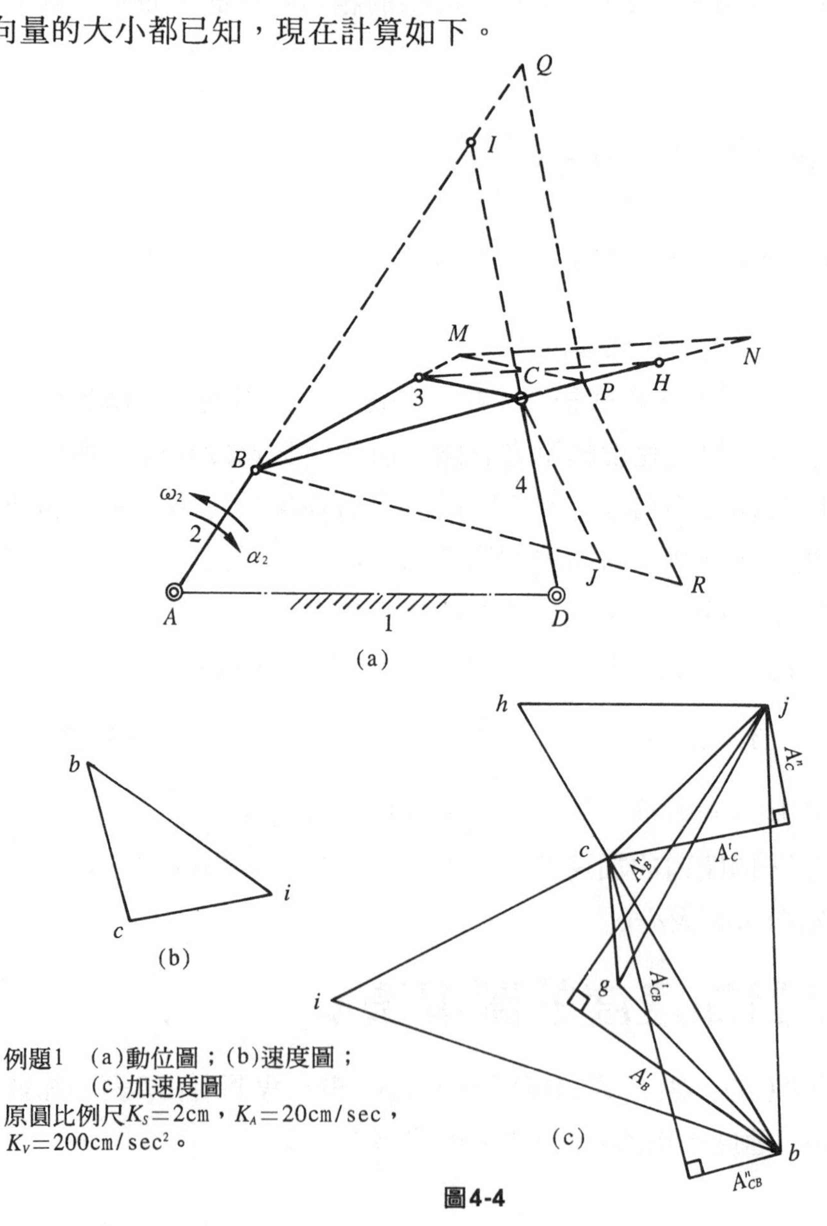

例題1　(a)動位圖；(b)速度圖；(c)加速度圖

原圖比例尺$K_S=2\text{cm}$，$K_A=20\text{cm/sec}$，$K_V=200\text{cm/sec}^2$。

圖4-4

由公式4-2得

$$A_C^n = \frac{V_C^2}{\overline{DC}} = \frac{62.3^2}{8} = 485\text{cm/sec}^2$$

$$A_{CB}^n = \frac{(V_{CB})^2}{\overline{BC}} = \frac{67.5^2}{11.4} = 400\text{cm/sec}^2$$

$$A_B^n = \overline{AB}\,\omega 2^2 = 6 \times 15.7^2 = 1479\text{cm/sec}^2$$

由公式4-3得

$$A_B^t = \overline{AB} \times \alpha^2 = 6 \times 180 = 1080\text{cm/sec}^2$$

爲明瞭起見，將公式4-5中六個向量的方向與例表如下：

向　量	A_C^n	A_C^t	A_{CB}^n	A_{CB}^t	A_B^n	A_B^t
方　向	由C向D	垂直DC	由C向B	垂直BC	由B向A	垂直AB
大　小 cm/sec²	458	未　知	400	未知	1,479	1,080

公式4-6等號兩邊都表示A_C，意即左方兩個向量之和應該等於右方四個向量之和。開始作加速度圖(c)。任選一點j爲極點，取$K_A = 200\text{cm/sec}^2$，按公式4-6左方由j作向量A_C^n，由A_C^n的向端作一線平行於A_C^t的方向。則C的加速度，像點必在這條線上。再按公式4-6右方，由j作向量A_B^n，A_B^t到b，即是B的加速度像點，再由b作向量A_{CB}^n。此處須注意不可由j先做A_{CB}^n，否則將不能得到表示A_B的向量$\overline{jb}$。由A_{CB}^n的矢端作一線平行

A^t_C的線相交就得C的像點C。由A^n_C的矢端到C的向量就代表A^t_C。由A^t_{CB}的矢端到C的向量就代表A^t_{CB}；$\overline{bc}$就是$\overline{BC}$的加速度像。欲求G點的像點，在$\overline{BC}$截取$\overline{BP}$等於$\overline{bc}$。由P作CG的平行線，與BG相交於M。將三角形BPM移到加速度圖中，使$\overline{BP}$與$\overline{bc}$重合，M就到g，為G的像點。再求H的像點；連接GH由M作成平行於GH與BP相交於N；在$\overline{bc}$上截取$\overline{bh}$等於$\overline{BN}$，h即是H的像點；所求各量量得如下：

$$A_B=\overline{jb}\times K_A=1.833\text{cm/sec}^2$$

$$A_C=\overline{jc}\times K_A=906\text{cm/sec}^2$$

$$A_G=\overline{jg}\times K_A=1302\text{cm/sec}^2$$

$$A_H=\overline{jh}\times K_A=1033\text{cm/sec}^2$$

由公式得

$$\alpha_3=\frac{A^t_{CB}}{\overline{BC}}=\frac{1350}{11.4}=118.3(\text{rad/sec}^2)\text{反時鐘方向}$$

由公式4-3得

$$\alpha_4=\frac{A^t_C}{\overline{DC}}=\frac{766}{8}=95.7(\text{rad/sec}^2)\text{反時鐘方向}$$

I_3為3上的一點，其加速度像點也可以同樣用相似三角形的方法求得。由P作線平行於CI_3與BI_5相交於Q。將三角形BPQ移到加速度圖中，使$\overline{BP}$與$\overline{bc}$重合；Q就到i，$\overline{jI}$即為I_3的加速度；可見瞬時旋轉中心I_3的加速度絕非零。欲求3上加速度為零之點，只須逆行以上步驟即可；因為該點的加速度像點為j；在$\overline{BC}$上作一三角形與三角形bcj相似，就得該點。作法在$\overline{BP}$上作三角形BPR等於三角形bej；由C點作線平行於PR，與BR相交於J；J即為在3上加速度為零之點。

表示A_B^n，由前式可知$K_V = K_S \times \omega_2$由公式4-6可知

$$K_A = \frac{(K_S \times \omega_2)^2}{K_S} = K_S \times \omega_2^2 \qquad \text{(公式4-7)}$$

若在一個機構中，所求的法線加速度只有一個，如A_B^n，則用公式4-7決定K_A之後再求A_B^n，顯然與前例用計算求A_B^n並無差別，亦未簡化，直接作圖法可以代替若干計算。

【例】用直接作圖法求各法線加速度。

解：

取$K_S = 2$cm作圖，令圖上$\overline{AB}$之長，同時代表V_B與V_B^n。則$K_V = K_S \times \omega_2$。

原圖比例R，$K_S = 2$cm，$K_V = 31.4$cm/sec，$K_A = 493$cm/sec$_2$，$2 \times 15.7 = 31.4$cm/sec，$K_A = K_S \times \omega_2^2 = 2 \times \overline{15.7}^2 = 493$(cm/sec^2)

速度圖如(b)，或者直接由A作線平行於DC，與BC相交於F；ABF等於一個旋轉後的速度圖可以代替(b)圖。將如此求得的向量$\overline{bc}$與$\overline{ic}$，依(a)圖的方法在$\overline{BC}$與$\overline{DC}$上，求A_{CB}^n與A_C^n的向量；用這些向量作成加速

圖(c)，這裡$A_C^t = \overline{AB} \times \alpha_2 = 1080 cm/sec^2$；故其向量長度應為$\frac{1080}{493} = 2.19cm$。

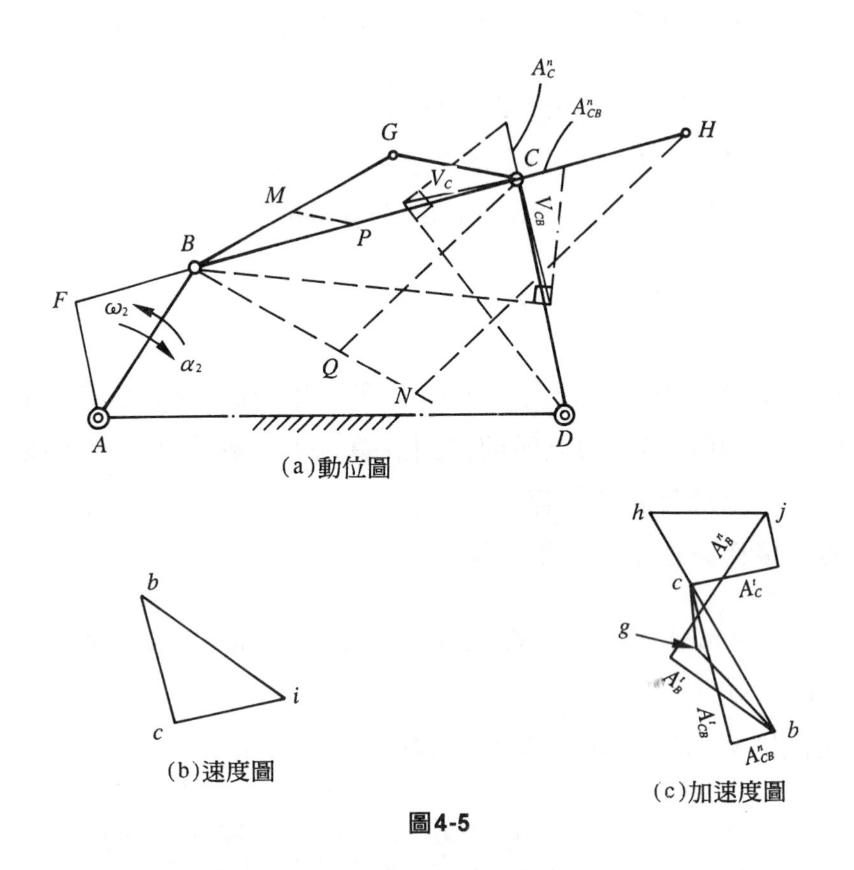

(a)動位圖

(b)速度圖

(c)加速度圖

圖4-5

4-5 歐勒-沙伯利方程式 (Euler-Savery Equation)

吾人發現，作題時選定某一點，該點曲率半徑R很容易由觀察決定，是十分重要的；此外在找一個等效機構時，其裕度之曲率中心也必須先求出。一個運動物體上，任何一點之路徑的曲率中心求法如下。

圖4-6中之兩圖，其中心分別爲C與C'；如果C'圖固定不動，而C圖在C'圖上作滾動運動，A點爲C圖上之任意點，$a-a'$是A點在C'上所描繪之路徑，此路徑之曲率中心位置爲我們所求。

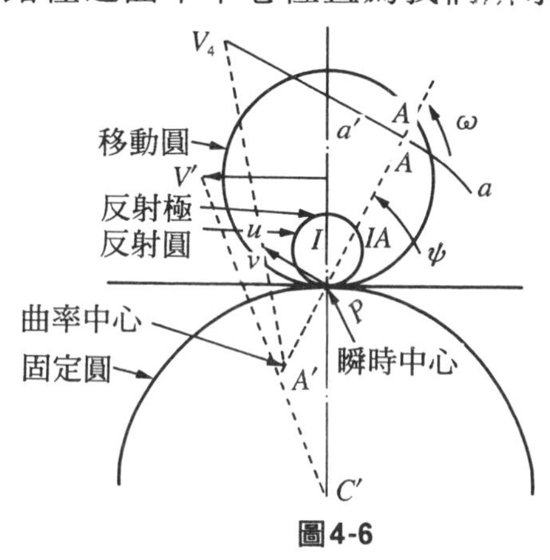

圖4-6

物體作滾動接覺，所以其共同瞬時中心P爲接觸點。V_C是C點之速度

$$V_C = \omega \times \overline{CP} \tag{公式4-8}$$

A點之速度V_A爲

$$V_A = \omega \times \overline{AP} \tag{公式4-9}$$

瞬時中心P是圖C與C'共同點，應具相同之線速度，其速度V可在機構P_3點在物體2所描繪路徑之曲率半徑。圖中C_2與C_3點分別爲物體2與3外廓之曲率中心。

解：瞬時中23正落在法線C_2C_3和中心線O_2O_3之交點上。利用赫茲曼構圖法其步驟如下：

令物體固定不動，且考慮物體3對連桿2上一點23轉動情形。取任一長度，在C_3點上劃出V_{C_3}來，其方向如圖所示，也可能正好相反。由V_{C_3}終端至23劃一直線，可決定V_{P_3}之大小。再由V_{C_3}之終端經C_2劃直線，可定出V_{23}之大小，V_{23}'在垂直於23−P_3方向之分量，在本例中正好$V_{23}=V_{23}'$。由V_{P_3}箭頭到V_{23}'之箭頭一直線，即可定出C點之位置來。

用歐勒-沙伯利方程式計算時，$AP=23-P_3=122$mm；$A'P=C-23$未知；$CP=23-C_3=147$mm；$C_2-23=-58.4$mm，$\varphi=90^\circ$，$\text{SIN}\,\varphi=1$，因此

$$\left(\frac{1}{AP}+\frac{1}{a'P}\right)\sin\varphi=\frac{1}{CP}+\frac{1}{C'P}$$

$$\frac{2}{122}+\frac{1}{A'P}=\frac{1}{58.4}+\frac{1}{147}$$

$$A'P=-54.1\text{mm}$$

$$\text{曲率半徑}R=AP+A'P=122-54.1=67.9(\text{mm})$$

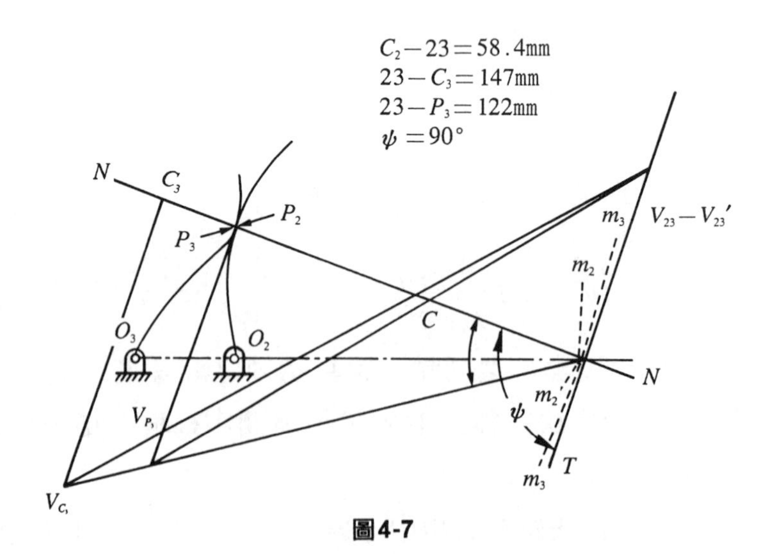

圖4-7

習題四

1. 圖4-8之機構，$\omega_2 = 4.8 \text{rad/sec} C\omega$；$= 8 \text{rad/sec}^2 C\omega$，試求$B$點之加速度，$\omega_3$、$\omega_4$、$\alpha_3$及$\alpha_4$。

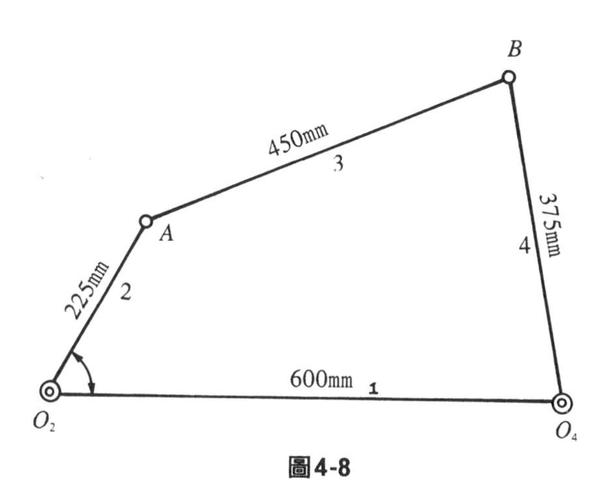

圖4-8

2. 為什麼要研究加速度？

3. ⑴圖4-9中，當活塞在上死點時，作速度和加速度多邊形圖，並求活塞的速度和加速度。(以m/sec，m/sec²表之。)⑵當活塞在下死點時，問題同⑴。

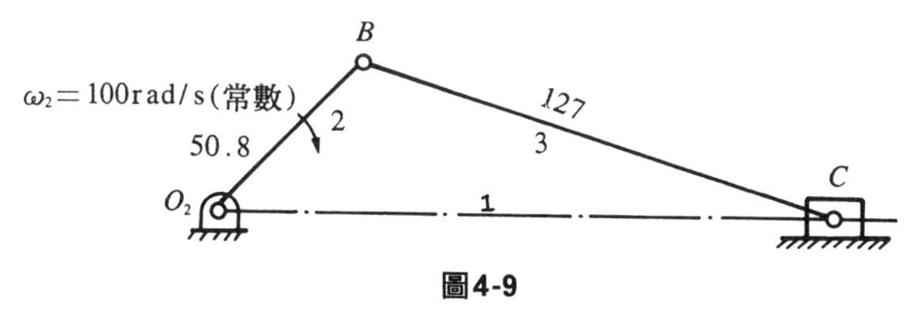

圖4-9

4. 圖4-10中之連桿，以a點為固定點作旋轉運動，若$BA = 16\text{m}$，$CA = 10\text{m}$，$CB = 8\text{m}$，試求B點及C點之速度與加速度。

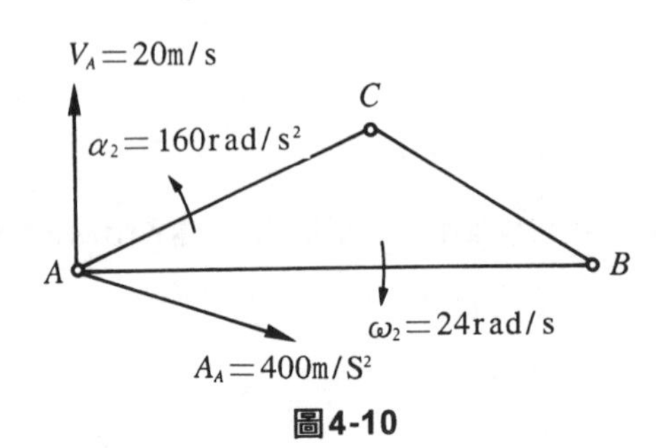

圖4-10

5. 圖4-11之滑塊曲柄機構，$AO_2 = CA = BA = 100mm$，若$\omega_2 = 20rad/secC\omega$及$\alpha_2 = 140rad/sec^2C\omega$，試求$B$點之速度與加速度。並求連桿之角加速度。

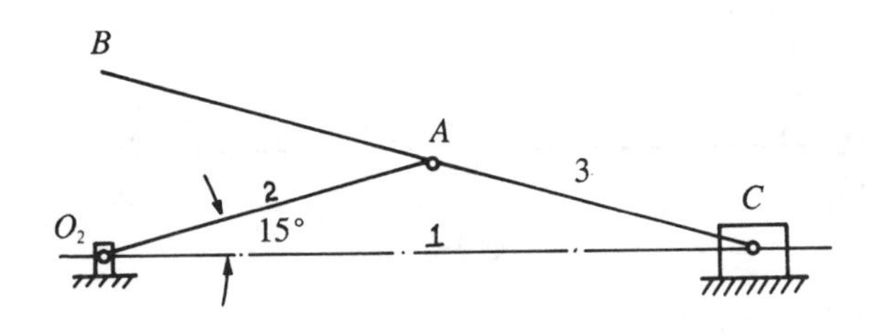

圖4-11

6. 圖4-11中，滑塊4以定速20m/sec向左移動，試求連桿上A點之速度及加速度。

第五章

連桿機構

5-1 四連桿組的各部份名稱

四連桿組的各部份名稱如圖5-1。圖中Q_2Q_4是兩個曲柄搖擺中心的聯線，即聯心線。它的長度是Q_2與Q_4之間的距離，有一定的長度，而且是靜止不運動的。聯心線的長度是無窮長的，可以經過曲柄的搖擺中心畫出來。Q_2A與Q_4B都叫曲柄。連接曲柄運動端的連線AB叫做連桿，有時也叫做浮桿或接合桿。如果把Q_2A固定了，Q_2A便是聯心線，AB與Q_2Q_4都是曲柄，Q_2B變成爲連桿。所以四連桿組的四個機件的名稱是要看那一個機件固定才能決定它們的名稱。有時四連桿組的四個機件並不能一目了然；並且四個機件也不在一個平面上，甚而至於在一個球面上的。關於這些，容以後解釋。

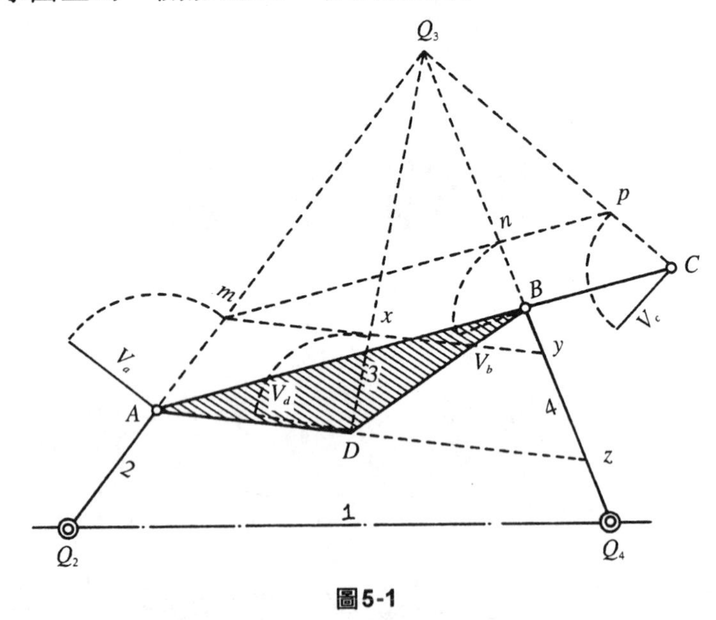

圖5-1

5-2　曲柄搖桿機構 (Crank and Rocker Linkage)

如5-2所示的四連桿組裡，設l_2代表$\overline{AB}$曲柄的長度，l_4代表upper ｜$\overline{DC}$曲柄的長度，l_1代表$\overline{AD}$曲柄的長度，l_3代表$\overline{BC}$曲柄的長度。如果B點可以轉到B'位置，那麼依據三角形兩邊長的和必須大於第三邊長度的原理，可以從三角形$AC'D$裡$(AC'+C'd)>AD$，即$(l_3-l_2+l_4)>l_1$，在這不等式的前後都加上l_2，可以得到$l_1+l_2<l_3+l_4$，仍根據三角形$AC'D$的$(\overline{AD}+\overline{AC'})>C'D$，即$[l_1+(l_3+l_2)]>l_4$，在這不等式的前後都加上$l_2$，可以得到

$$l_1+l_3>l_2+l_4$$

換句話說，如果這個四連桿組能具備以上兩個不等式的條件，那麼B點便能轉到B'的位置。

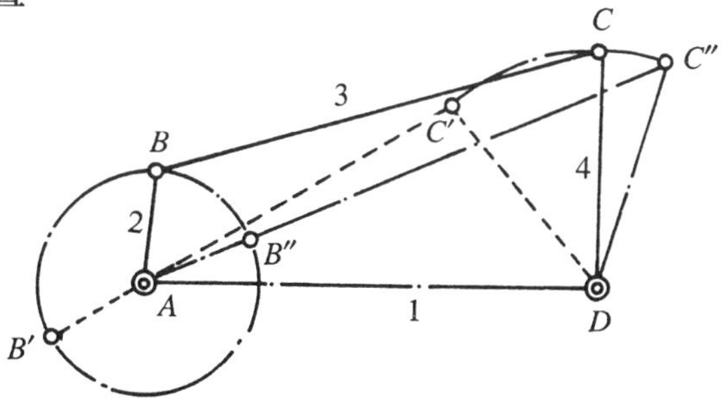

圖5-2

如果B可以轉到B''位置，曲柄AB與連桿$\overline{BC}$又成了一條直線，那麼在三角形$AC''D$裡$AC''<(C''D+AD)$，即是

$$l_2 + l_3 < l_1 + l_4$$

換句話說，如果這四連桿組能具備上面這個不等式的條件。B點便能轉到B''位置。

如果要使B點既能轉到B'又能轉到B''的兩種位置，那四連桿組各件的長度關係必須滿足以上三個不等式的必要條件才可以。如果B真能轉到B'又能轉到B''，B便能作一個完整圓周運動，CD不能作一完整的圓周運動而僅能搖擺，如圖所示。這種四連桿組叫做曲柄搖桿機構。這種機構在工業上用處很多，如碾米機的礱米機，去殼後稻與米的分離器作往復兼少許上下的運動。A便是帶動旋轉的原動。AB是曲柄或用偏心輪代替的曲柄。BC是連桿。C點便連接稻與分離器的上面框沿。分離器的框的斜放的。下面的框沿係用小曲柄支持著。於是分離器在作往復而又少許上不運動時，未去掉殼的稻殼便向上跑。已去了殼的糙米便會下降。這樣便能繼續不斷的把它們分開了。又如我們所騎的自行車，當人坐在坐墊上大隨骨的上端是固定的，相當於圖5-2裡的D點，大隨骨相當於CD搖桿，小腿骨相當於BC連桿，踏在自行車上的腳相當於B點，AB便是腳踏車的曲柄。騎車行進時是大腿骨以其上端作支端作搖擺運動，後使自行車的曲柄作旋轉運動。再者我們常用的腳踏縫衣機，我們用腳踏動底板是作搖擺運動，相當於5-2圖裡的CD在搖擺。那上下立著的圓桿相當於圖裡的連桿BC。再向上去是一個縫衣機的曲柄軸。曲柄相當於圖裡的AB，當我們上下踏動縫衣機時，曲柄軸便作不斷的旋轉運動，與曲柄搖桿機一樣。諸如此類的例子甚多，不勝枚舉，稍爲留心，即可以從我們日常生活所需的事物裡見到。

5-3　雙搖桿機構 (Double Rocker Linkage)

如果把5-2圖裡的AB加長，或把AD的聯心線縮短，或同時把連桿BC的長度縮短，或用其他的方法使四連桿機構不能符合那三個不等式所代表的必要條件，那麼兩個曲柄AB與CD都不能達到旋轉的目的。它們僅能搖擺而已。這種四連組機構叫做雙搖桿機構如圖5-3所示的便是其中的一種。當搖擺到$AB_1C_1D_1$位置時，連桿B_1C_1與C_1D曲柄已在一條直線上。縱是C_D能再搖擺到$C'D$的位置，AB_1也不能再使它的搖擺角變大，AB_1反而回到AB'的位置，且$C'D$也不能自此再擴大它的搖擺角，同理當它們搖擺到$AB''C''D$的位置時，連桿$B''C''$與曲柄AB''恰巧在一條直線上。縱使曲柄AB''還能繼續搖擺到AB_2位置，曲柄DC''也不能再增加它的搖擺角，反而又因搖到DC_2的位置，且AB_2也不能再擴大它的搖擺角。於是可以知道，AB與CD兩個曲柄都不能作旋轉運動，只是搖擺而已。設l_1代表AD長，l_2代表AB長，l_3代表BC長與l_4代表CD長，那麼從圖中AB與CD搖擺到它們的極端情形來看，在AB_1C_1D位置時，可以寫出一個不等式，爲

$$(\overline{AD}+\overline{AB})>(\overline{B_1C_1}+\overline{C_1D})\text{，即}(l_1+l_2)>(l_3+l_4)$$

在$AB''C''D$位置時，可以寫出一個不等式，爲

$$(\overline{AD}+\overline{C''D})>(\overline{B''C''}+\overline{AD''})\text{，即}(l_1+l_4)>(l_2+l_3)$$

四連桿組機構凡合乎以上兩不等式所代表的情形，就是雙搖桿機構。反過來講，設計一個雙搖桿機構必須具備以上兩個不等式的必要條

件。這種機構的實用情形很多，也許因已知條件的不同，有不同的用途，以後各節裡會討論到。如圖5-4所示的機構是很有名的考理斯(corliss)蒸汽機所用的四個活瓣機構，K與M兩個中心是管兩端進汽的進汽活瓣的搖擺中心，Q與N是管排廢汽活瓣的搖擺中心。G是另外一個搖擺中心，7、9、13與11是四個連桿。當G左右搖擺時，另外四個曲柄8、10、14與12都同時在搖擺。如果安排合適，這四個搖擺中心所同搖擺的各活瓣會使蒸汽機作適當的運轉，這種蒸汽機在目下臺灣仍然可以見到。如圖5-5爲四個活瓣中的一個，以D爲中心搖擺的曲柄CD使扇形活瓣在虛線圓的圓孔裡搖擺，圓孔裡隨時都有高壓蒸汽，所以當活瓣不能掩蓋住汽口時，蒸汽便會進到汽缸的一端空隙裡。如果它是排汽活瓣(實際上排汽活瓣的形狀不同於進汽活瓣)，因爲汽缸裡的汽壓高於圓孔內的壓力，所以活瓣口開的時候，汽缸裡的廢汽會跑出來。

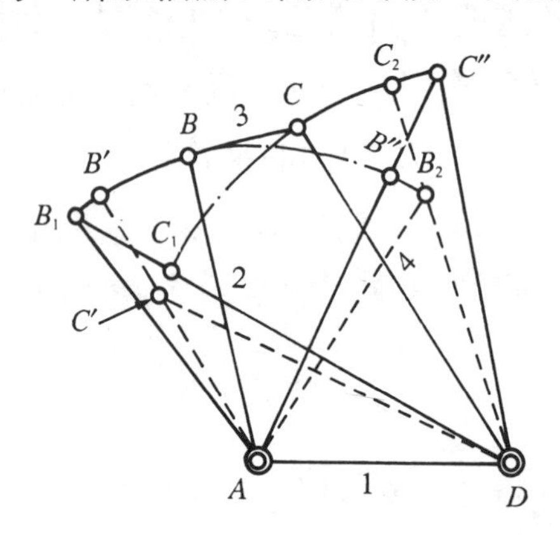

圖5-3

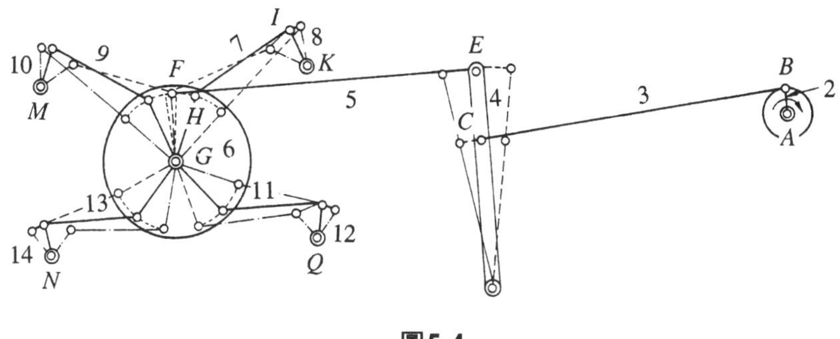

圖5-4

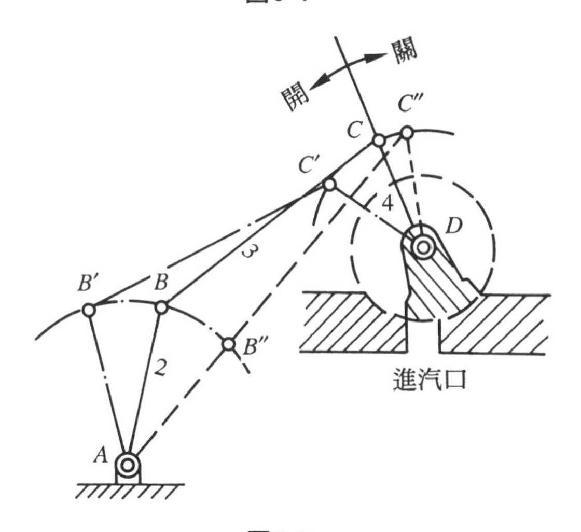

圖5-5

5-4　牽桿機構 (Drag Bar Linkage或Drag Link)

5-6圖所示的機構如果真能照所畫的各位置運轉，那麼我們就設l_1代表AD聯心線的長，l_2代表曲柄AB的長，l_3代表連桿BC的長，l_4代表曲柄CD的長，從三角形$AB'C'$裡可以寫出不等式$(l_1+l_4)<(l_2+l_3)$；在三角形$DB'''C'''$裡可以寫出不等式$(l_1+l_2)<(l_2+l_4)$；在三角形$AB'''C'''$

裡，$B'''C''' < (AC''' + AB''')$，即

$$l_3 < [(l_4 - l_1) + l_2]$$

在不等式的前後都加上l_1可以得到由此我們可以知道，如果一個四連桿組機構能合乎以上三個不等式條件，它的一個曲柄端B可能轉到B'，B'''與B''''三個位置，也就是曲柄AB可以做旋轉運動。同時它的另外一個曲柄端C可能轉到C'，C'''與C''''，也就是曲柄CD也可以作旋轉運動。但要注意的是曲柄AB與CD都會比AD長。它們都可能掃曲柄的旋輪中心A與D。所以這種四連桿組機構的各機件實際上不能在一個平面上，於是它的設想的另一種如圖5-7所示。

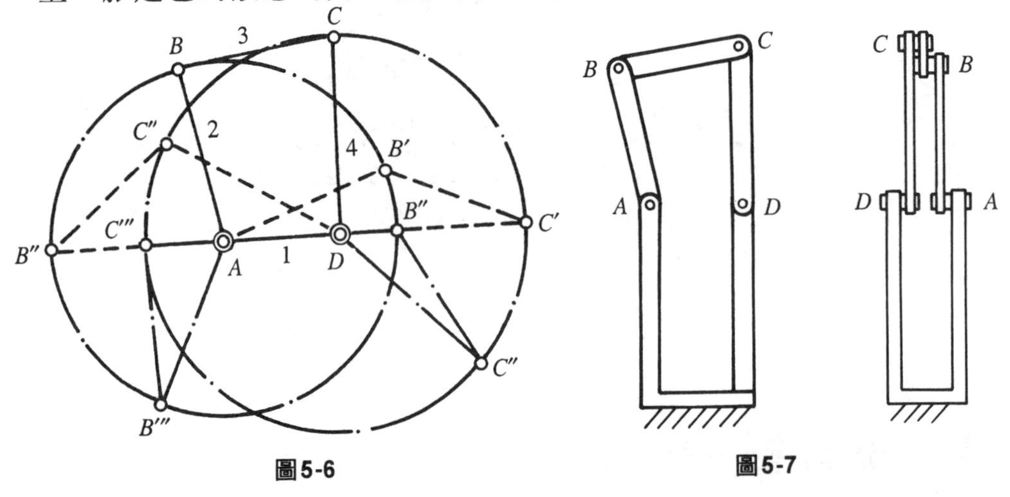

圖5-6　　圖5-7

根據前所討論的速度分析方法，可以證明，當曲柄AB作等角速運動時，曲柄會產生不等角速度運動。換句話說，C點瞬時線速度也會不均勻，這是此種機構的特點，如圖5-8所示為這種機構應用在鑽床(slotting machine)上作急速回駛(quick turn)用的情形。2是以A為中心作等角速度旋轉的大齒輪。大齒輪的一側面凸起一個短軸。它的中心是B，A與B之間雖沒有曲柄一類的機件在。但從A到B的聯線是想像的曲柄。

以B爲中心的短軸上套有一個連桿3，當然連桿3的這一端便以B爲中心作搖擺運動。連桿的另外一端套在另外一個曲柄4的凸銷上，曲柄4又與以D爲中心的軸相固定。這個軸是放在圖裡虛線大圓襯軸裡運轉，同時大齒輪2則以這大圓襯軸爲軸在運轉。大圓襯軸是在靜止狀態。曲柄4所固定的軸延伸過去再裝上曲柄連桿帶動鉋　的往復器，可能做到緩行鉋切與急速回升。

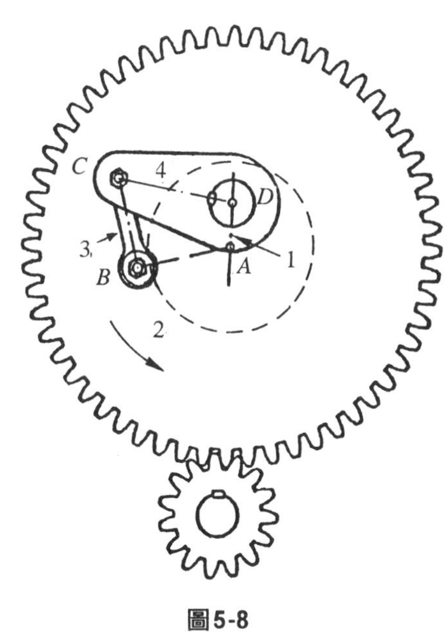

圖5-8

5-5　平行曲柄機構 (Parallel Crank Linkage)

如果四連桿組機構的聯心線與連桿長度相等，又兩個曲柄長度也相等，則它們構成一個平行四邊形，如圖5-9所示，這叫做平行曲柄機構。從兩圓心到連桿的垂直距離AM與AN時時相等，因此知道B與C兩點的瞬時線速度也時時相等。*AB*作等角速度旋轉；*CD*以*AB*的同角速度作等角速旋轉，如像*AB*的運動完全不變地傳達於*CD*，*A*與*D*分別是兩個輪子的旋轉中心，*B*與*C*分別是兩輪子上的圓銷，*BC*是套配在*B*與*C*兩個圓銷的連桿。那麼當其中一個輪子旋轉的時候，另外一個輪子便與它作同樣的旋轉。一般鐵路機車的幾個大車輪的側旁都有這樣一根連桿好像5-9圖那樣地連著三個或四個車輪。機車的引擎只要帶動其中的一個，其餘的車輪都與那一個同樣地轉動。這便是這種機構用途中最常見的一個例子。

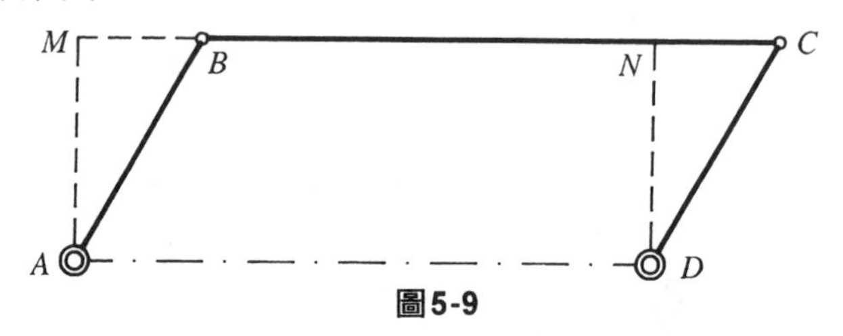

圖5-9

5-6　相等曲柄機構 (Equal Crank Linkage)

這種機構也是兩個曲柄的長度相等，聯心線的長度也可以等於也可以不等於連桿的長度，可是它們不能構成一個平行四邊形，如圖5-10所示，$AB=BC$，$AB=CD$，因為*B*與*C*兩點沿*BC*線上的分速度時時相等，而從曲柄中心到*BC*線上的垂直距離*AM*與*AN*不能時時相等，所以兩個曲柄*AB*與*CD*的轉速便不能時時相等，如果它們兩個中心軸之一作等角速旋轉，則另外一個軸便會忽快忽慢地旋轉，那便是一個可以用作急速回駛的機構，用途當然可以很多，好像圖5-11的例子，乍看之下是兩個相同橢圓相直接接觸傳動，仔細分析起來，可以加上所畫的幾條直線，便明顯地看出它是一個不平行的相等曲柄機構，能用作急速回駛。

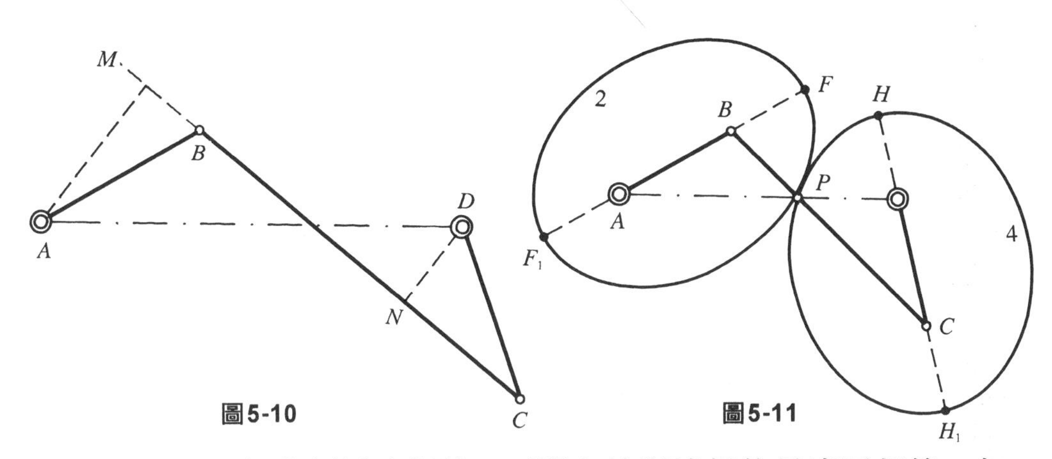

圖5-10　　圖5-11

如果僅僅兩個曲柄長度相等，而聯心線與連桿的長度不相等，如圖5-12所示。AB搖擺的角度ϕ_2與ϕ_1不等於CD所搖擺的相當角度θ_1與θ_2。它似乎也可以作爲急速回駛的機構，可是事實上它多是在汽車的前軸上作轉彎用的。如圖5-13所示爲汽車向右轉彎時從上面看下來的情形，右轉時靠裡面的一個車輪W_f'的轉彎曲率半徑應該小於靠外面的輪子W_r，輪子才不致在地面上打滑，就是曲柄AB轉的角度大於曲柄CD轉的角度，A或D都可能由司機操方向盤而轉動，汽車直線前進時，則如圖裡虛線畫的位置。

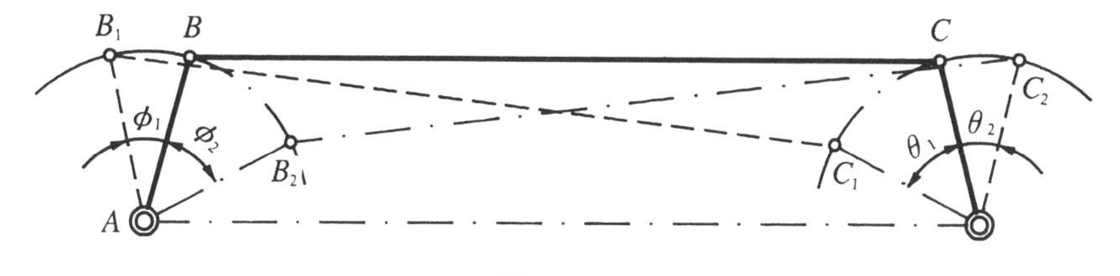

圖5-12

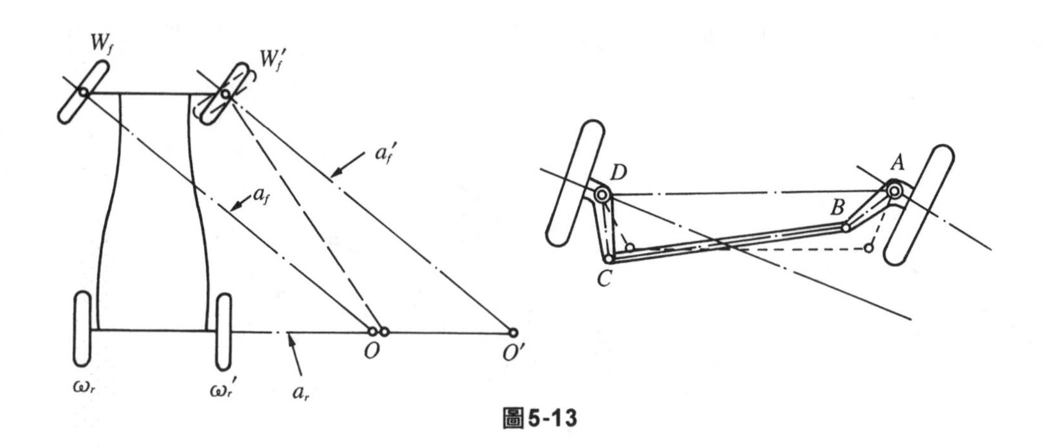

圖5-13

5-7　滑件曲柄機構 (Slide Crank Mechanism)

在前幾章裡討論速度分析時，曾介紹這種機構。因爲它應用的地方太多，所以現在還要作進一步討論。這種機構可以分爲兩大類：第一類的滑件之一是固定的，第二類的滑件是圍繞著某一固定點而旋轉。如圖5-14屬於第一類。它的連桿長度是大於它的曲柄。

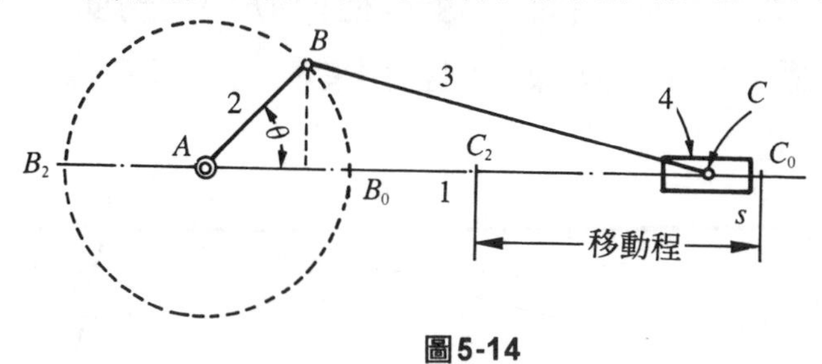

圖5-14

滑件端的位移S用公式來表示爲

$$S = AC_0 - AC = AC_0 - (Ab + bC)$$

$$= AB + BC - AB\cos\theta - \sqrt{\overline{BC}^2 - \overline{AB}^2\sin^2\theta}$$

$$= AB(1 - \cos\theta + BC(1 - \sqrt{1 - \frac{AB^2}{BC^2}\sin^2\theta}$$

設AB曲柄的長度用R代表。BC連桿的長度用L代表，那麼上式可以簡寫爲

$$S = R(1 - \text{COS}\,\theta) + L\,[\,1 - \sqrt{1 - (R^2/L^2)\sin^2\theta}\,]$$

爲更進一步簡化上面的公式起見，可以把根號裡的數依二項式定理展開，再忽略微小數的高次方項，可以得到大約的公式

$$S = R(1 - \text{COS}\,\theta) + (R^2/2L)\sin^2\theta$$

這是我們已知R與L求S與角位移θ相互關係的常用公式。這個公式可以利用微積分求出滑件的瞬時速度公式

$$V = R\omega\,[\sin\theta + (R/2L)\sin 2\theta\,]$$

公式裡的ω爲曲柄的角速度，即曲柄每秒轉的張角。

瞬時線速度公式可再利用微分方法推證出滑件瞬時線加速度A的公式，即

$$A = R\omega[\cos\theta + (R/L)\cos 2\theta\,]$$

應用這種機械的可能是一部內燃機，如圖5-15所示。2是旋轉曲柄，3是連桿，4是活塞，4的外圖線所表示的便是汽缸。當知道它的R與L之後，我們可以利用上面的公式，從已知的曲柄角位移θ求算活塞的線位移S，再知道曲柄的角速度之後，也可以計算活塞的瞬時線速度與瞬時線加速度，瞬時線加速度乘以活塞等往復運動的機件質量便可

以計算瞬時惰性慣力。

如圖5-15所示的機構可以是一個壓縮機(compressor)，那汽缸便是壓縮機的汽缸，汽缸的頂上也有自動進氣與排氣的活瓣，它也可以是一個打水或其他液體的泵浦。那汽缸便是容納液體的汽缸，即俗稱的唧筒。它也可能是一個抽真空用的真空泵浦(vacuum pump)。

如圖5-16所示機構也是屬於這第一類的機構，只不過它的連桿長度小於它的曲柄長度罷了。*C*是曲柄的搖擺中心，所以*BC*是曲柄，*BA*是連桿，*A*點帶動滑桿作往復運動。它的動路是一條直線，所以它的曲率半徑(也就是曲柄長)是無窮大。當然它的瞬時搖擺中心在無窮遠，那麼它的聯心線是連接*C*點垂直於滑件*A*動路的無窮長的直線，看到這圖便知道它是個手操作的泵浦，手是在上下搖動*BA*連桿。

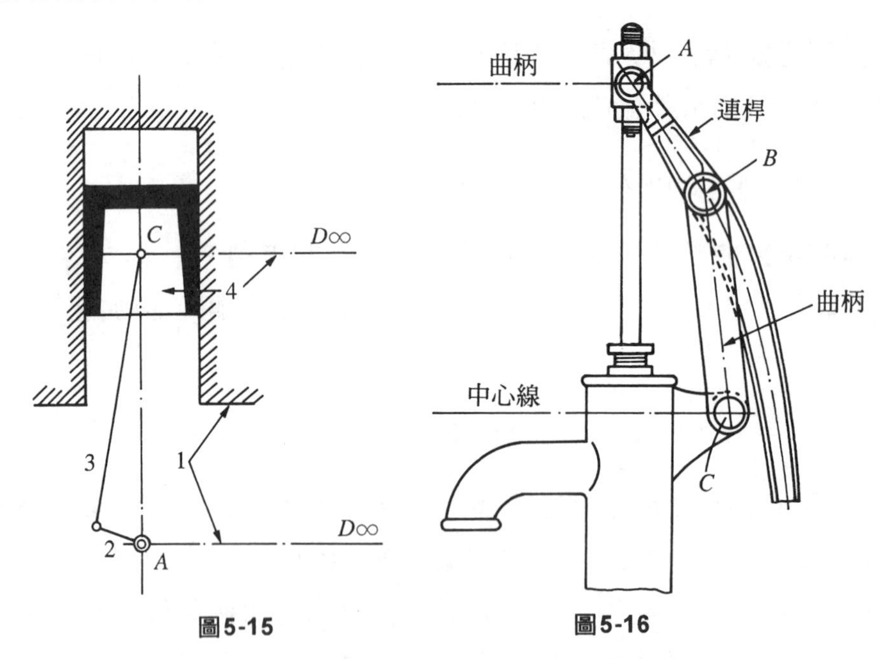

圖5-15 **圖5-16**

如圖5-17爲一般牛頭鉋床帶動牛頭慢切速回的機構，這裡有一個滑件曲柄機構，而且它的滑件是以某點爲圓心作旋轉，屬於第二類。

這裡BA是一個曲柄，BC是聯心線，A的上面套有一個滑塊；滑塊在搖桿直槽裡作直線運動。參考著圖5-14的情形，可以知道，從C畫一條直線垂直於AC是代表另外一個曲柄CD_∞，它的長度是無窮大。a與D_∞相連，自然也是一條無窮長的線AD_∞，相當於連桿。實際上B是一個大齒輪的中心。大齒輪的側面上開有一個輻射方向的溝槽，溝槽裡輻射方向放了一根只許轉不許行進的螺桿，螺桿上螺母，螺母的上面再活銷著滑塊。所以AB的長短可以靠轉動那根螺桿而調整的，A點轉動的軌跡是圖裡虛線所畫的圓，CAE線與虛線圓相切時是CAE線，也就是以C爲中心的搖桿擺到它的極端，把兩個極端位置畫出來，即如圖5-18所示。

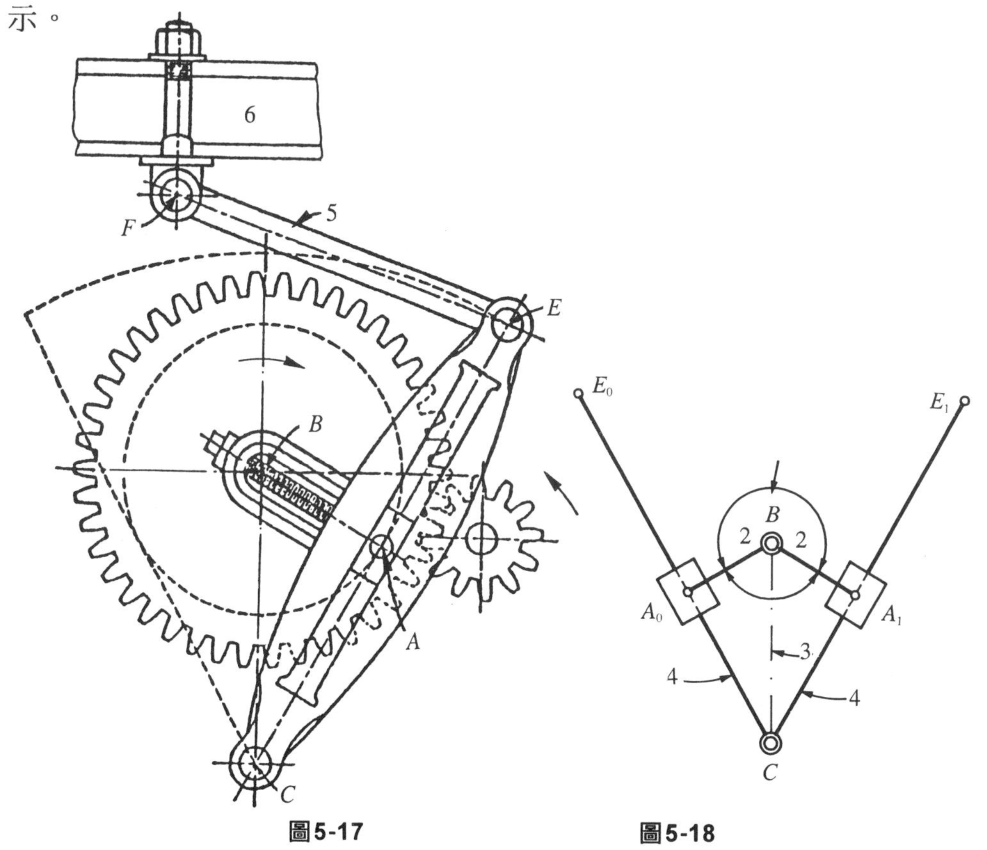

圖5-17　　**圖5-18**

如果我們安排得使它如圖5-17箭頭方向旋轉，BA轉動β角是使搖桿從右極端擺向左極端，BA轉動φ角是使搖桿從左極端擺向右極端。因爲BA作等角速旋轉，又因爲$\varphi > \beta$，所以知道轉β角所需要的時間小於轉φ角所需要的時間。於是搖桿從右極端擺向左極端E_0到E_1作爲帶動鉋刀作緩慢切削，從E_1到E_0作急速回駛，它們的速度比與β / φ的比成正比例如圖5-17裡的6便是帶著鉋刀作往復運動的牛頭。5是E與F間的連桿。請看這個機構，CE如果是一個曲柄，則EF是連桿，F(也就是6)是滑件，從F作一條FG直線垂直於F，也就是6的直線動路，它又代表一個無窮長的曲柄。G_∞在無線窮遠，從C也作一條線cg_∞垂直於F的動路便代表聯心線。這樣一來，CE、EF、FG_∞與CG_∞又作成一個滑件曲柄機構，所以說5-17圖裡實際上包含兩個滑件曲柄機構。只是一個屬於第二類，另一個屬於第一類。

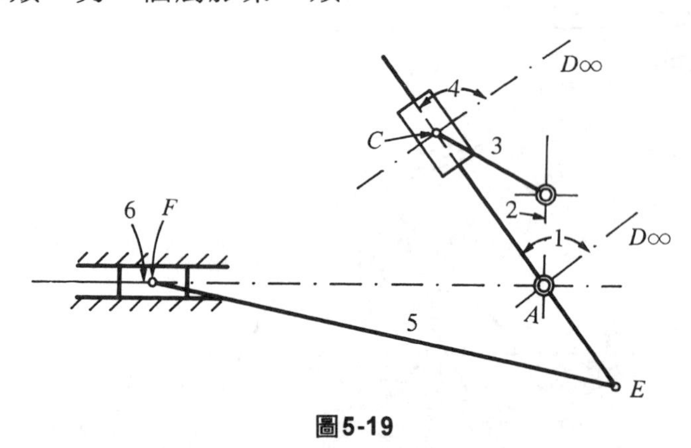

圖5-19

如圖5-19的機構也是第二類的滑件曲柄機構，不過它的聯心線長度AB小於曲柄長度BC，圖裡AD_∞代表另外一個曲柄，CD_∞代表連桿。同理可以證明AC搖擺時，C點往程的平均線速度與它回程的平均線速度不相等。因此，F點往復兩行程的平均線速也不相同，知道了BC曲柄旋轉的方向，便能推知F向左或向右行進的線速度比較高，讀者不妨自己試試看。如圖5-20便是這種機構的實際構造，它也是作慢往速回作的，通稱爲溫特華斯(whitworth)速回機構。

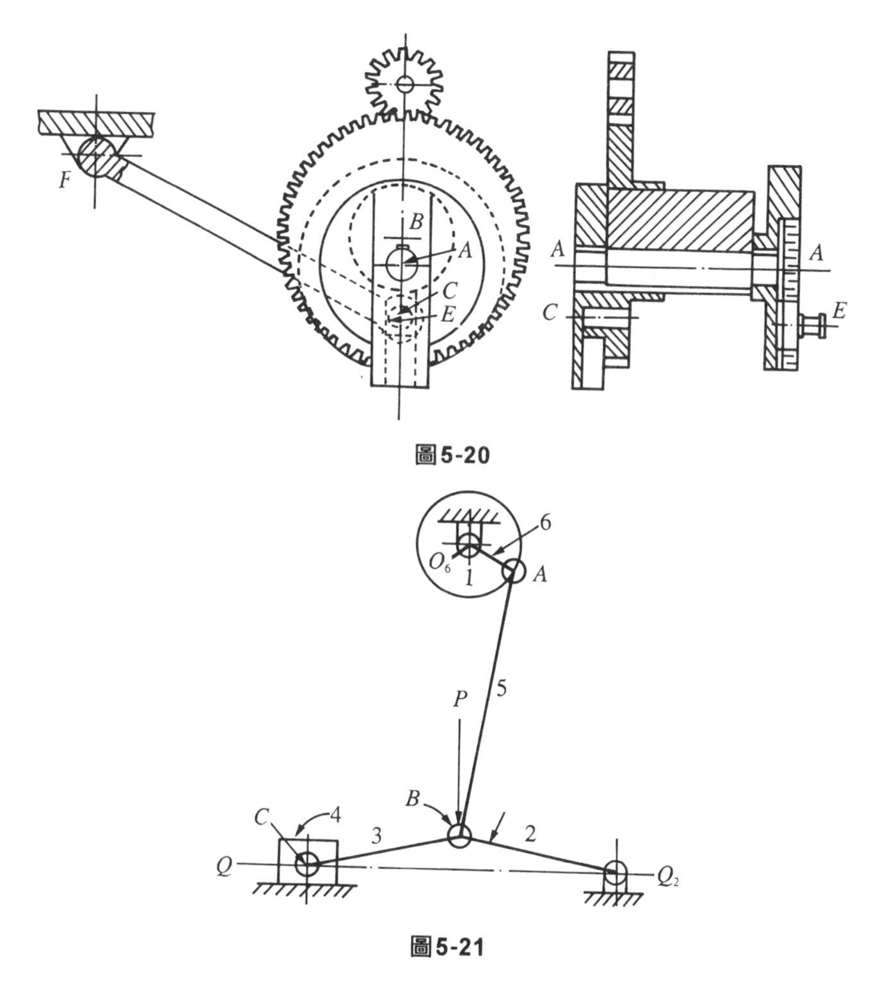

圖5-20

圖5-21

如圖5-21也是滑件曲柄機構。2爲一個曲柄，3代表連桿，4是滑件，從C作直線垂直於4的動路代表另一個無窮長曲柄，從O_2作直線垂直於4的動路代表無窮長的聯心線，曲柄2的擺動是靠曲柄6的旋轉再經連桿傳動而來的，當A在它的最低點時，2與3恰巧在一水平直線上。根據應用力學(applied mechanics)，可以證明2與3達成一直線時，5向下施的力量極小，而使4處可得的力極大，此爲這種機構的特點。所常用於碎石機與其他需要大工作力的場合。如圖5-22爲碎石機的外觀，它與圖5-21的情形非常相似，僅左面碎石用的擠碎器改換爲擺動的機件而已，這種機械統稱爲肘節機構(toggle mechanism)，應用也很廣。

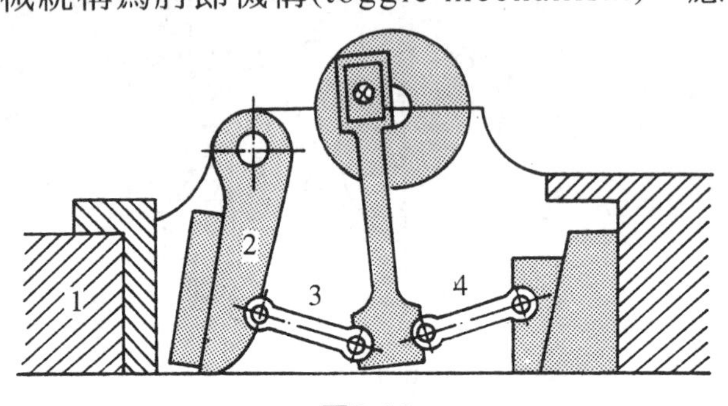

圖5-22

5-8 萬向接頭(Universal Joint)

萬向接頭是連接於相交而同在一平面上的兩個軸用的，也是四連桿組機構，不過這四連桿能是在一個球面上運動的，如圖5-23所示，*T*與*S*是要連接的兩個軸，*A*是一個圓心，*AB*弧形桿是曲柄，*BC*弧形桿是連桿，*CD*弧形桿是另一個曲柄，這曲柄的中心是*D*，*AB*、*BC*與*CD*三個弧線長都相等，且等於假想球最大圓周的四分之一長。當*AB*曲柄以*T*軸爲準轉動θ角之後，四連桿位置如圖5-24圖所示，設*O*爲假想球的中心，$B_vO_vB_v'$角便表示*AB*曲柄所轉θ角的真實角。因爲*B*點的動路是一個平行於垂直投影平面(vertical projecting plane)。故B_v'是轉動後*B*點的真實垂直投影。依圖舉裡投影幾何原理，可以投影得到B_h'點，這是轉動後*B*點的真實水平投影平面(horizontal projecting)。因爲*CD*是1/4圓周弧桿，在對準*T*軸投影時，它是一個橢圓。

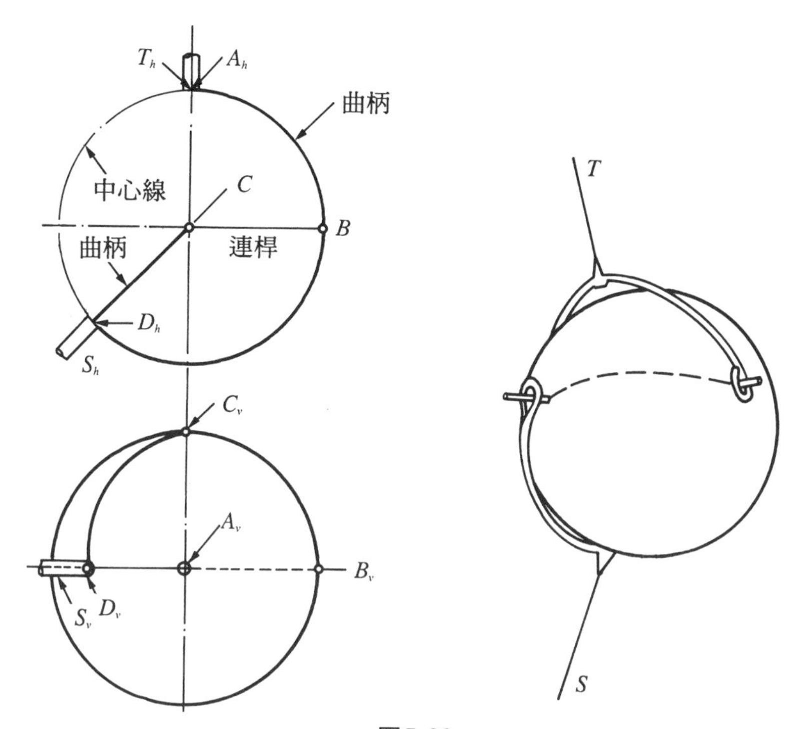

圖5-23

橢圓長軸的一半是球的半徑O_vC_v，短軸是O_vD_v，那麼我們根據圖學的常識，可以把橢圓畫出來。圖裡C_vD_v實線曲線便是橢圓的1/4。O_hD_h是那1/4橢圓的水平投影。將來C_v'與C_h'分別在兩個投影上。因爲OB實際上垂直於$\overline{OC}$，$\overline{BC}$是1/4圓周的圓弧，所以$\overline{BC}$在第10-24圖裡的投影也是一個橢圓的1/4。這個橢圓的長軸的一半也是球半徑(也就是圖裡的O_vB_v)。至於它的短軸長度現在還不知道；不過我們知道那知軸在這種情形下，是垂直於它的長軸的，又已知道C_v應在C_vD_v橢圓上，那麼我們從O_v作O_vC_v'垂直於O_vB_v'交D_vC_v於C_v'，這便是AB曲柄轉動θ角後C點的垂直投影。再C_v'投影到C點動路水平投影垂直於D_hO_h的直線上可得C_h'，這是C點的水平投影。此時A_hB_h'、$B_h'C_h'$、$C_h'D_h$及

A_vB_v'、$B_v'C_v'$、$C'D$，表示AB轉動θ角後四連桿的新位置。但此時$C_vC_vC_v'$所夾的角不是S轉角的真實角，我們可再依圖學裡投影幾何原理求S的真正角位移，方法是以O_h爲中心，以O_hC_h'爲半徑作圓弧交O_hW_h於W_h點，相當於把$B'C'$以B'爲心水平的轉到垂直投影面上，就是C'點的高度維持不變。再自C_v'作水平虛線代表C被轉的軌跡投影，從W_h投影到這虛線上可以求得W_v，角$C_vO_vW_v$便是S的真正角位移φ。就是當AB與T軸轉動θ角位移時，同時CD與S軸也轉動了φ角位移。θ與φ可以不相等。以它們所用的相同時間去除這可以不相等的角位移，得到可以不相等的平均角速度。雖然它們的平均角加速度也可以不相等，不過當T軸轉一轉，S也得轉一轉。所以我們可推斷它們一轉間兩軸角位移之比、角速度之比與角加速度之比是隨時在變的。

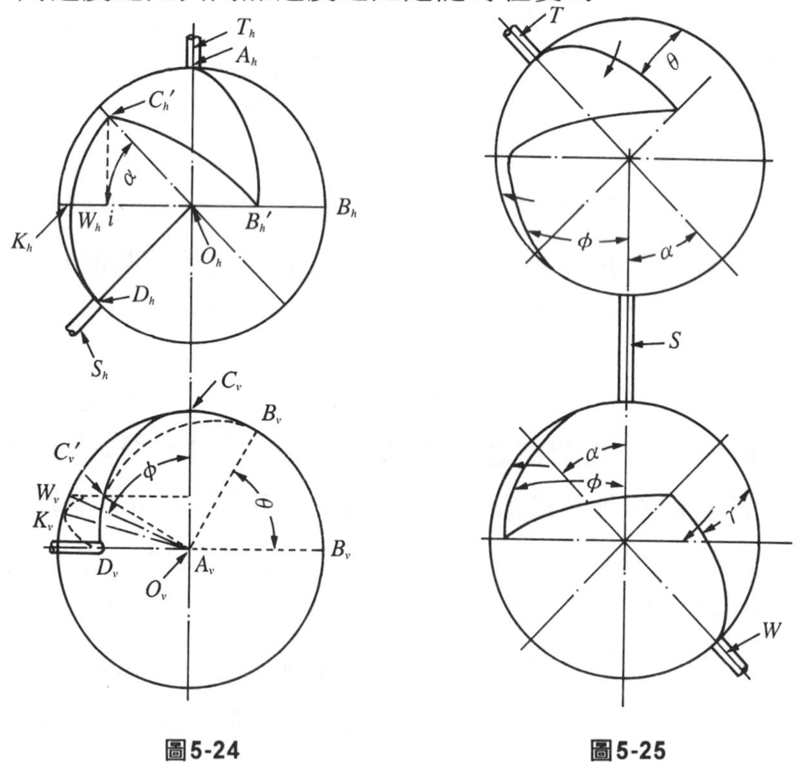

圖5-24

圖5-25

如圖5-25是這種機構兩套相連的使用情形。T軸與W軸雖然可以平行，但多在一個平面上。至於S軸便不得不是斜軸了。圖裡垂曲線代表連桿，兩個大圓是代表假想的球體。

實際在機器上看到的萬向接頭不像以前各圖裡的弧形桿，而像圖5-26的樣子。這種機構可以在汽車裡從引擎轉動後輪軸斜放的大樑兩端看到。工廠裡多在萬能銑床上從齒輪箱軸到工作臺之間的斜軸兩端可以看到。

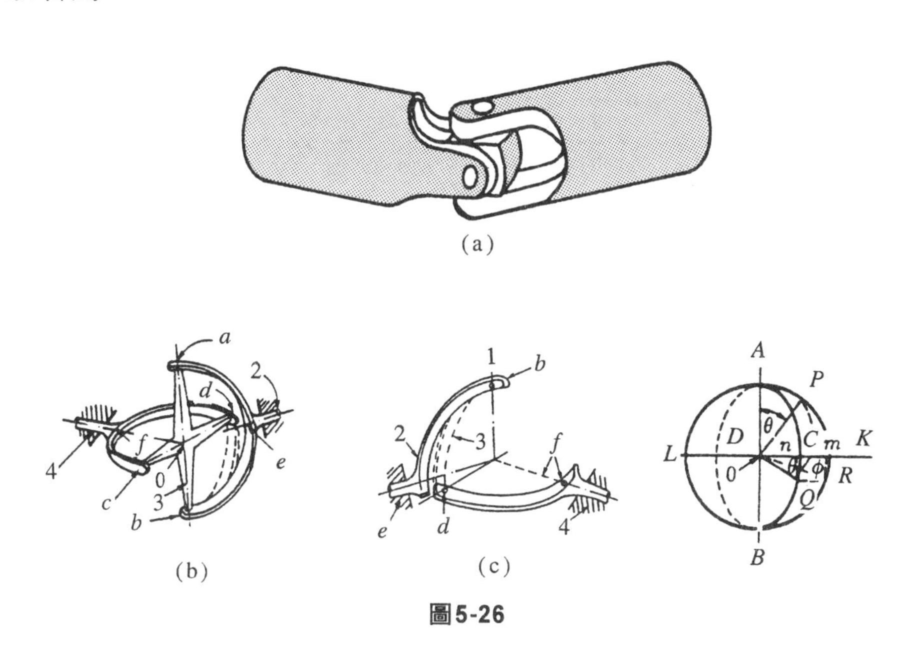

圖5-26

5-9　平行運動機構 (Parallel Motion Mechanism)

如圖5-27裡$AD=BC$，$AB=CD$。它們構成一個平行曲柄機構。$GH=JK$，$GJ=HK$，又是一個類似平行曲柄機構。GH垂直於BC而且是固定爲一體的機件。

當機件2與4擺動時，BC總是平行於固定的AD，GH總是時時垂直於AD。因爲JK總是時時平行於GH，所以JK也是時時垂直於AD。這種機構叫做平行運動機構。把它用到繪圖儀器上。

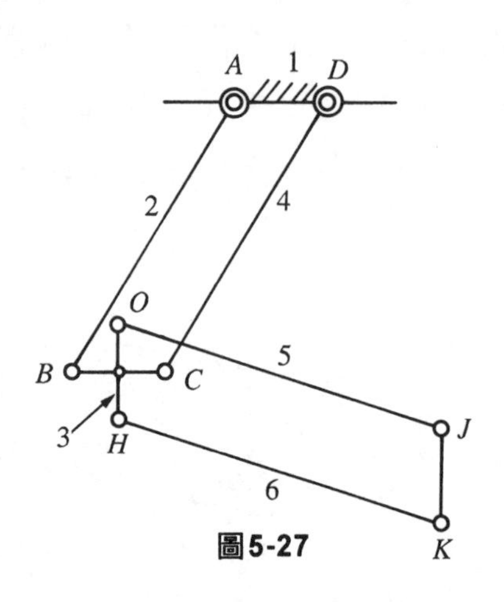

圖5-27

5-10 比例運動機構(Proportional Motion Mechanism)

在圖5-28裡$AB=CD$，$AD=BC$，所以$ABCD$是一個可以變形的平行四邊形連桿機構。把DC延長到E，把E與F連接成直線可能交AB於P，交BC於H。現在把E暫時固定，把F推到F_1的位置，則平行四邊形連桿機構被推得變形到$A_1B_1C_1D_1$的位置，但仍是平行四邊形連桿機構。再把E與F_1連接成直交線交A_1B_1於P_1，交B_1C_1於H_1。因爲三角形EOH相似於三角形EDF，所以根據幾何定理可寫出下面的比例式。

$$FD/HC=DE/CE=FE/HE$$

同理，因三角形EC_1H_1相似於三角形ED_1F_1，

$F_1D_1/H_1C_1 = D_1E/C_1E = F_1E/H_1E$

因為$DE/CE = D_1E/C_1E$，所以$FD/HC = F_1D_1//H_1C_1$。又因為FD直線長度等於F_1D_1的長度，所以$HC = H_1C_1$。就是說當把F推到F_1位置時，H便被推到H_1的位置，且C_1H_1平行於F_1D_1。再依照推動前後所寫出的兩個比例式，又可見$FE/HF = F_1E/H_1E$。在三角形EHH_1與三角形EFF_1裡，即有兩相當邊成等比，那麼它們必定是兩個相似三角形。於是FF_1必平行於HH_1，故我們也可以寫出下面的等比式。

$$\frac{FF_1}{HH_1} = \frac{FE}{HE} = \frac{DE}{CE}$$

FF_1是F點的線位移，HH_1是H點的線位移，DE與CE是已經固定了的長度。這是說F與H點的線位移比例等於DE/CE的比例，所以這種機構叫做比例運動機構。

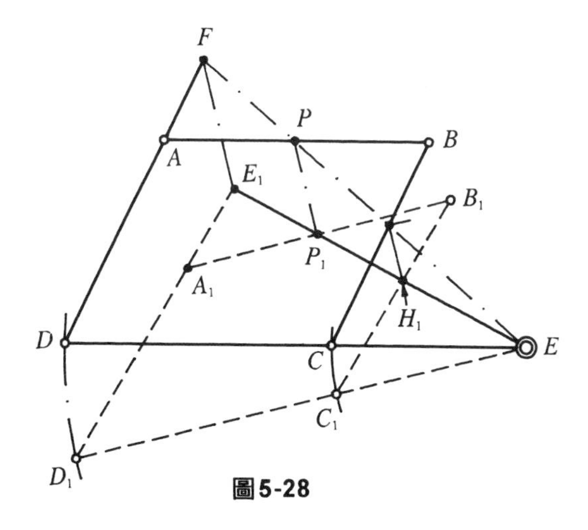

圖5-28

在H處放一支尖針，尖針底下放一個圖形。又下處放一支尖筆，尖筆放一張白紙。如果我們把尖針按著圓形描動，F處的尖筆也會在白紙上描繪出一幅相似的圖形。尖筆所描的圖形與尖針下所放的原圖形的大小比例等於DE/CE之比，已經放大了。反過來講，如果把原圖形放到F底下，F處換放一個尖針，在H的下面放一張白紙，H處換放一個尖筆，那麼尖筆描繪的圖形會較原圖形縮小。由此可見，這種比例運動機構可以作放大或縮小圖形用。如果把尖筆換爲一個高速旋轉的尖刀，刀下放的是金屬或非金屬的平板，那麼除放大或縮小原圖形之外，又可以作刻切圖用。文具店在鋼筆上刻字的機器便是這種機構。工廠裡刻製金屬模的機器或磨製特殊外形曲線的機器那是根據這種機構的道理而製成的。

5-11 直線運動機構(Straight-Line Motion Mechanism)

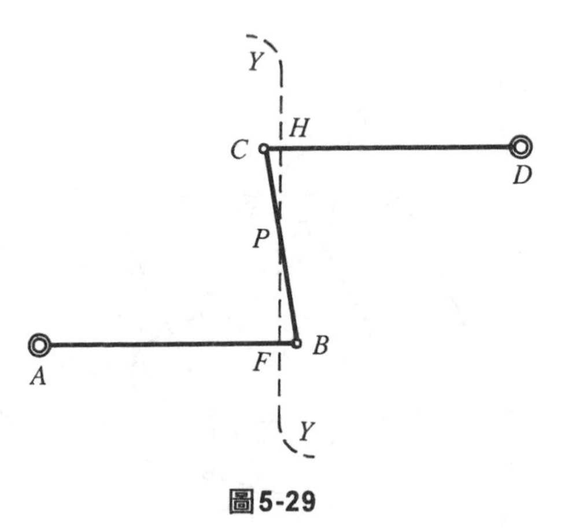

圖5-29

如圖5-29爲一種四連桿組機構，AB與CD現在都是水平位置。在連桿上可以找一點P。P點的動路正好是一個數字裡的8字。圖中虛線所畫的YY曲線是它的一部分。如果P點挑選得合適，可以使動路的一部分爲直線，且沿HF方向。如果已知①A點的位置，②AB曲柄的長度l，③希望的運動長度S，④BC連桿長度l_1，⑤AB與CD在水平位置時的距離l_2。試求P點在BC上的位置與CD曲柄的長度。

如圖5-30所示，先將

1. A點位置定妥。
2. 畫AB_0水平線等於長度l。
3. 在AB_0上距AB_0爲l_2處作一水平處。
4. 以B_0爲中心，以已知l_1爲半徑畫圓弧交AB_0平行線於C_0點。
5. 以A爲圓心，以AB_0爲半徑畫圓弧，如圖裡的中心線圓弧所示。
6. 在AB_0的上下再畫兩平行線，距AB_0都是$S/2$，這兩條線分別截那圓弧於B'和B''兩點。
7. 接連$B'B''$直線交AB_0於F，$B'B''$必與AB_0相垂直，設B_0F長度爲$2l_1$。
8. 將B_0F平分，並畫平分垂直線YY，YY交B_0C_0於P_0點。這便是要求的P點，它的動路沿YY線上有一段是直線。
9. 自P_0沿YY直線向上下各量$S/2$長度，可得P'與P''兩點。這$P'P''$的一段便是P點動路中直線的一段。
10. 連接與B'與P'直線並向上延長，又連接B''與P''直線並向上延長。這便是B_0運動到B'與運動到B''時，P點到了P'與到了P''的情形。應該等於B_0P_0，$B''P''$也應該等於B_0P_0，且是BC的兩個極端位置。
11. 所以量取$P'C'$等於P_0C_0，可以求得C'；量取$P''C''$ 等於P_0C_0，可以求到C''；C'與C''是P在P'與P''間直線運動時C點的兩個極端位置。
12. 根據已知C動路線的三個位置C_0、C'、C''，又知道它是圓弧運動，依幾何作圖的方法，可以求到它的圓心D與曲柄CD的長度，也可以求出P在P'與P''間作直線運動期CD的角位移2φ。

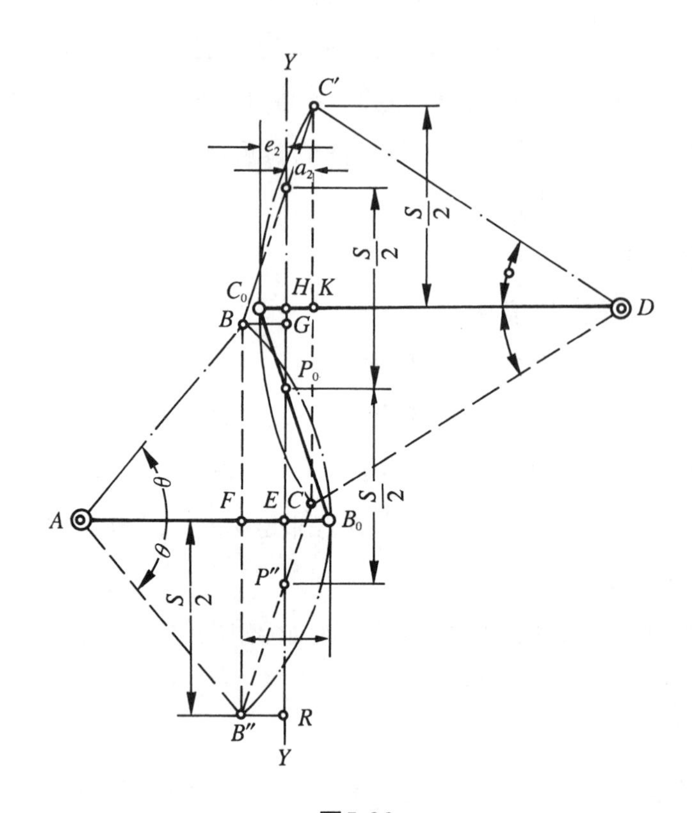

圖5-30

如果要想一部分用計算方法，在已知a點與d點相對位置、yy線位置與s條件中U，可以先求計算C_1與C_2(如圖5-31所示)，便可定出BC的長度，那是根據圓的特性可以依圖寫出下面的公式

$$2\overline{AF}+2e_1=\overline{B'F}^2/2e_1$$

$$\overline{AF}+e_1=\overline{B'F}^2/4e_1$$

因爲$B'F=S/2$，代入上面公式便可以得到

$$\overline{AF}+e_1=(S/2)^2/4e_1=S/4C_1$$

如圖5-30所示，可以知道

$$\overline{AB}=\overline{AF}+e_1+e_2=\frac{S^2}{4C_1}+C_1$$

所以　$$4C_1^2-4\overline{AB}\cdot e_1+S^2=0$$

在上面公式裡僅有一個未知數C_1，可以求得出來。

同理我們也能引證$\overline{CD}$長度S與e_2的關係式為

$$4e_2^2-4\overline{CD}\cdot e_2+S^2=0$$

從這個公式也可以解出e_2來。e_1與e_2都求出之後，我們便能定出B與C點的位置，也就是能定出連桿$\overline{BC}$的長度。這種有直線運動的機構，俗稱瓦特(watt)式直線運動機構。

如圖5-31所示的常叫做司考特(scott)直線運動機構。它與等腰連桿機構(lsosceles linkage)近似，真正的等腰連桿機構容在下節裡討論。圖5-32裡的三段長度$\overline{AB}$、$\overline{BC}$與$\overline{BE}$都相等，如果C點動路是涯XX直線的直線，則E的動路恰巧也是沿YY的一條直線。而司考特直線運動機構的C點是由一個曲柄CD所控制，C的動路不是直線而是一段極小圓弧，近似一條直線而已(如圖裡的CC_1)，所以E的動路也不是一條真正的直線而是E與E_1中間的一條圓弧線。因為CC_1近乎一條直線，所以

E的動路也是一條近似的直線。嚴格講起來，它不能算是直線運動機構。

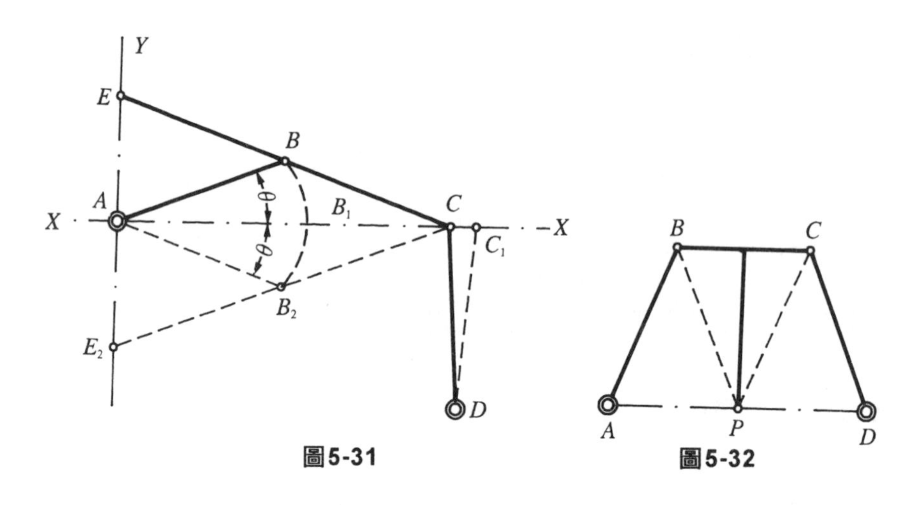

圖5-31　　圖5-32

如圖5-32所示的叫做羅伯特(Robert)直線運動機構。兩個曲柄$\overline{AB}$與$\overline{CD}$長度相等，連桿$\overline{BC}$的長度等於聯心線$\overline{AD}$長度的一半，BC的中點垂直地固定著一根桿子。這個四連桿組機構如果在正中放置，垂直桿子的下垂點P便恰巧在AD聯心線上，那麼這時候三角形ABP、BPC與DCP都是等腰三角形，而且全等。當AB或CD作原動搖擺時，P點的動路會始終在AD的連線上，而且是直線。

如圖5-33所示的是叫做特比柴夫(Tchebicheff)式直線機構。兩個曲柄$\overline{AB}$與$\overline{CD}$的長度相等，連桿$\overline{BC}$的長度等於聯心線$\overline{AD}$長度的一半，$\overline{AD}$的長度等於曲柄$\overline{AB}$或$\overline{CD}$長度的4/5。如果在連桿BC的中點P放一支筆，曲柄搖擺時，筆繪出一條直線。P點的直線動路是P_1P_2，這機構運動時的兩極端位置如圖裡虛線所示。

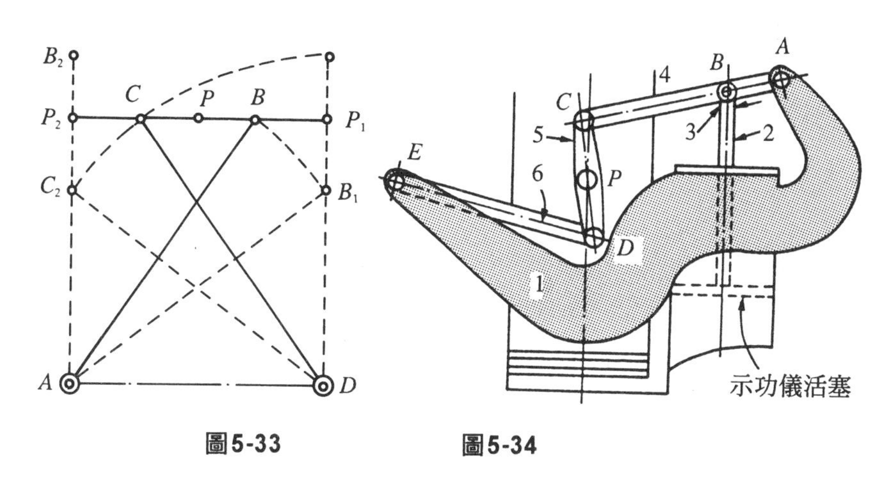

圖5-33　　圖5-34

以上所舉的直線運動機構例子都是搖擺轉換來的，大抵以不傳力而以傳運動為目的，在一般儀器錶可以看到，如圖5-34所示的示功儀(Indicator)裡便有一個瓦特式的直線運動機構。

$\overline{AC}$、$\overline{CD}$與DE是它們的曲柄與連桿等。CD中間的P點便是帶著記錄筆(recording pen)作上下直線運動的。AC曲柄的搖擺是靠示功儀的活塞桿2的上下運動而來，活塞下面的氣體或氣體壓力升高時，2便會上升，AC便向上擺去，於是P點處的記錄筆上升，指出較高的壓力。反之，如果活塞下的流體壓力變低了，藉2附近所放的彈簧(圖裡沒有畫出來)把2連同它的活塞壓下去，P點的記錄會下降，記下較低的壓力。示功儀的記錄紙，同時會因汽缸裡的活塞行動而移動，這種移動可以代表汽缸裡所容的流體容積，因此在記錄上可以畫出汽缸裡流體的壓力與容積的關係曲線來。所以如果P不為直線，則所記錄的壓力與容積的相對關係曲線便不甚精確了。

5-12　等腰連桿機構

如圖5-35所示，AB是曲柄，A是曲柄AB的中心，BC是連桿，BC

的長度等於曲柄AB的長度，4是滑件，C是滑件的中心。4與C同行滑動的動路是沿AC直線，所以C的曲柄長爲無窮長，自然樞心D_x在無窮遠。但在經C而垂直於AC的直線上，它們的連心線必爲經A所畫垂直於AC的直線。這上面所討論的滑件曲柄相同，特殊的只是$\overline{AB}=\overline{BC}$一點而已。因爲它們在運動期間$AB$、$BC$與$AC$時時成等腰三角形，所以才叫做等腰連桿運動。

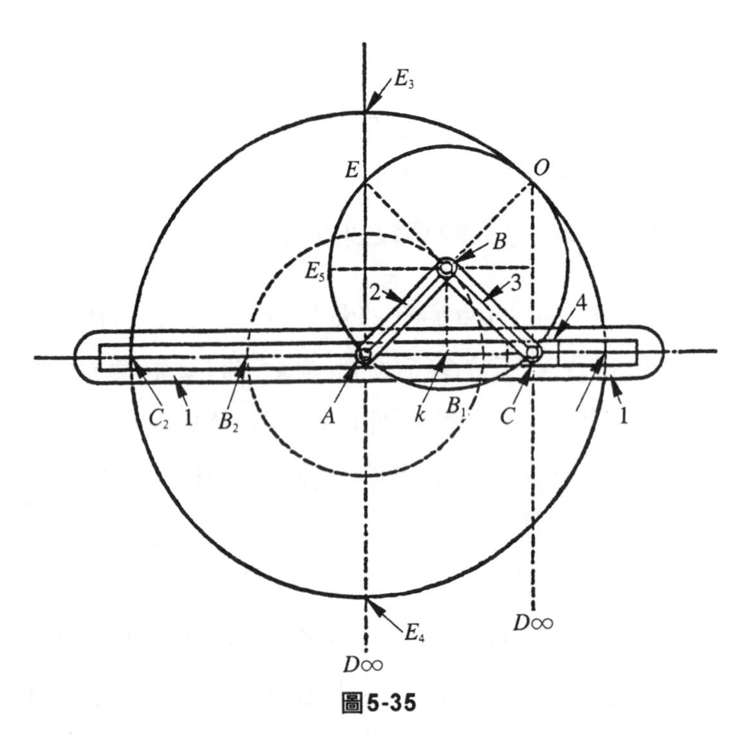

圖5-35

顯然地可以看出，當曲柄AB旋轉時，B點的運動動路是圖裡虛線畫的內圓。C點動路是一條水平線段，它的長度是C_1C_2的長度。如果把AB延長到O使BO等於AB，BC延長到E使BE等於BC，那麼當AB旋轉時，O點的動路將是以AO爲半徑的實線外圓。因爲角ABC加上角ABE時時是180度，所以角BAC加上角BAE的總和應該時時等於90度。換句話說，E點的動路時時在經過A而垂直於C_1C_2的直線上，就是E的動路長度爲圖裡的E_3E_4。現在從圖裡的位置看，O是BC的瞬時中心，角ACO是直角，AB等於BC又等於BO，所以AC與O共在以AO爲直徑的圓周上。AB轉到另外一個位置，同樣可以證明這個關係的存在，所以很容易知道，BC瞬時中心的軌跡是以A爲圓心，以$2AB$爲半徑的大實線圓。

把AB曲柄取消，換上一個以B爲中心，以AB爲半徑的圓，如果要使這個圓與圖裡的大實線圓相內切滾動，那麼C點的軌跡也應該是C_1到C_2的直線，E的軌跡也是E_3到E_4的直線。

如果把AB取消，沿E_3到E_4開一個類似C_1到C_2的長形直槽，E的地方也放一個滑件，從C到E換成一根直的連桿。CE的中心是有一個假想的B點，當推動C滑件在水平槽裡從C_1到C_2往復直線運動時，E滑件自然也在滑槽裡從E_3到E_4作往復直線運動。這便是上節裡司考特式直線運動機構所依據的原理。當C與E作這種相互直線的垂直運動時，那假想的B點也在作假想的圓周運動。

如圖5-36所示的機構與上面所說的情形差不多，僅把EC延長到P。當C與E在它們的滑槽裡作不斷直線往復運動時，P點的動路會是一個橫著放的橢圓，橢圓的長軸是EP的兩倍；短軸是CP的兩倍。現在讓我們來證明它。設P點的兩個坐標爲x與y，從圓裡看，$Pn=x$，$P_r=y$。在三角形PnE裡可以寫出公式

$$\overline{Pn}^2+\overline{nE}^2=\overline{PE}^2$$

即
$$\frac{\overline{Pn}^2}{\overline{PE}^2}+\frac{\overline{nE}^2}{\overline{PE}^2}=1 \qquad \frac{x}{\overline{PE}^2}+\frac{\overline{nE}^2}{\overline{PE}^2}=1$$

因爲三角形PnE和三角形PrC相似，所以可以寫出下面的公式，即

$$nE/PE = Pr/PC \qquad\qquad (nE/PE)^2 = \frac{\overline{PC}^2}{y^2}$$

於是把它代入已有的公式裡，可得

$$\frac{x^2}{\overline{PE}^2} + \frac{y^2}{\overline{PC}^2} = 1$$

因爲PE是P點動路水平長度的一半，可能是橢圓長軸的一半，現在用b來代表，那麼上式便成爲

$$\frac{x^2}{a^2} + \frac{y^2}{b^2} = 1$$

這正是橢圓的方程式，所以用P點的動路是一個橢圓，長軸爲PE的兩倍，短軸爲PC的兩倍。

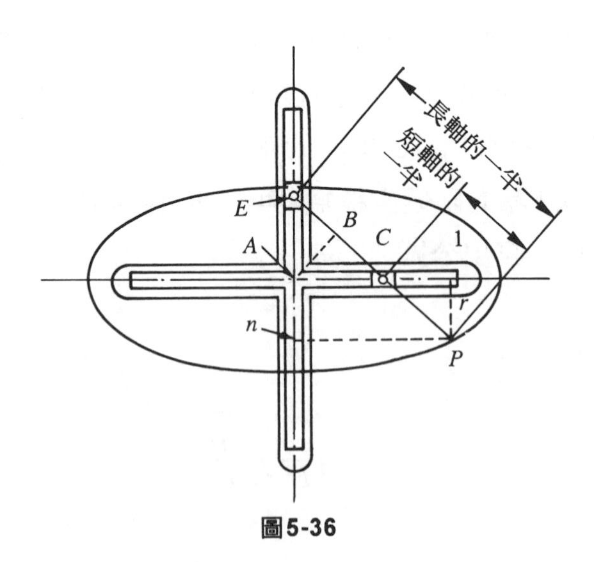

圖5-36

如果P處放的是一把切刀的尖或砂輪的邊沿，中間放的是加工的工件，就可以切出或磨出一個橢圓。

如果改爲從C向E外延長，使P點在E的外邊，則P點的動路仍然是一個橢圓，不過是一個豎立的橢圓。

如果把ECP的直線固定不動，把E處的滑件裝定在車床主軸的圓心上，使滑件隨著車床主軸作旋轉運動。車床上再加放一個支軸，相當於C的中心，把C處的滑件用支軸來支持，滑件可以在支軸上自由轉動，要車的工件中心放到夾頭上夾妥，夾頭的背後有一個十字垂直相交的滑槽，可以與E處、C處的滑件相配合。十字槽中線的交點相當於A點當E點的滑件被車主常著旋轉時十字槽的中心(即工件中心)會以B點爲中心在旋轉，如果P點處在旋轉，如果P點處正是車床上所固定的車刀尖，就可以把工件車出一個橢圓外形。

習題五

1. 曲柄搖桿機構是從什麼運動改爲什麼運動？可否把原動改換爲從動？試舉例說明。
2. 曲柄搖桿機構所應具備的必要條件是什麼？試繪圖證明。
3. 試舉出兩個例子表示曲柄搖桿的用處。
4. 雙搖桿機構所應具備的必要條件是什麼？試用文字說明。
5. 平行曲柄機構裡的聯心線與連桿是不是也平行？
6. 相等曲柄機構的連桿與聯心線是不是也相等？
7. 在R/L的比例小到近於零而可以忽略的時候，滑件曲柄機構滑件的速度變化情形與什麼運動相似？
8. 除課文中已述者外，試再舉出兩個利用滑件曲柄機構的例子，並說明是如何使用的。

9. 萬向接頭的兩個軸所夾的角越小，兩軸的最大轉速比是不是也越大？
10. 什麼是平行運動機構？它的必要條件是什麼？
11. 直線運動機構裡可否包含滑件曲柄機構？爲什麼？
12. 比例運動機構的必要條件是什麼？
13. 在本書裡所舉的幾種直線運動機構中，你認爲那一種比較好？爲什麼？
14. 什麼是等腰連桿機構？它比一般滑件曲柄機構有什麼不同？有什麼特性？試列舉說明。
15. 設曲柄搖桿機構裡的曲柄AB長$2\frac{1}{2}$吋，連桿BC長$10\frac{1}{2}$吋，搖桿CD長$4\frac{1}{2}$吋，聯心線長10吋。試求搖桿CD所搖動的最大角度是多少度？
16. 在曲柄搖桿機構裡，已知曲柄半徑AB爲4吋，聯心線AD的長度爲6吋，搖桿所能搖擺的最大角度爲60度。試求搖桿的長度CD與連桿長度BC，並用適當比例尺把它畫出來。

第六章

直接接觸的傳動

6-1　直接接觸的傳動

一個機構之主動體與從動件之間不藉中間連接物，而直接接觸傳達運動，進而傳達動力，稱之爲直接的傳動，它分爲點的接觸、線的接觸兩種。

1. 滾動接觸：當兩機件接觸點彼無相對速度，則此兩機件稱爲滾動接觸。
2. 滑動接觸：當兩機件接觸點彼此有相對速度，則此兩機件稱爲滑動接觸。

6-2　滾動接觸與角速度之比

如圖6-1所示：A、B兩機件分別繞Q_4、Q_2迴轉。兩者接觸於F點，V_a、V_b分別爲A、B在F點之線速度，NN'爲其公法線，TT'爲其公切線。V_a在NN'之分速度爲P_h，在TT'之分速度爲Ft'。兩機件在NN'上之分速度必相等，即皆爲Fn。兩機件在TT'上之分速度Ft，Ft'如不相等，則彼此有相對速度，即爲滑動接觸。若兩輪在切點之線速度相等，同爲F，則彼此無相對速度，即爲滾動接觸。

由Q_4作NN'之垂線，交NN'於b，由Q_2作NN'之垂線，交NN'於a。則$\triangle Fnh \cong \triangle FQ_4b$，

$$\therefore \frac{Fn}{FQ_4} = \frac{Fn}{Q_4b}$$

$$\therefore \omega_b = \frac{Fh}{Q_4b} \left(\because \frac{Fh}{FQ_4} = \omega_a\right)$$

同理得$\triangle Fnf \cong \triangle FQ_2a$，

$$\therefore \frac{Ff}{FQ_2} = \frac{Fn}{Q_2a} \qquad \therefore \omega_b = \frac{Fn}{Q_2a}\left(\because \frac{Ff}{FQ_2} = \omega_b\right)$$

$$\frac{\omega_a}{\omega_b} = \frac{\dfrac{Fn}{Q_4b}}{\dfrac{Fn}{Q_2a}} = \frac{Q_2a}{Q_4b}$$

又$\triangle Q_4Pb \cong \triangle Q_2Pa$，

$$\therefore \frac{Q_2}{Q_4b} = \frac{Q_2P}{Q_4P}$$

故 $$\frac{\omega_a}{\omega_b} = \frac{Q_2P}{Q_4P}$$

即直接接觸兩機件之角速度比，與自兩機件接觸點，所引公法線和連心線交點至兩軸中心距離成反比。而滾動接觸時，其接觸點恆在兩軸之連心線上，亦即滾動接觸之角速度比與接觸點至兩軸中心距離成反比。

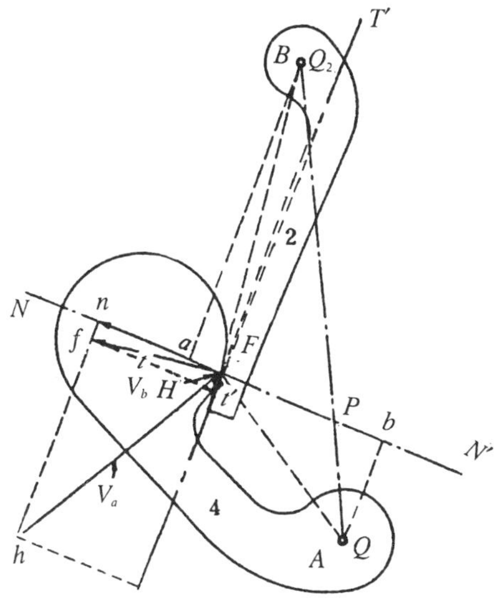

圖6-1　滑動傳動

6-3　節點、作用角與壓力角

1. (pitch point)：二物體接觸面公法線與連心線之交點稱爲節點，如圖6-2所示之P點。

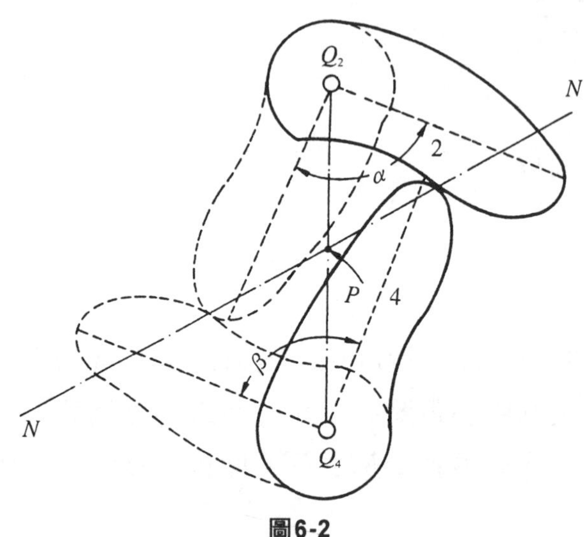

圖6-2

2. 作用角(angle of action)：當主動件和從動件的接觸其間，主動件所轉過的角度，稱爲主動件的作用角，如圖6-2中的α角，從動件的作用角爲圖6-2中的β角。機件2與4開始接觸之位置，虛線表示機件2與4分開的時候，所以α爲2桿作用角，而β爲4桿的作用點。

   在角速度比的運動中，主動件和從動件的作用角分別與角速度成正比：

$$\frac{\omega_2}{\omega_4}=\frac{\alpha}{\beta}$$

   而於不等角速度比的運動中，作用角則和平均角速度成正比。

3. 壓力角(pressure angle)：於圖6-2中，從$\overline{Q_2Q_4}$線上的節點作垂直$\overline{Q_2Q_4}$的直線$X-X$與公法線$N-N$所夾的角為θ，此θ角稱為壓力角或傾斜角(angle of abliquity)。

6-4　共軛曲線

滿足$\frac{\omega_4}{\omega_2}=\frac{Q_2P}{Q_4P}=$常數，即角速比定值的兩滑動接觸曲線，稱為共軛曲線(aonjugate curveas)，如齒輪的傳動，其速比一定，而其齒形的擺線與漸開線，都屬於共軛曲線。

6-5　純粹滾動接觸

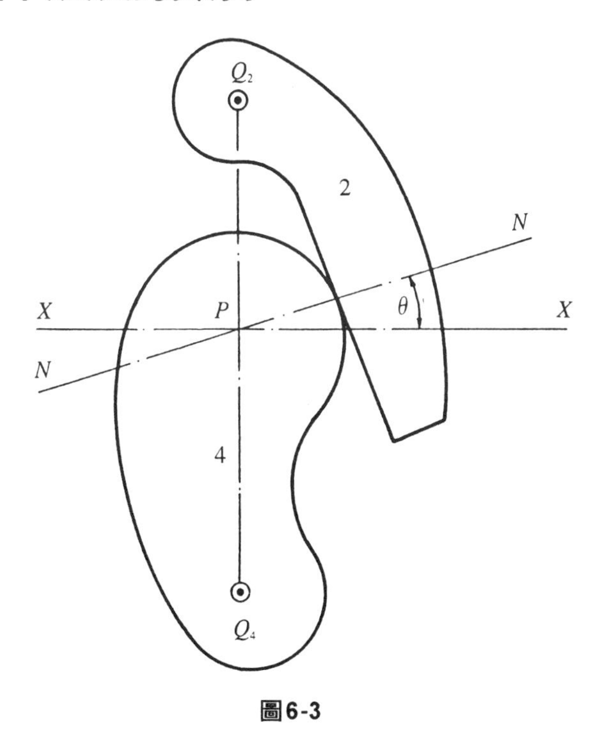

圖6-3

在機件直接接觸傳達運動，若接觸點在同一連心上，且無相對速度發生，即不發生滑動，稱爲純粹滾動接觸。

純粹滾動的條件：

1. 兩物體在接觸上的線速度必須相等。角速度則不一定。
2. 接觸點必在兩機件的中心連線上。

6-6 純粹滾動的接觸曲線的繪製

如圖6-4已知機件2依圖示的方向，以Q_2爲中心迴轉，其外形曲線爲F_0～F_{10}，求與此機件作單純滾動接觸4，已知α爲機件2所轉過的角度，求外形曲線爲何？又求機件4所轉過的角度。

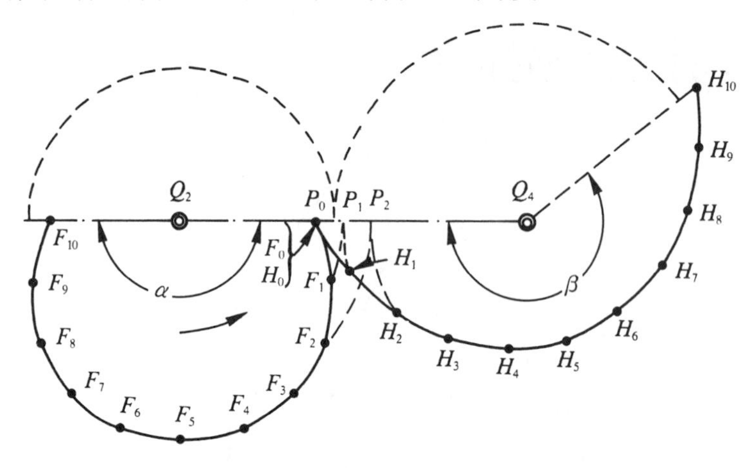

圖6-4

本題解法，依前面原理：①兩機件作滾動接觸時，其接觸點必須在連心線上。②在任何點其接觸的曲線必須等長。

作圖程序如下：

1. 將曲線$\widehat{F_0F_{10}}$分成10等分。
2. 以Q_2爲圓心，Q_2F_1爲半徑，交Q_2Q_4中心連線上於P_1點。

3. 以Q_4爲圓心，Q_4P_1爲半徑，以P_0爲中心，P_0F_1爲半徑所劃的圓弧交於H_1點，H_1即爲機件4上的第一點。
4. 以相同方法可求得H_1～H_{10}點，此即是機件4的曲線，同時β角也同時可量得。

如果希望兩機件能不斷傳動，則其爲形必特別選擇如摩擦輪所述的各種形狀。

6-7　滑動接觸與滾動接觸之比較

滾動接觸：

(1) 接觸爲定點，沒有進點。
(2) 能量消耗少，效率好。
(3) 速比較固定（如凸輪)。
(4) 中心連線方向，沒分力。

滑動接觸：

(1) 接觸會發生相對速度。
(2) 效率低，因能量消耗多。
(3) 速比不定（如摩擦輪)。
(4) 兩機件中心隨時變化(但不大)，支點承受力較大，兩側支點軸承，承受力較大，易消耗。

習題六

1. 何謂滾動接觸？滑動接觸？
2. 滑動接觸與滾動接觸應用在那機構上。
3. 何謂節點、作用角、壓力角。

4. 試述共軛曲線。
5. 純粹滾動接觸與滑動接觸消耗能量何者大。何者能傳達較動力。

第七章

凸輪機構

凡具有曲線之周緣或曲線之凹槽之輪，當圍繞一軸迴轉時，能將主動軸所做之等速連續運動，經由其周緣或凹槽之曲線推動從動件，產生預期之不等速或不連續運動者，稱爲凸輪(cam)，亦稱撼。自動機械常用之。

7-1 凸輪種類

1. 平板凸輪(plate cam)

平板凸輪周緣具有特殊形狀之曲線，從動件運動方向與凸輪軸成正交；從動件常置於凸輪上端，也可偏置。平面凸輪凸輪應用最廣，形狀有三角凸輪(triangular cam)，偏心凸輪(eccentric cam)等，如圖7-1所示。

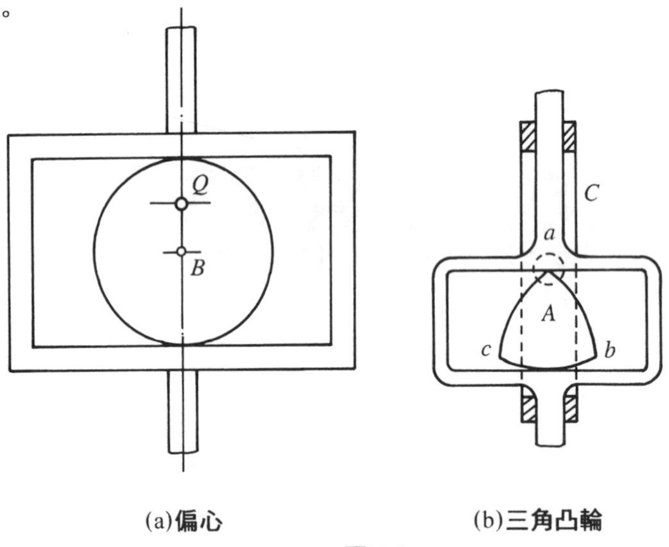

(a)偏心　　(b)三角凸輪

圖7-1

2. 圓柱凸輪(cylindrical cam)

將圓柱體周圍作成溝槽，再將從動件置於溝槽內，當圓柱體迴轉時，從動件沿水平軸作往後運動。如圖7-2所示。

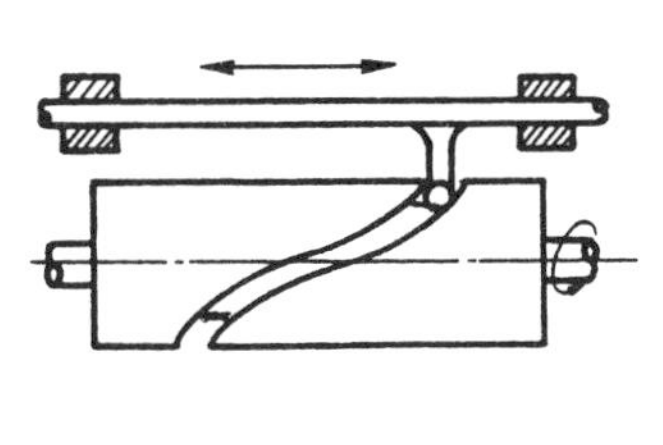

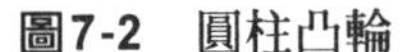
圖7-2　圓柱凸輪

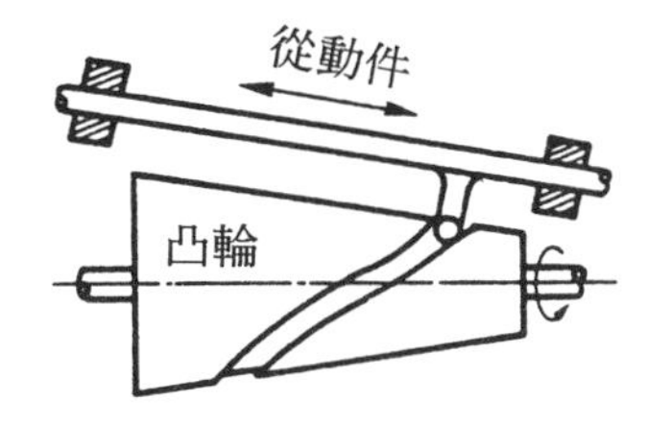

圖7-3　圓錐凸輪

3. **圓錐凸輪(conical cam)**

將圓柱體改爲圓錐體，在其周圍刻槽，即爲圓錐凸輪，從動件運動方向和凸輪軸成一角度，如圖7-3所示。

4. **端面凸輪**

圓柱之一端成特殊形狀，當圓柱旋轉時，從動件作上下運動，如圖7-4所示。

5. **斜板凸輪(swash plate cam)**

將圓板傾斜安裝於旋轉軸上，從動件在導管上作與凸輪旋轉軸平行之和諧運動，如圖7-5所示。

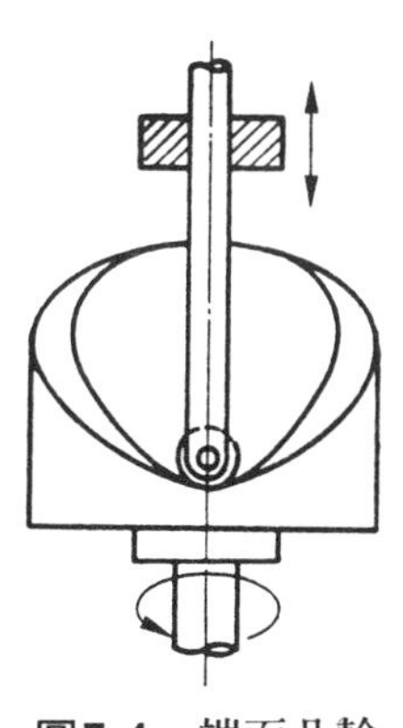
圖7-4　端面凸輪

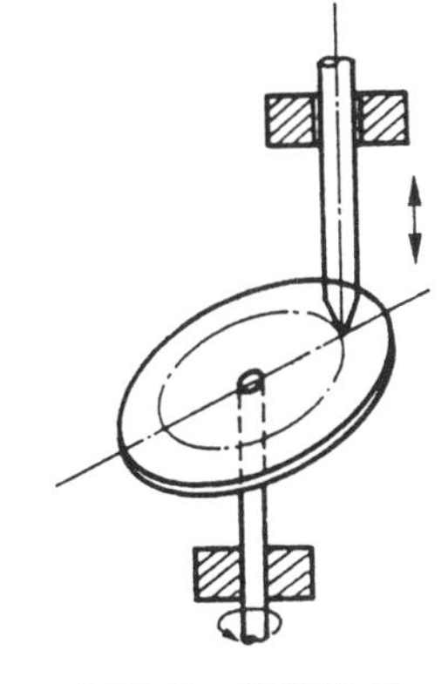
圖7-5　斜板凸輪

6. **球形凸輪(spherical cam)**

於圓球之表面刻有特殊形狀之溝槽，從動件嵌入槽內，從動件作自轉及上下運動，如圖7-6所示。

7. 確動凸輪(positive motion cam)

不需藉本身的重力或彈簧的壓力，即可使從動件隨時能與凸輪周緣保持密切接觸。圖7-7為簡單的確動凸輪，將板狀凸輪的周緣以銑製方法銑成槽狀讓從動件的滾子能在槽中滾動為度，當凸輪旋轉時，從動件可由滾子在凸輪槽中滾動，而作上下的往復運動。

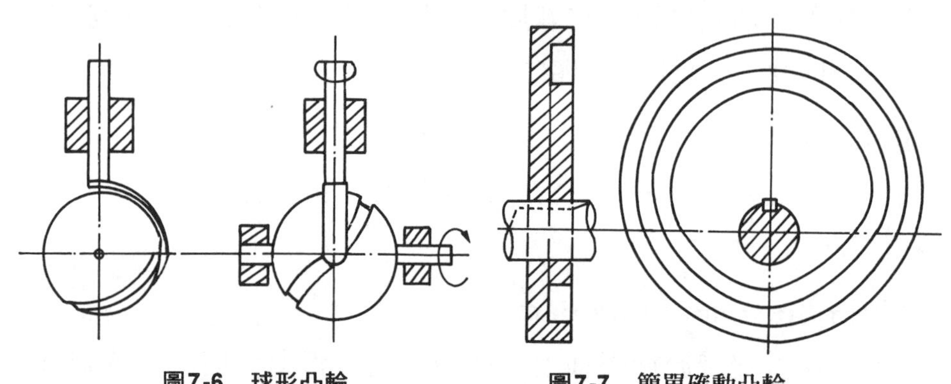

圖7-6　球形凸輪　　圖7-7　簡單確動凸輪

圖7-8所示為等徑確動凸輪，在從動件上裝有兩個滾子，把凸輪作上下挾持，各在凸輪之上下與凸輪的周緣同時接觸，因為這種凸輪在經過凸輪軸的方向，兩滾子之中心距離恆保持一定。

8. 反凸輪(inverse cam)

如圖7-9所示，反凸輪處於從動件位置，在從動件上刻有曲線之凹槽，主動件為一迴轉桿，桿上有滾子嵌入從動件之凹槽，當主動件作迴轉運動時，從動件即作上下往復運動；此種凸輪裝置相反，故稱為反凸輪。

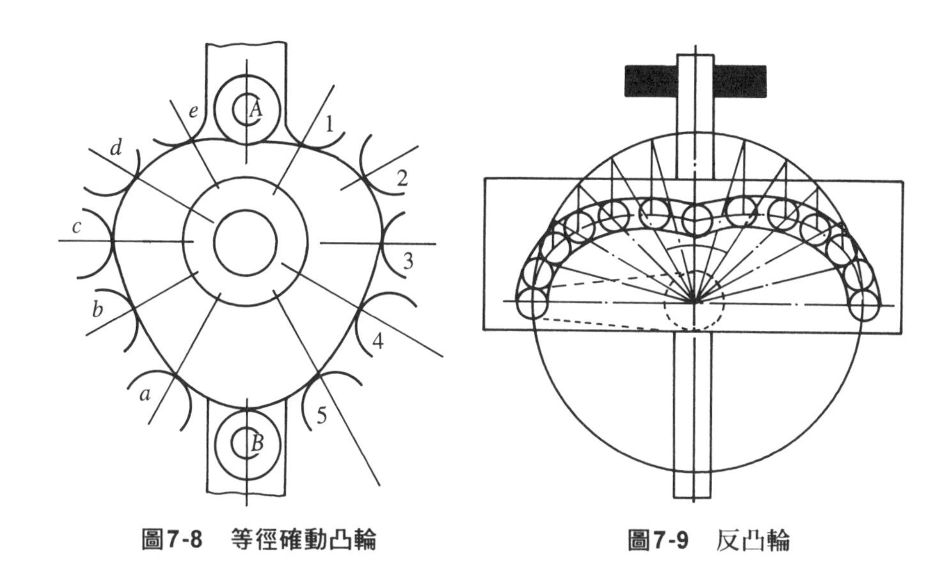

圖7-8　等徑確動凸輪

圖7-9　反凸輪

7-2　凸輪的設計

1.　板凸輪及其周緣設計：

【例1】 設有一凸輪機構中，板凸輪等速反時針方向旋轉，板動件與凸輪爲點接觸，從動件與凸輪軸間最小距離爲70mm，在凸輪旋轉180°以後，從動件應等速上升30mm；而於次180°內等速下降至原來位置，從動件在凸輪軸之正上方。

畫法： 如圖7-10所示。

⑴依題意先畫基圓，其半徑OA＝70MM。

⑵等分基圓爲12等分，即每等分爲30°。

⑶在OA延長線上作AB＝30mm，依題意從動件等速上升及下降，作AB爲六等分。以與各角相對應，並標明1、2、3……6表上升的次序7、8、9、……12爲下降次序。

⑷以O爲圓心，O−1，O−2……O_f於6′。

⑸以O爲圓心，O−7，O−8……O−12爲半徑作圓弧。分別交O_a於7′

，O_g於8′……O_r於12′。由題意知此凸輪左右應該對稱。

⑹以弧線連結A、1′、2′、3′……12′各點。由於從動件與凸輪作點接觸，此封閉曲線，即爲所求凸輪之周緣。

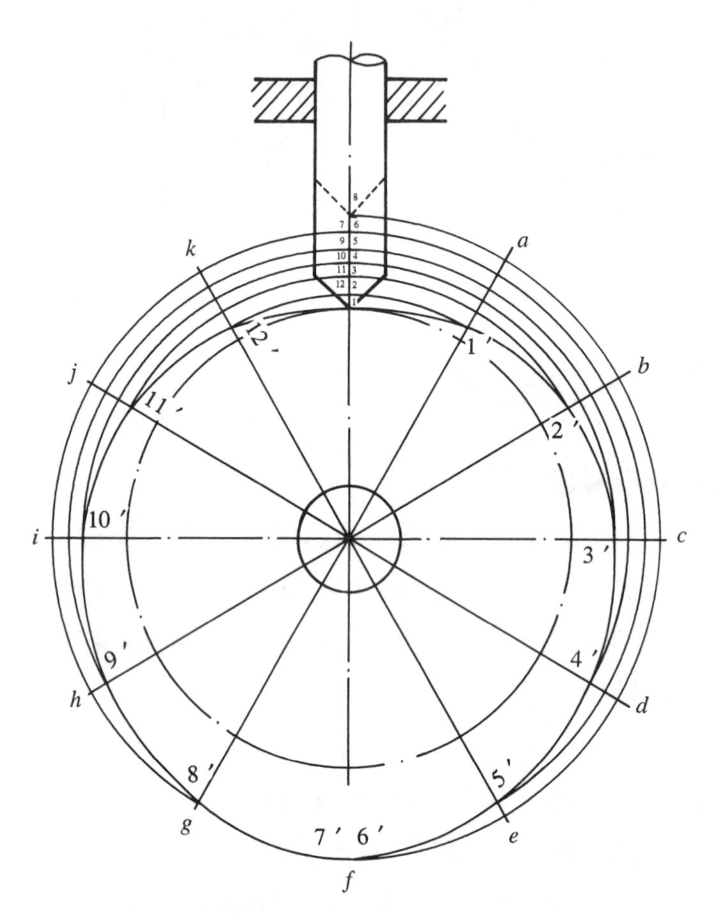

圖7-10 等速運動板凸輪

【例2】在一機械中，用凸輪管制從動件作往復運動，依機械運動的方式，從動件在最初60°內應保持原位；在其次150°內等加減速上升40公厘；次30°內保持不動，而最終120°內等加減速度下降至原來位置。由於空間限制，從動件之運動軸線距凸輪中心15公厘，位於凸輪之左側。從動件輥子直徑爲18mm，基圓半徑爲60公厘。

畫法：如圖7-11所示，由於從動件偏位左右，故凸輪應依順時針方向旋轉。

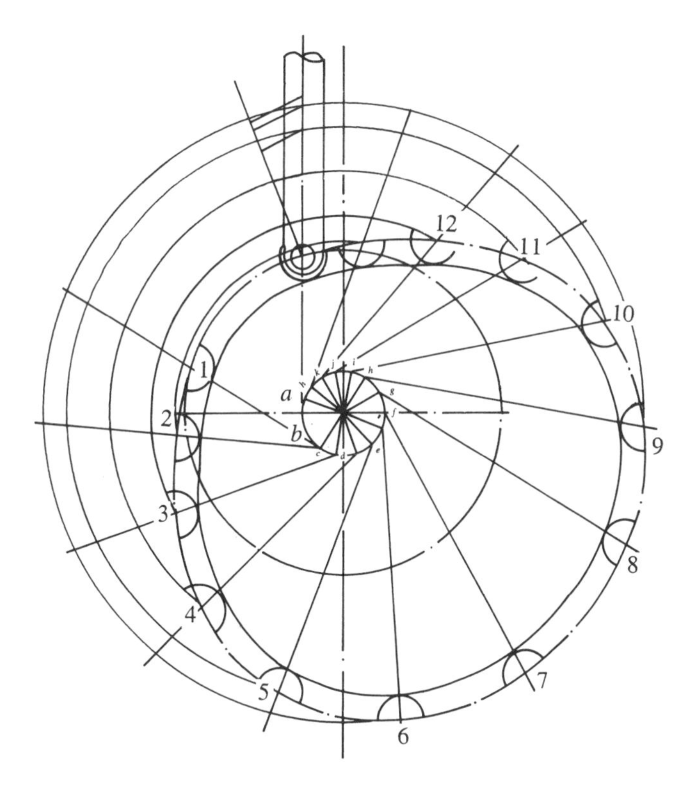

圖7-11　從動件偏離中心軸之凸輪

⑴以60公厘爲半徑作基圓。

⑵以15公厘爲半徑作偏位圓。從動件的運動軸線必切此圓，亦即與凸輪中心15公厘。

⑶從動件上升下降均作等加減速度運動。按1：3：5：5：3：1的比例，分全程爲6分，由於最初60°，從動件無運動，故O、1點

重合，由210°至240°從動件亦無運動，故7、8點重合。

⑷將偏位圓分爲60°，150°，30°，120°等四部分，然後將150°及120°各等分爲6分。(逆時針方向)。

⑸在偏位圓上各點a、b、c……n作圓之切線。因從動件運動軸線始終位於偏位圓。故在各角度時從動件上之參考點均落於切線aO，$b1'$，$c3'$，$d3'$……$n14'$上。

⑹以S爲圓心，分別以SO，$S2$，$S3$……$S14$爲半徑，作圓弧，分別交$b1'$，$c2'$……$n13'$諸線於1′，2′，3′……13′諸點。

⑺以一光滑曲線聯O，1′，2′，……13′，O諸點。此一曲線即爲凸輪之理論節圓。

⑻分別以O，1′，2′，……13′諸點爲圓心，以9公厘爲半徑作圓弧。

⑼以光滑曲線切各圓弧，所得即爲凸輪之周緣。

【例3】有一凸輪機構，當凸輪旋轉150°時，從動件以簡諧運動(simple harmonic motion)上升30公厘。然後靜止30°，於其次150°以簡諧運動下降至原來位置。再靜止30°。凸輪之基圓直徑爲60公厘。從動件輥子直徑爲14公厘。凸輪逆時針方向旋轉。

畫法：由普通物理學得知，當一點在圓周上以等速運動時，此點在各單位時間內在圓周上的位置，投影於任意直徑上。若一物體在直徑上，在單位時間內行徑這些垂足，此物體所作之運動即爲簡諧運動。因此，在作圖時，以距離爲直徑作半圓，將圓弧分爲若干等分，以圓弧上各分點向直徑作垂線，垂足即爲所求。畫法參考圖7-12所示。

⑴以A點爲圓心，AO＝30公厘爲半徑作基圓。

⑵取$O6$長＝20公厘。

⑶以O6為直徑作半圓；等分半圓弧為6等分。由各分點向直徑作垂線，得1，2，……6諸點。

⑷依題意將基圓分為150°-30°-150°-30°等四分。

⑸將二150°角各分為6等分。

⑹以A為圓心，A1，A2……為半徑圖圓弧，分別與$A1'$，$A2'$，……，AO'交於$1'$，$2'$，$3'$……O'諸點，各點之聯線即為凸輪之理論節圓。

⑺以$1'$，$2'$，……O'諸點為圓心15，7公厘為半徑作圓弧。

⑻以光滑封閉曲線切各小圓弧，所得即為凸輪之周緣。

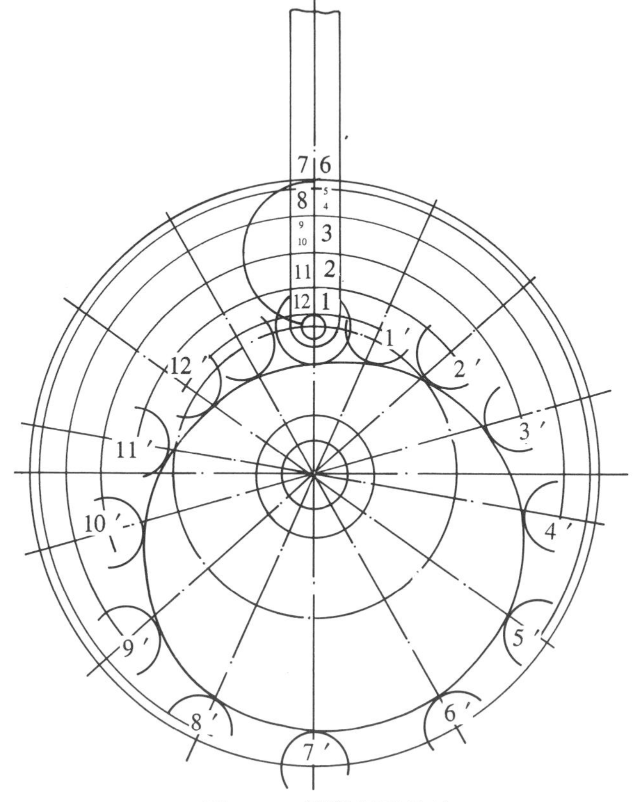

圖7-12　簡諧運動凸輪

2. 圓柱形凸輪及其周緣設計

【例4】一圓柱形確定運動凸輪的從動件，在與凸輪平行的平面上作往復式運動；當凸輪旋轉$1\frac{1}{4}$圈時，從動件等速向右移動300公厘，在其次$1\frac{1}{4}$圈中靜止不動，在凸輪再旋轉一圈以後，以等加速方式，回到原位，而於其次1/2圈再靜止不動。試求凸輪的理論節線。

畫法：由題意得知，從動件完成一個運動週期的時間，凸輪並非旋轉一週而是三週，在作圖時極需注意這一點。當從動件靜止不動的時候。

在凸輪上的理論節線，實際上應該與凸輪的一端平行。

畫法參考圖7-13所示。

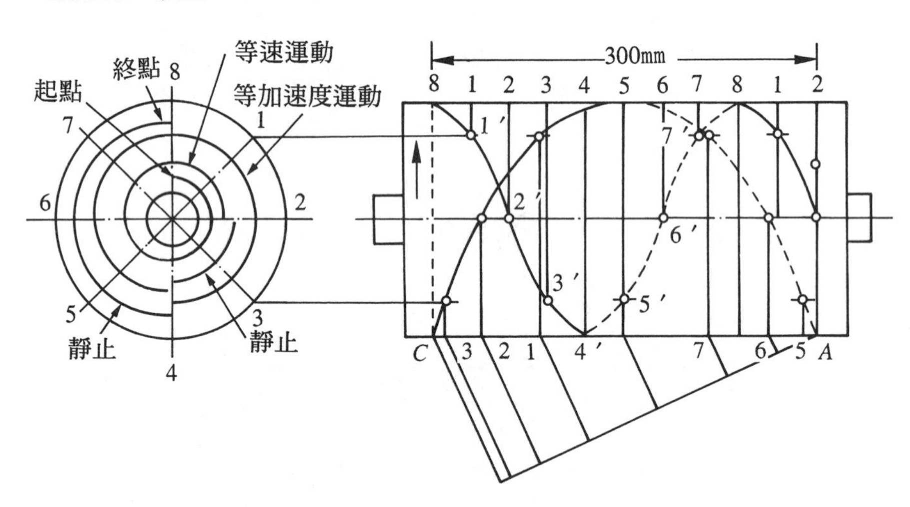

圖7-13 圓柱形凸輪畫法

⑴作圓柱形凸輪之側面圖及正視圖。

⑵等分端視圖為8等分。

⑶在正視圖上等分往程之300公厘為10等分，因在往程中凸輪共旋

轉$1\frac{1}{4}$圈，即有10個單位時間。得1、2……8、1、2諸點。

⑷由1、2……8、1、2諸點引垂線，由端視圖上1、2……8諸點，引平行由軸線之直線，與垂線分別相交於1′，2′……諸點。

⑸連結1′、2′……諸點，所得即為往程之理論節線O，惟因此節線係繞一圓柱而行，因此在描點時，應注意各點所處的位置，分別以實線及虛線，以表示節線所處的位置，分別以實線及虛線，以表示節線所處的位置是正面或反面。

⑹以實線$A2'$表示從動件靜止不動的一段行程。

⑺從A點起依1：3：5：7：7：5：3：1的比例，分300公厘為8分(從動件於一週內以等加速度運動回到原位)。

⑻以與⑷中所述相同方法，求得回程各段時間，從動件的位置。

⑼描繪從動件回程之理論節線。

⑽以$C8$一段虛線，表示從動件不動的1/2週。

以上所述方法所求的三曲線，為理論節線，如從動件上輥子直徑為已知，則應以理論節線為中心線，輥子直徑為寬度，畫出圓柱上的槽。

1. 確動凸輪及其周緣設計

【例5】一確動凸輪機構，如圖7-14所示，凸輪依逆時針方向旋轉135°以後，從動件應等加速上升40公厘，並於其次45°內靜止不動。試求a之尺寸，並繪出凸輪之周緣。

畫法：這種凸輪稱為等寬確動凸輪，其原理與等徑凸輪之原理相同，不同的是變輥子為二平面間之寬度應為OD＋升距。

$\therefore a=100+40=140$(公厘)

這種凸輪機構，以平面為從動件，其作法應參考平板從動件凸輪作法。

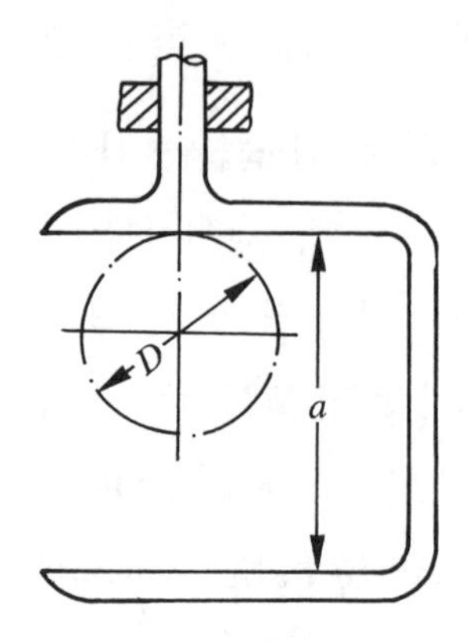

圖7-14　確動凸輪

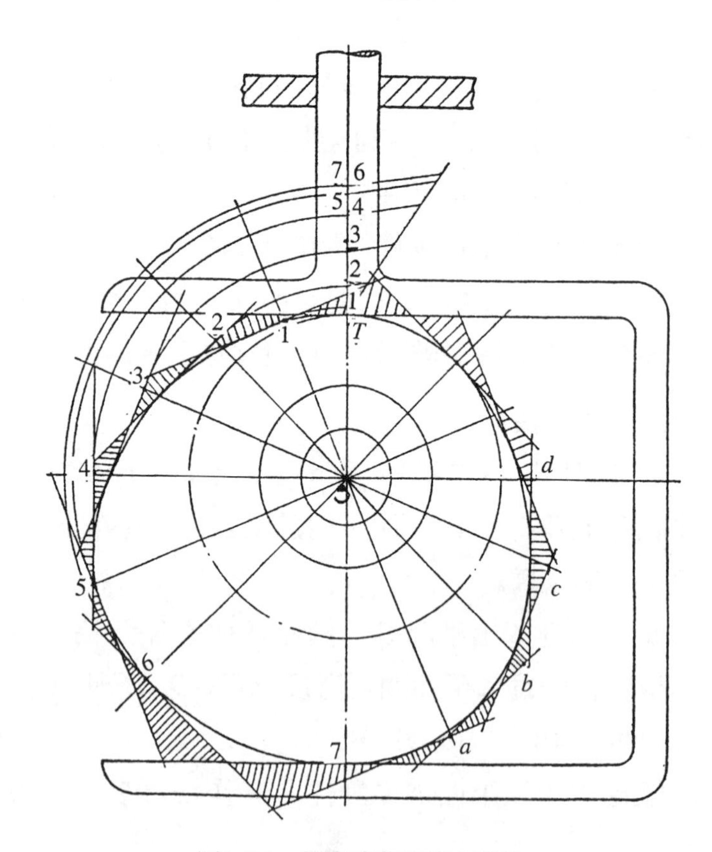

圖7-15　等寬確動凸輪之畫法

畫法如圖7-15所示。

⑴於逆時針方向等分135°爲六等分。

⑵從動件上取$T-6$等於40公厘依1：3：5：5：3：1三比例，分爲六等分。

⑶依平板凸輪之作法，求得1、2、3……7諸點。

⑷分別以1、2……7各點爲圓心，$T-7$之長爲半徑。於1、2……諸點相對位置，求得a、b……e諸點。

⑸過1、2……7及a、b……e諸點作分角線之垂線(亦即假想之切線)。

⑹以光滑曲線切諸垂線，所得即爲所求等寬確動凸輪之外形。

習題七

1. 試述凸輪定義及其用途？
2. 試述凸輪種類。
3. 一個完整之圓柱體，若於旋轉時，不以其幾何中心爲中心，是否成爲凸輪。
4. 何謂壓力角。凸輪周緣對側壓力與速度之影響如何？
5. 如何從已知平板式凸輪的速度變化曲線與從動件的情形，求從動件的速度變化曲線？
6. 有一平板凸輪旋轉180°以後，將從動件上推76公厘，再轉30°則靜止不動。然後150°角內退回原位置，其餘時間保持靜止不動，從動上下降均採用等速運動，若凸輪逆時針方向旋轉。基圓直徑爲50公厘，從動件輥子直徑20公厘，試作此凸輪周緣之圖形。
7. 已知下列條件，試繪凸輪外形曲線。①凸輪於迴轉1/2週時，使其往復運動，按簡諧運動上升10cm，於迴轉於次1/4週時，從動件靜止不動，於迴轉最末1/4週時，從動按等速運動下降至原來位置。②凸輪依順時針方向迴轉，從動件運動之中心經過凸輪軸之中心。③滾輪式從動件，滾輪直徑12cm，基圓半徑爲75cm。

8. 一圓柱形凸輪外徑6公分，自右端看係順時針方向迴轉，從動件滾輪在凸輪上，其運動和凸輪軸平行，在凸輪1/3週，依簡諧運動向右移2.5公分，其次1/6週靜止不動，又1/3週依簡諧運動向左移2.5公分，最後1/6週靜止不動，滾輪直徑15cm，槽深1.5cm，試其凸輪槽底、槽頂的展開圖。

第八章

齒輪機構

8-1　齒輪用途

前章所述摩擦輪，在傳動時容易發生滑動現象：爲保持理想固定角速比，傳達較大功率情形下，不適宜以摩擦輪傳動之。通常在輪面上刻有許多槽(如圖8-1所示)，成一齒形，另一輪之齒即配合在此齒輪槽內，兩齒輪之節圓面，即爲兩圓柱面(如圖兩圓中心線)，其節圓直徑(pitch diameter)與由此兩圓柱體製成摩擦輪相同，其角速比與節圓半徑成反比。齒輪傳動，由於有許多齒輪槽，增加摩擦接觸面積積，因而可傳達較大動力：可減少滑動現象，保障確實傳動效率，因而主動軸與從動軸之間速率可保持一定比例。但是兩軸間距離不能太大，如果兩軸距離太長時，需以帶(belt)，鏈(chain)及繩(rope)傳動，或加上數個齒輪成一齒輪系亦可。

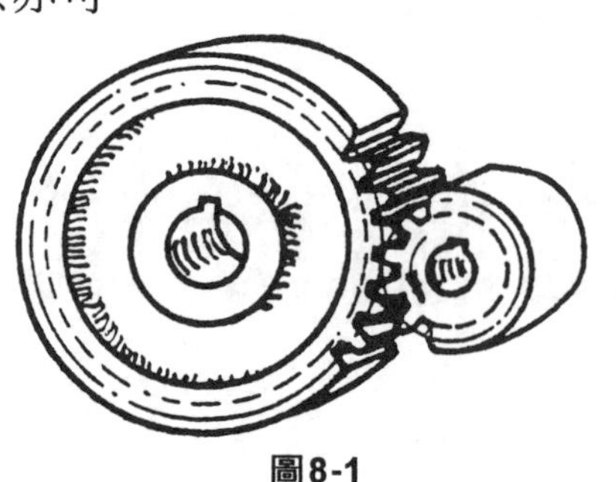

圖8-1

8-2　齒輪傳動基本定律

構成一對齒輪，它的齒面可採用不同性質之曲面，但必需合乎下列定律，才能傳動，合乎理想效率，玆述如下：

1. 爲使齒合一對齒輪保持一定速度比，如圖8-2所示，兩節圓直徑接觸點P，必定在兩節圓中心連線$\overline{AB}$上，當兩齒輪傳動時，接觸點P

位置始終維持在一定位置，P稱爲節點。

2. 過兩齒接觸點所畫公切線之法線$\overline{mn}$，必定通過兩輪節點P。
3. 兩齒合傳動齒輪，它轉速($N_1 N_2$)與角曲線($\omega_1 \omega_2$)，與接觸點(P)至各齒輪中心距離成反比。

即與兩齒輪節徑成反比。

$$\frac{N_1}{N_2}=\frac{AP}{BP}=\frac{R_2}{R_1}=\frac{D_2}{D_1} \qquad \text{(公式8-1)}$$

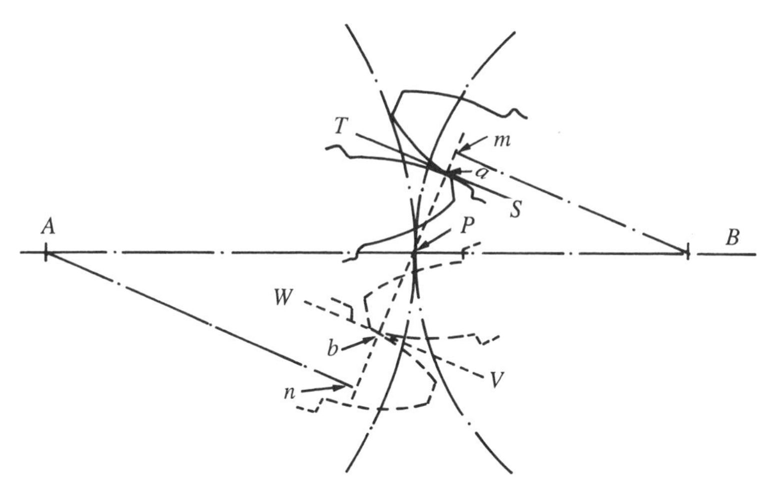

圖8-2　齒輪接觸

8-3　輪齒形狀

輪齒有多種：有①漸開線；②擺線；③漸開線與擺線混合式前用者以前兩者爲多。茲分述如下：

1. 漸開線(involute)

當一直線沿一圓周轉動時，此直線所作軌跡，稱爲此圓漸開線。其方法如圖8-3所示，簡單說明如下：

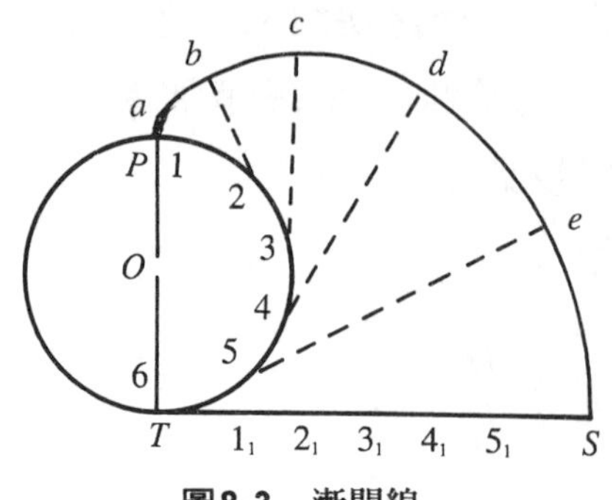

圖8-3 漸開線

(1) 以任一直徑D作一圓，將此圓分為若干等分(1、2、3……)。

(2) 圓周上每點連結中心O成半徑r_1、r_2……，以每分點作垂直半徑切線為$1a$、$2b$、$3c$、$4d$、$5e$……等。

(3) 以1點為中心，$\overline{1P}$為半徑作弧交切線$1a$於A點，再以2點為中心，$\overline{2a}$為半徑作弧交切線$2b$於B點，相同方法可畫出C、D、E、F、G……等交點。

(4) 以曲線板連結各交點，即成漸開線。由上述漸開線求法中得知線上各點所作切線之法線，均通過O圓(相當於齒輪節圓)，合乎齒輪第二定律。漸開線法畫齒形之近似畫法，如圖8-4所示，簡述如下：

① 以已知數值畫出節圓、齒頂圓、齒根圓。

② 從節圓中心線，以周節(P_c)之半，將節圓分成兩倍齒數等分點，稱為節點(pitch point)。

③ 以節點P畫14.5°之壓力角線，從中心作一圓切於此壓力角線，此圓即為基圓，即畫齒面中心圓。

④　以八分之節徑 $\left(\frac{D}{8}\right)$ 爲半徑，以基圓上一點爲中心，過節點畫圓弧自齒頂圓 至齒根圓，並添畫內圓角，即成齒形。

⑤　以同法畫另一邊齒形，如此按相同方法過每節點，即可畫出整個齒輪。

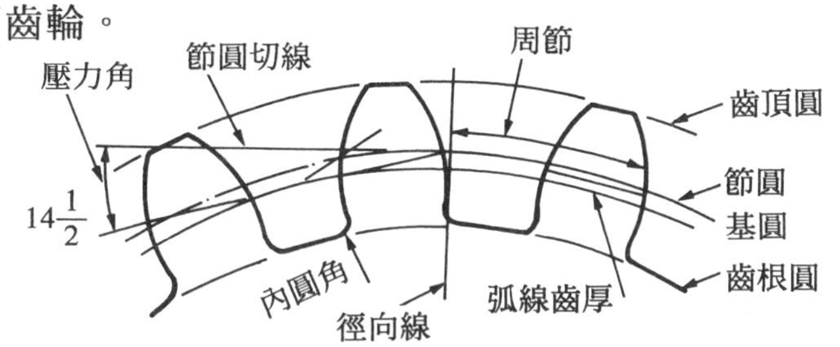

圖8-4　漸開線齒形近似畫法

2.　擺線(cycloidal)

擺線可分爲正擺線、外擺線、內擺線三種，擺線齒形通常以節圓爲區分點，齒頂部爲外擺線，齒根部分爲內擺線。擺線齒較漸開線齒發明爲早，除精密傳動及少數齒：如鐘錶類，一般較少使用。茲分述內、外擺線畫法如下：

(1)　外擺線畫法

當一圓沿另一圓周外緣滾動，此滾動圓周上任一點T所成軌跡，稱爲外擺線(epicycloid)，其畫法如圖8-5所示。

①　設O''爲滾圓之中心，O爲導圓之圓心，T爲兩圓切點。

②　將滾圓等分(12等分)，其等分各分點爲1、2、3、4……等。

③　自切點(T)，沿導圓及滾圓之圓周上各取相等弧長使 $\overset{\frown}{T1'}=\overset{\frown}{T1}$，$\overset{\frown}{1'2'}=\overset{\frown}{12}$，$\overset{\frown}{2'3'}=\overset{\frown}{23}$……等，連結導圓中心$O$，得$1'$，$2'$，$3'$……等分線。

④　以O爲中心，以$\overline{O1}$，$\overline{O2}$，$\overline{O3}$，……等爲半徑，分別畫圓弧使交於滾圓分點(1、2、3、4……)同時與導圓中心線($O1$，$O2$……)延線分別交於$1''$，$2''$，$3''$，$4''$……等點。

⑤　自弧$\overset{\frown}{1''1}$上取得$\overset{\frown}{1-1_1}=\overset{\frown}{1''a}$，$\overset{\frown}{2-2_1}=\overset{\frown}{2''b}$，$\overset{\frown}{3-3_1}=\overset{\frown}{3''c}$得到$a$、$b$、$c$點。

⑥　連結a、b、c、d、e、f點即得外擺線。

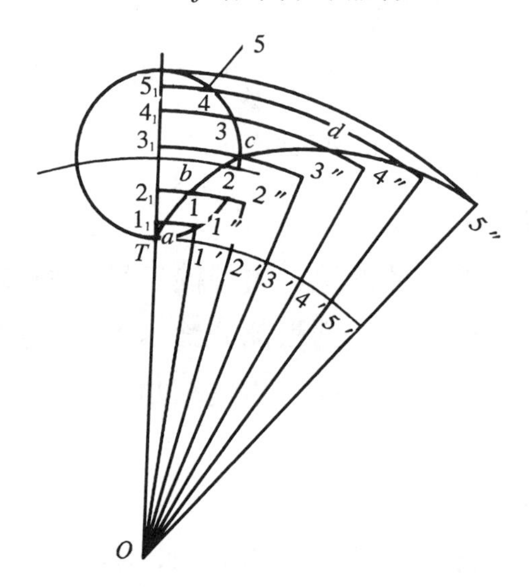

圖8-5　外擺線畫法

(2)　內擺線畫法

當一滾圓沿他一導圓之內緣滾動，其圓周上任一點T之軌跡，稱爲內擺線(Hypocycloid)，其畫法如圖8-6所示，方法與外擺線完全相同，不另詳述；曲線與外擺線剛好相反形狀。

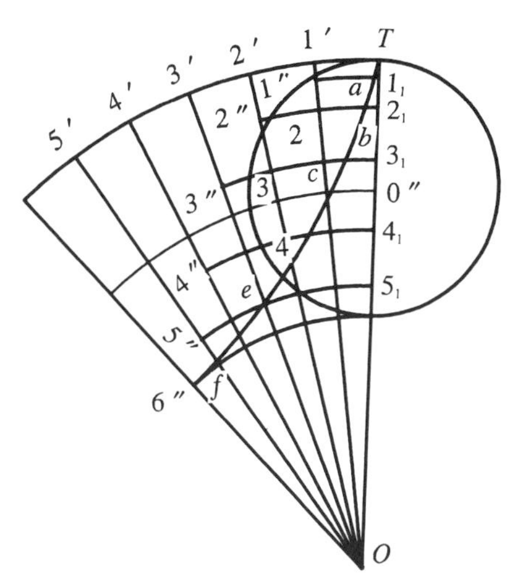

圖8-6　內擺線畫法

(3)　擺線齒之齒合

如圖8-7所示，設O及O_1為兩圓之迴轉中心，P為接觸點，AB及CD為節圓，M及N為兩滾圓之中心。若AB、CD及中心為M之三個圓互相接觸於P，並使各繞O、O_1及滾圓M依箭頭所指之方向作滾動接觸，則滾圓上描圓點P，在節圓AB之內側得內擺線ap，在節點CD之外側得外擺線bp。此兩擺線係由同一描圓點P所得者，依照擺線之特性曲線pP在p點與曲線ap及曲線bp恆成直角，則pP即為此兩曲線在p點之公法線，且此公法線恆過節點P。又因描圓點p恆在中心為M之圓之圓周上。亦即恆在弧pP上。由是可知，以O為軸之內擺線ap與以O_1為軸之外擺線bp，必能滿足滑動接觸之條件，表示滑動之量。

若節圓AB、CD及中心為N之三個圓互相接觸於P，並使各繞O、O_1及N依箭頭所指之方向滾動接觸，則滾圓上描點p'在節圓AB之外側得外擺線$a'p'$，在節圓CD之內側得內擺線$b'p'$，此

兩擺線　係由同一描圓點p'所得者，當亦能適合於速比一定之滑動接觸之條件，而滾圓之圓周pp'為其接觸線；$a'p'$與$b'p'$之差即表示滑動之量。

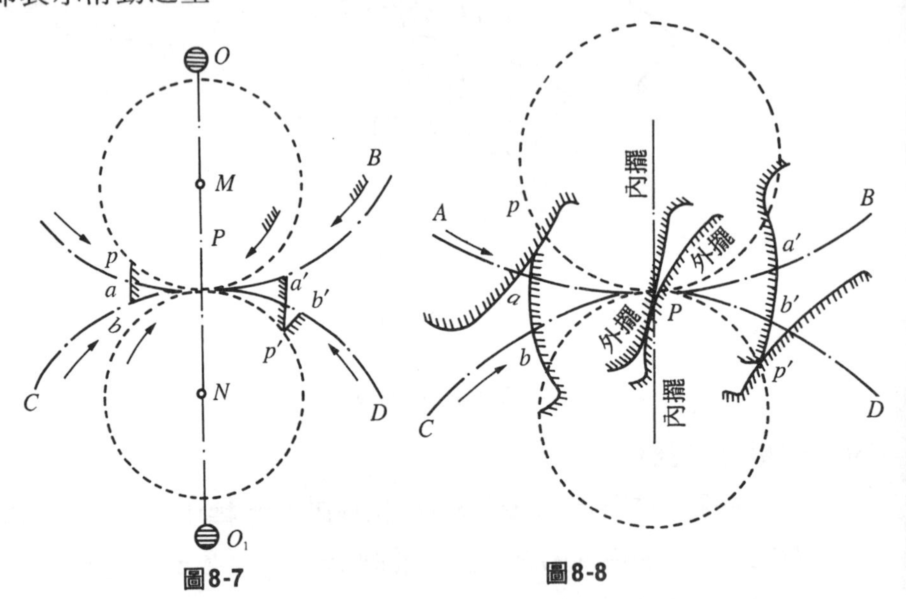

圖8-7

圖8-8

依據上述結果，兩動圓作滑動接觸時，於節點之左側，有AB之內擺線ap與CD之外擺線bp互相接觸而運動；於節點之右側，則有AB之外擺線$a'p'$與CD之內擺線$b'p'$互相接觸而運動。故若僅用ap與bp或$a'p'$與$b'p'$，則不能兩動圓之接觸自節點之左方繼續至右方，或自右方繼續自左方。易言之，若使兩動圓表面祗為一種曲線，則其接觸僅能至節點而止，致不能傳達運動。因此，為使兩動圓通過節點後仍能接觸計，必須使每一動圓在節圓內外各有他種曲線，即使動圓在節圓內之部分為內擺線，動圓在節圓外之部份為外擺線即可。如圖8-8所示ac係與外擺線$a'p'$同形之曲線，bp係與內擺線$b'p'$同一之曲線。如此使一個動圓在節圓內外具有兩種曲線，是以，當於節點之左側時，則有內擺線ap與外擺線bp彼此接觸而運動。當通過節點移至右側後，則有外擺線ac與內擺線bd彼此接觸而運動，故其運動成爲連續之運動，而曲線ppp'適爲其接觸。

上述者係兩輪外銜接時之情形，倘爲內銜接時，則如圖8-9所示，當兩圓在節點之左側接觸時，則曲線ap與bp兩內擺線滑動接觸。當兩圓於節點之右側接觸時，則曲線$a'p'$與$b'p'$兩外擺線滑動接觸。

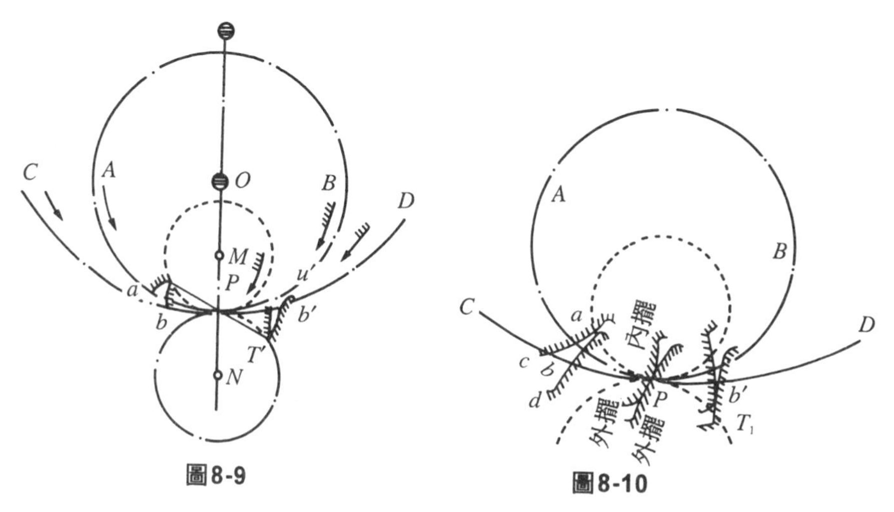

圖8-9　　圖8-10

綜上所知，內銜接與外銜接之情形，略有不同。當兩圓內銜接時，其一圓之內擺線與他圓之內擺線相接觸，一圓之外擺線與他圓之外擺線相接觸。故若使動圓在節圓內外具有不同曲線，如圖8-10所示時，兩圓之運動即成爲連續之運動，而曲線pPp'爲其接觸線。

總之，對於內銜接或外銜接之兩種情形，若使圓在節圓內之部份爲內擺線，其在節圓外之部分爲外擺線，則能適合速比一定之滑動接觸之條件，而可以連續運動，且自由通過節點。

(4) 漸開線齒之齒合

如圖8-11所示，AB及CD為兩節圓，P為節點。經過P點引一直線mPn，與中心線OO_1成一適當之角度，並由O及O_1向此直線作垂線Om及O_1n。再以O及O_1為中心，以Om及O_1n為半徑，分別畫$A'B'$及$C'D'$兩圓。設$A'B'$及$C'D'$係繞O及O_1迴轉之兩輪，且設一擺線繞於兩輪之周圍，則繩之直線部份適如直線mPn所示。假設$A'B'$及$C'D'$各依箭頭所示之方向迴轉，則繩上一點自m點起與$A'B'$輪之周圍離開，再經過P、n等點，而被捲入於$C'D'$輪之周圍。此際沿mPn直線愈前進，$A'B'$輪愈向反時鐘方向迴轉；因此描圓點與$A'B'$亦愈離開。當描圖點由m進至p時，描圖點對於$A'B'$輪所屬之平面上必得以$A'B'$為基圓之漸開線pc。同理，當描圖點由m進至p時，描圖點對於$A'B'$漸所屬之平面上必得以$A'B'$為基圓之漸開線$c'a'p'$。

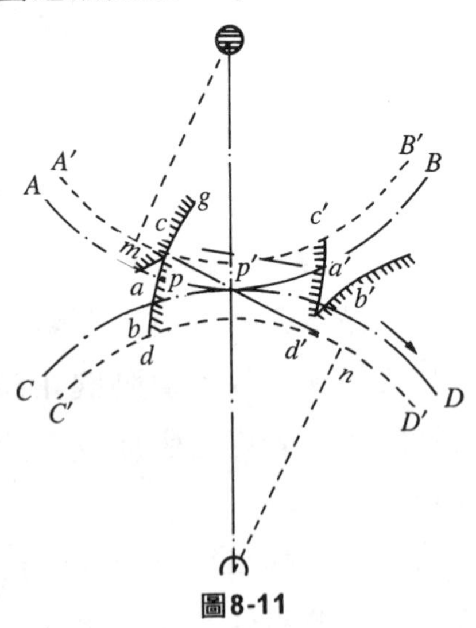

圖8-11

又描圖點由m愈前進，則愈接近$C'D'$輪，因此當描圖在p時，描圖點對於$C'D'$輪所屬平面上必得以$C'D'$為基圓之漸開線

gp。當描圖點在p'時，描圖點對於$C'D'$輪所屬平面上必得以$C'D'$爲基圓之漸開線$g'b'p'$。

因爲描點之軌跡得漸開線$c'a'p'$與dbp時，描圖點恆依mPn方向移動，故當兩漸開線$c'a'p'$與dbp互相齒合時，其接觸點與描圖點一致，恆在mPn直線上。且直線mPn適爲經過接觸點對於兩漸開線所作之公法線。因此在兩漸開線接觸點所作之公法線mPn恆經過節點P，故此兩漸開線必以滑動接觸傳達角速比一定之迴轉運動，而接觸線爲直線mPn之一部分。圖8-12所示，係兩滾圓成內銜接時之情形，其基本原理與上述外銜接者相同。

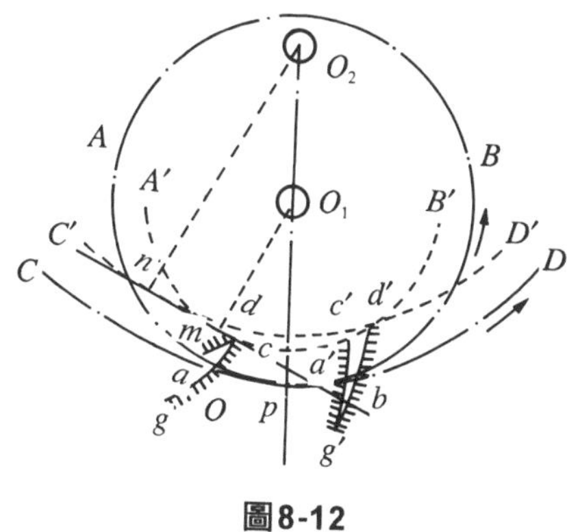

圖8-12

因曲線pa及$p'a'$係以$A'B'$爲基圓之漸開線曲線，pb及$p'b'$係以$c'd'$爲基圓之漸開線，故如圖8-13及圖8-14所示，使曲線ea與曲線$p'a'$同形，曲線fb與描線$p'b'$同形，則每一圓在節圓內外皆有適當之曲線。因此，在節點兩側均能銜接，乃可得連續之運動。因基圓之大小一定時，出自此基圓之漸開線，其形狀相同，即pa與ea及pb與fd各爲同一之漸開線。易言之，曲線pae爲基圓$A'B'$之漸開線，曲線pbf爲基圓$C'D'$之漸開線。由是可知，在節圓內外均爲同一之漸開線。

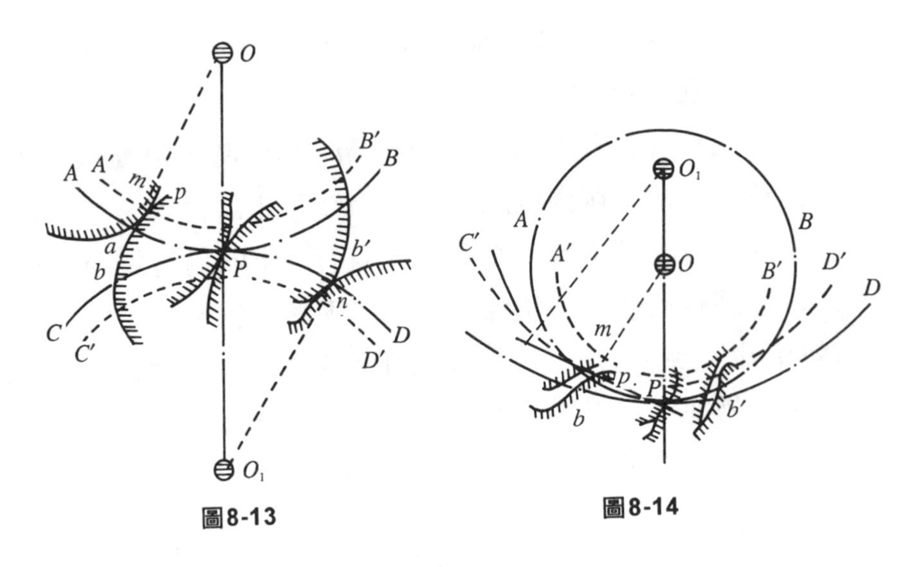

圖8-13

圖8-14

8-4 漸開線齒形與擺線齒形比較

1. 擺線齒是以內擺線及外擺線爲齒形，製造較麻煩。漸開線齒是以漸開線爲齒形，製造簡單。
2. 漸開線齒輪之接觸線爲直線，壓力角恆爲一定，支持齒輪之軸擺線齒輪接觸線爲曲線，壓力角也隨之而變動，支持齒輪之軸承受力也因而常變動，所以傳動時，容易發生噪音及振動現象(vibration)。
3. 漸開線齒輪中心距離如略有變動，兩齒輪傳動仍能合乎理想，它的轉速比不發生影響。
4. 漸開線傳動時相互的摩擦比較厲害，磨蝕也因而較快，潤滑需特別注意。

   擺線齒嚙合傳動，磨損較少，但漸開線摩損較擺線爲均勻。
5. 漸開線齒可互換使用，不影響速度比。

   擺線齒不能互換使用，否則將影響轉速比。

6. 漸開線齒適適宜震動或衝擊力較大情形下使用，如起重機、汽車傳動等，一般機械傳動較常用。

擺線齒甚少作傳動之用，但其速度傳達比較準確，多用於鐘錶及精密儀器上。

8-5　輪齒種類

齒輪主要用於傳動兩軸間運轉關係，通常可分爲三大類：

1. 裝於平行軸之齒輪，又可分爲

(1) 正齒輪(spur gear)齒形成直線，通常以接合形式可分爲：

① 外接齒輪(external gears)：是平行軸傳動常用者，如圖8-15所示，兩個齒輪大小常不相等，通常兩輪使用材料相同。

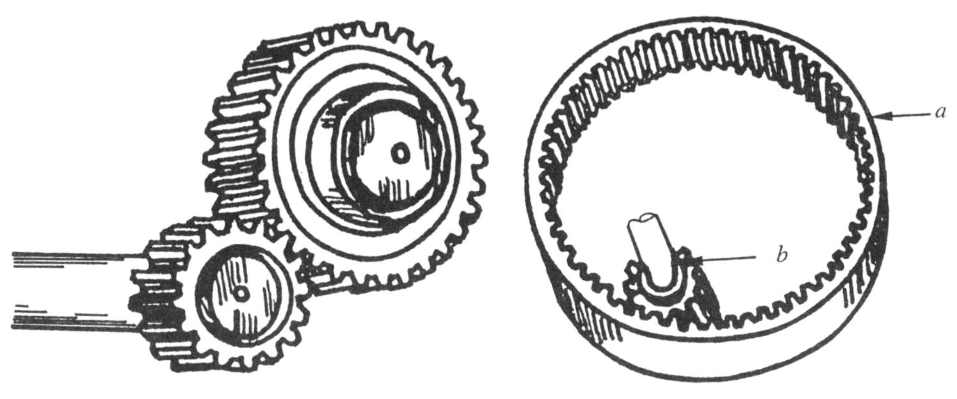

圖8-15　外接正齒輪　　圖8-16　內接齒輪

② 內接齒輪(internal gears)：如圖8-16所示，*a*爲一大內齒輪(annular gear)，*b*爲小齒輪(pinion)，兩齒輪於內側互相嚙合，通常內齒輪是固定不動，小齒輪延大齒輪而迴轉。爲經濟觀點，一般大內齒輪材質較硬，小齒輪較軟質者，以便更換。

⑵　螺旋齒輪(helical gear)或稱正扭齒輪(twisted spur gear)如圖8-17所示，此型齒輪之輪齒與軸成一角度。螺旋齒輪，嚙合齒輪之接觸，為連續接觸，故轉動時比正齒輪穩定而堅固，可採用兩組螺旋齒輪，而使螺旋運動方向相反，以抵消沿軸向之水平分力。

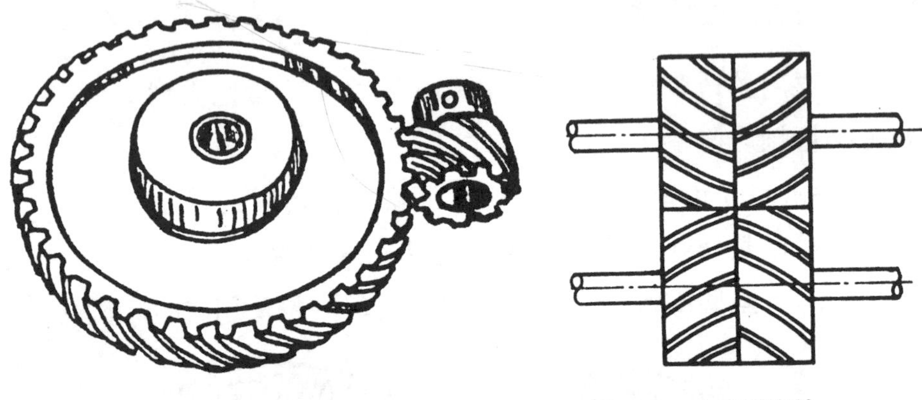

圖8-17　螺旋齒輪　　　圖8-18　人字形齒輪

⑶　人字形齒輪(herringbone supur gear)或稱雙螺旋齒輪(doeuble belical gear)，如圖8-18所示，可說是螺旋齒輪改良，在同一齒輪上有兩行相反方向相反之螺旋齒，故傳動時，軸向推力互相抵消，無軸向推力之弊；一般傳動效率較正齒輪為佳，故適用於傳動較大力量。

⑷　針輪傳動(pin gearing)如圖8-19所示，*c*為一圓盤，盤上按以等分梢(pin)，*b*是主動輪，*c*為從動件，適用於不精密傳動，適合於自動生產工業上。

⑸　齒條及小齒輪(pack & pinion)如圖8-20所示，設一組嚙合齒輪，大齒輪直徑為無窮大時，即成齒條；齒條作直線往復運動；小齒作正逆旋轉；使用於　床(press)、銑床(shapper)……等機械上。

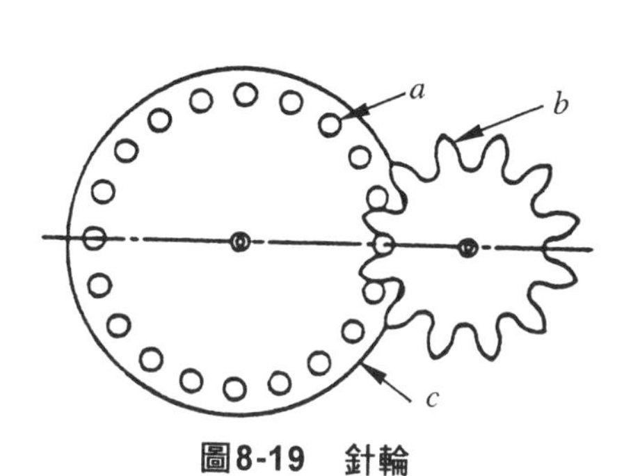

圖8-19　針輪

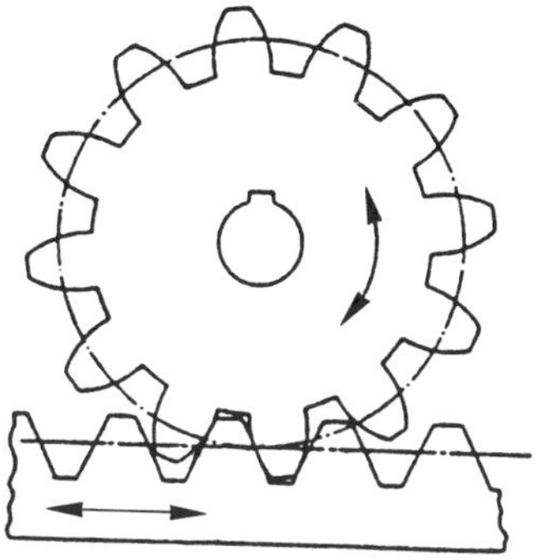

圖8-20　齒條及小齒輪

2.　裝設同平面相交兩軸上之齒輪，兩軸成直交或成一任意角度者，按齒形分爲：

(1)　斜齒輪(plain bevel gears)如圖8-21所示，爲兩軸成垂直，大小相等，稱爲方斜齒輪(miter-gear)：其大小可不相等如後節所述。

(2)　螺旋斜齒輪(spiral bevel gear)，把斜輪上的輪齒刻成螺旋形如圖8-22所示，可得到圓滑接觸，傳動聲音較小，可傳送較大動力。

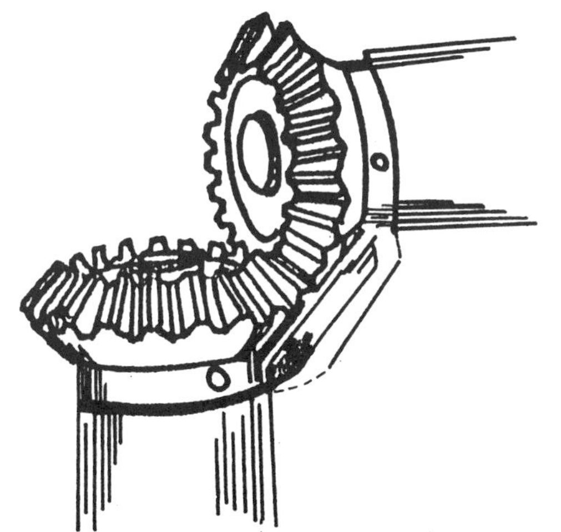

圖8-21　方斜齒輪

圖8-22　螺旋斜齒輪

3. 製於不同平面上兩軸齒輪。

(1) 螺旋斜齒輪(spiral bevel gear)如圖8-23所示，一對嚙輪之輪軸互相垂直面不相交，使用此形齒輪，傳動速度比值較大，此種齒輪製造麻煩，一般紡織機械上使用較多，通常又稱為雙曲線齒輪(hyperbolical gear)。

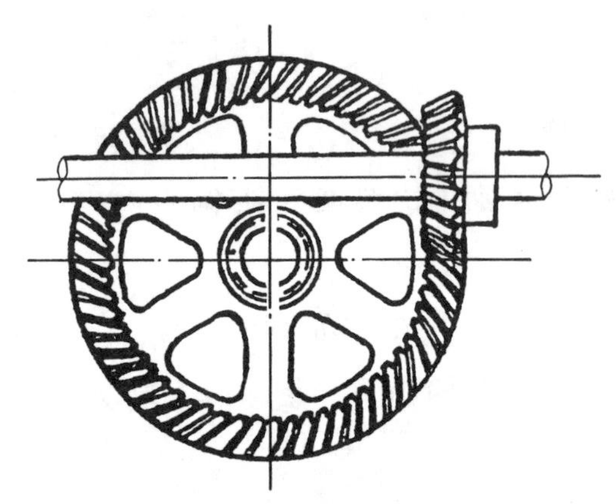

圖8-23　歪斜齒輪

(2) 戴齒輪(hypoid gear)t如圖8-24所示，此種齒輪，是美國葛立遜公司將歪斜齒輪改正的，將變曲線旋轉體，改為一個近似圓錐體，輪齒呈弧線，可連續傳動，接觸良好，振動現象及噪音較小；輪齒堅強，可傳達較大動力，普通汽車底盤常用。

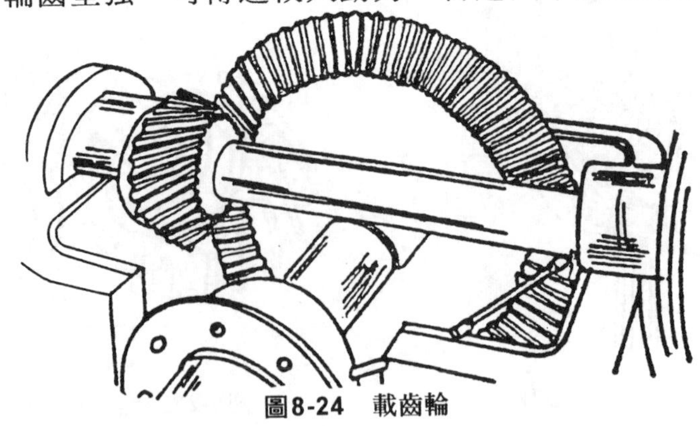

圖8-24　戴齒輪

(3) 蝸桿(worm)與蝸輪(worm wheel)如圖8-25所示，可得較大速度比；並有自銷作用。普通蝸桿多用較硬質材料，蝸輪以較軟質材料製造，一般常用之。

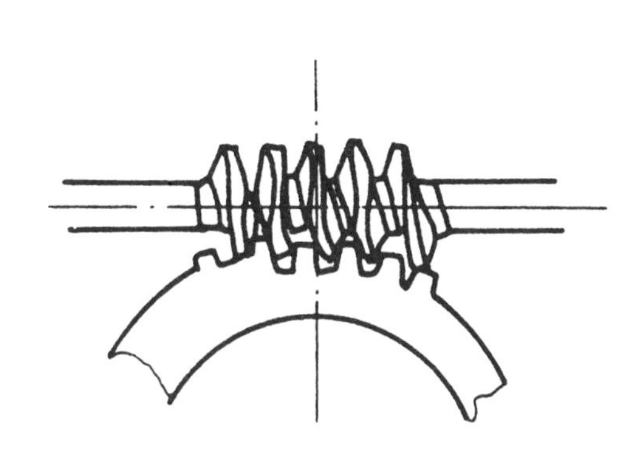

圖8-25　蝸桿與蝸輪

8-6　正齒輪各部份名稱

如圖8-26所示，茲列述如下：

1. 節面(pitch surface)：代表齒輪假想面；正齒輪之節面為圓柱面，斜齒輪為圓錐面。
2. 節線(pitch line)：為節圓與垂直輪軸截面上交線。
3. 節圓(pitch circle)：正齒輪與斜齒輪之節線圓。
4. 節徑(pitch diameter)：節圓直徑尺寸。
5. 節點(pitch point)或稱接觸點：一對嚙合齒輪之節圓切點在中心連線上。
6. 齒頂圓(Addendum circle)：連結齒頂之圓，或稱外圓。
7. 齒根圓(dedendum circle or root circle)：連結齒根之圓。

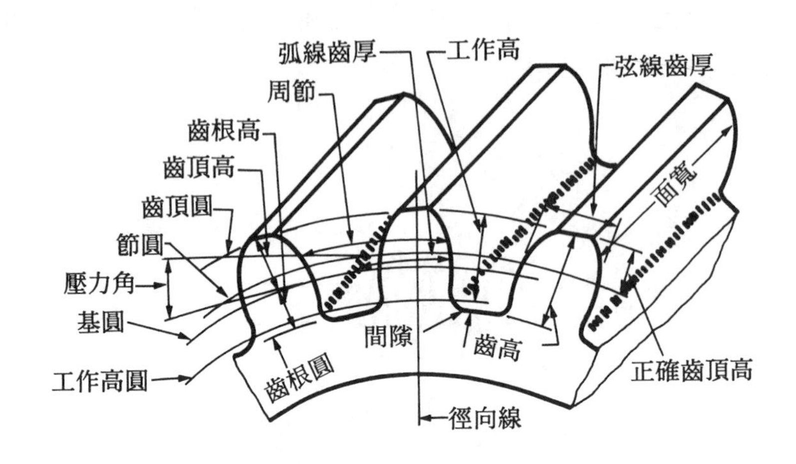

圖8-26 正齒輪各部名稱

8. 齒頂(addendum)或稱齒頂高：齒頂圓與節圓之徑向離。
9. 齒根(dedendum)或稱齒根高，爲節圓與齒根圓之徑向離。
10. 齒高(height of tooth)：輪齒高度，爲齒頂與齒根之和。
11. 齒厚(gear thickness)：爲齒在節圓上量得之長度。普通爲直線長度代表，稱爲弦線齒厚(chordal thickness)，爲近似值，實際應爲齒之弧線長度(circular thickness)。
12. 齒距(tooth space)：節圓上相鄰兩齒之節圓上距離。
13. 齒隙(back lash)：爲齒距與齒厚之差。
14. 齒面(face of tooth)爲節圓柱線與齒頂圓間，齒之表面。
15. 齒復(flank)：爲節圓柱線與齒根圓間，齒之表面。
16. 齒面寬(face of gear)或稱齒寬：爲齒輪平行於軸線方向寬度。
17. 工作高(working depth of tooth)：嚙合兩齒輪，互相配合最大深度，普通爲兩倍齒頂。
18. 間隙(clearance)：一般嚙合齒輪，齒與齒間之間隙，爲齒頂減去齒根之距離。

19. 基圓(base circle)：用以畫漸開線齒所需輔助圓。如圖8-4所示。

20. 壓力角(pressure angle)或稱傾斜角(angle of obliquity)：如圖8-4所示，嚙合齒輪之壓力作用線，與節圓切線所成角度。一嚙合兩齒輪間之壓力，必沿公法線方向，爲增加傳達功率效果，壓力角宜愈小愈佳。擺線齒輪，壓力角常改變；當接觸點與節點一致時，壓力角爲零，其壓力方向中心連線成垂直。一般擺線齒輪較大但不宜超過30°，漸開線齒之壓力角固定不變，一般此形之壓力角不宜超過15°，都採用$14\frac{1}{2}^\circ$爲多，因爲$14\frac{1}{2}^\circ$之正弦值爲$\fallingdotseq\frac{1}{4}$ (sin14.5≒0.25)，爲計算方便起見，故常採用此值。

8-7　正齒輪之計算

1. 周節P(circular pitch)：沿節圓直徑上，自齒之某一點至相鄰齒對應點所量得弧線長，如圖8-27所示。

   設節圓直徑爲D，齒數爲T，得一相關公式如下：

$$P_c=\frac{\pi D}{T} \qquad \text{(公式8-2)}$$

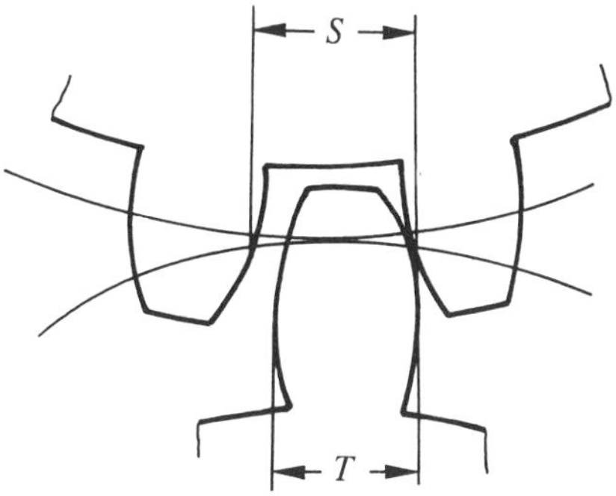

圖8-27　齒合齒輪

2. 徑節P(diametrial pitch)P_d：用以表示英制(吋)齒輪齒之大小。設D為節徑(吋)，T為齒輪齒數，P_d為無名數。

$$P_d=\frac{T}{D} \quad \text{(公式8-3)}$$

由上式可知徑節為單位直徑所含齒數，在相同節徑(D)之下，P_d值愈大齒數愈多，P_d值愈小齒數愈少。P_d值通常為分數或整數，如$\frac{1}{2}$，$\frac{3}{4}$，1，2，3，4，5，6……等，P_d值值愈大齒愈小，圖8-28所示，為徑節齒制(P_d制)大小，由公式8-2，得$P_d=\frac{\pi D}{T}$；由公式8-3得$P_d=\frac{T}{D}$，可得一相關公式

$$P_c \times P_d=\frac{\pi D}{T}\times\frac{T}{D}=\pi \quad \text{(公式8-4)}$$

圖8-28 徑節齒大小

根據此式已知其中一值，可求出另一值來：P_d為可量得之值，P_D為抽象值。一稱稱英制齒為徑節制。

3. 模數(module)：用以表示公制齒輪之大小，設節徑D(mm)，齒數為T，M為表模數，得一公式為

$$M=\frac{D}{T} \qquad \text{(公式8-5)}$$

模數愈大，齒愈大；模數常為整數或整小數，如0.3，0.4，1，$1\frac{1}{4}$，$1\frac{1}{2}$，2，2.5，3.5，4，……等，由上式可得模數每齒所含直徑大小。所以一般通稱公制齒輪為模數制(M制)。

4. 以上三者之間關係公式：

(1) $$M=\frac{D}{T}=\frac{1}{P_d} \qquad \text{(公式8-6)}$$

(2) $$P_d=\frac{T}{D}(\text{mm})=\frac{T}{(D/25.4)\text{吋}}=\frac{T\times 25.4}{D}=\frac{25.4}{M}\text{或}M=\frac{25.4}{P_d} \qquad \text{(公式8-7)}$$

(3) 假設一嚙合齒輪節徑分別為(D_1，D_2)，齒數為T_1，T_2，為兩節圓中心距離，得

$$C=\frac{D_1\pm D_2}{2}$$

以8-2式代入得

$$C=\frac{P_cT_1+P_cT_2}{2\pi}=\frac{P_c(T_1\pm T_2)}{2\pi} \qquad \text{(公式8-8)}$$

外接時

$$C=\frac{T_1+T_2}{2\pi}P_c$$

內接時

$$C=\frac{T_1-T_2}{2\pi}P_c$$

【例8-1】 某齒輪齒數爲100，節徑爲20吋，求徑節(P_d)與周節(P_c)值。

解： 徑節$P_d=\frac{T}{D}=\frac{100}{20}=5$(無單位)

周節$P_c=\frac{\pi D}{T}=\frac{\pi\times 20}{100}=0.628$吋

【例8-2】 某齒輪之節徑爲8吋，徑節爲4，試求其齒輪(T)及周節(P_c)值。

解： 齒數$T=P_d\times D=8\times 4=32$齒

周節$P_c=\frac{\pi D}{T}=\frac{3.416\times 8}{32}=0.7854$吋

或 $P_c=\pi\times\frac{1}{P_d}=3.146\times\frac{1}{4}=0.7854$吋

【例8-3】 已知一齒輪之周節爲12.56m/m，求徑節。

解： $P_d=\frac{\pi}{P_c}=\frac{3.14}{12.56}=\frac{1}{4}$吋

【例8-4】 一嚙合A，B兩齒輪，A之齒數爲40，B之齒數爲12，若A輪每分鐘迴轉120次，則B輪每分鐘迴轉若干次？

解： 按5-1公式$\frac{N_B}{N_A}=\frac{D_A}{D_B}=\frac{T_A}{T_B}$

$$\therefore N_B=\frac{T_A\times N_A}{T_B}=\frac{40\times 120}{12}=400\text{rpm}$$

【例8-5】 兩正齒轉傳動，其兩平行軸間之中心距離爲20吋，若主輪轉速爲150rpm，被動輪之轉速爲50rpm，求兩齒輪之節圓直徑爲若干？

解： 因　$\frac{N_1}{N_2}=\frac{D_1}{D_2}=\varepsilon$ (轉速比)

∴　$\varepsilon=\frac{N_2}{N_1}=\frac{150}{50}=3=\frac{D_1}{D_2}$

(1)若兩齒輪外銜接時，其中心距離等於$\frac{D_1+D_2}{2}$

即$20=\frac{D_1+D_2}{2}=\frac{3D_2+D_2}{2}=2D_2$

∴$D_2=10$吋(主動輪直徑)

從動輪直徑

$D_1=3D_2=3\times 10=30$吋

(2)若兩齒輪內銜接時，其中心距離等於$\frac{D_1-D_2}{2}$

即$20=\frac{D_1-D_2}{2}=\frac{3D_2-D_2}{2}=D_2$

∴主動輪直徑為20吋

從動輪直徑

$D_1=3D_2=3\times 20=60$吋

【例8-6】A及B為一對相嚙合之正齒輪，A之齒數為32，B輪為8。

解：

$$n_b=\frac{T_a}{T_b}n_a=\frac{32\times 180}{8}=720\text{rpm}$$

【例8-7】以兩正齒輪傳達運動，其兩平行軸間之中心距離39吋。若欲使主動輪每分鐘迴轉90次，從動輪迴轉40次。則兩輪節圓之直徑各為若干？

解： 因　$\frac{n_1}{n_2}=\frac{D_2}{D_1}=\frac{90}{40}=2.25$

∴　$D_2=2.25D_1$

(1) 若兩輪外銜接時，其中心距離等於$\frac{D_1+D_2}{2}$

即$39=\frac{D_1+D_2}{2}=\frac{D_1+2.25D_1}{2}=\frac{3.35D_1}{2}=1.625D_1$

故主動輪直徑

$D_1=\frac{39}{1.625}=24$吋

從動輪直徑

$D_2=2.25D_1=2.25\times24=54$吋

(2) 若兩齒輪內銜接時，其中心距離等於$\frac{D_1-D_2}{2}$

即$39=\frac{D_1-D_2}{2}=\frac{D_1-2.25D_1}{2}=1.25\frac{D}{2_1}=0.625D_1$

故主動輪直徑爲

$D_1=\frac{39}{0.625}=62\frac{13}{32}$吋

從動輪直徑

$D_2=2.25D_1=2.25\times6.24=140.4=104\frac{13}{32}$吋

【註】本題也可以前章所述摩擦輪求兩輪直徑之畫圖法求出；方法完全相同，請研究之。

8-8 標準齒制

爲使齒之製造容易，能互相變換使用起見，適合各種用途，均訂定標準，以劃一周節，齒頂齒根齒厚……各部份尺寸之比例，茲列述如下：

1. 全高制(full depth system)：全高制齒爲美國布朗、沙普公司

(Browm & Sharpe manufacture company) 所首創，其壓力角有：

(1) $14\frac{1}{2}^{\circ}$全高漸開線制(14.5° Deg full depth involute system)。

(2) 20°全高漸開線制(20° Deg full depth involute system)。

(3) 布朗-沙普$14\frac{1}{2}^{\circ}$混合齒制(Brown & Sharpe $14\frac{1}{2}^{\circ}$)Deg, composite system，又稱標準$14\frac{1}{2}^{\circ}$漸開線制，一般常用之，以鑄造法製齒輪時，可使製造模型人員便於畫線。所謂全高制係以齒頂爲$\frac{1}{P_c}$者稱之，它各部份尺寸計算法如表8-1所示。

2. 短齒制(stub tooth system)：其壓力角爲20°壓力角大齒則較短，強度較強；不易折斷，常用於汽車傳動。常用短有兩種形式：

(1) A.S.A短齒制：爲美國標準學會，對於20°短齒所採用制，其各部份尺寸計算如表8-2所示。

(2) 費洛斯(Fellows) 短齒制：爲費洛斯鉋齒機公司(Fellows gear shaper company)所創，此動制度之徑節爲分數制，常用徑節爲$\frac{4}{5}$，$\frac{5}{7}$，$\frac{6}{8}$，$\frac{7}{9}$，$\frac{8}{10}$，$\frac{9}{11}$，$\frac{10}{12}$，$\frac{12}{14}$等，其計算如表8-2所示。

表8-1 漸開線全高制之各部份計算

製造法 各部份名稱	鑄造齒	機製	齒
	P_c	公制(M制)	英制(P_d制)
齒　頂	$0.3P_c$	$1M$	$\frac{1}{P_d}$
齒　根	$0.4P_c$	$1.157M$	$1.15\frac{7}{P_d}$
齒　高	$0.7P_c$	$2.157M$	$2.15\frac{7}{P_d}$
齒　厚	$0.48P_c$	$1.571M$	$1.57\frac{1}{P_d}$
齒　距	$0.52P_c$	$1.571M$	$1.57\frac{1}{P_d}$
齒數(T)	$\frac{\pi D}{P_c}$	$\frac{D}{M}\text{or}\frac{D_0}{M}-2$	$D\times P_d\text{or}d_0\times P_d$
節徑(D)	$\frac{P_c\times T}{\pi}$	$M\times T\text{or}D_0-2M$	$\frac{T}{P_d}\text{or}D_0-\frac{2}{P_d}$
外徑(D_0)	$D+0.6P_c$	$M(T+2)\text{or}D-2M$	$\frac{N+2}{P_d}\text{or}D+\frac{2}{P_d}$
間隙(齒合時)	$0.1P_c$	$0.157M$	$0.15\frac{7}{P_d}$
工作深度	$0.6P_c$	$2M$	$\frac{2}{P_d}$

表8-2　短齒制各部尺寸計算

齒制 各部名稱	A.S.A	短齒制	Fellows制	
	M制	P_d制	公制(mm)	英制(in)
齒　頂	$0.8M$	$0.8/P_d$	$25.4/B$	$1/B$
齒　根	$1M$	$1/P_d$	$31.75/B$	$1.25/B$
齒　高	$1.8M$	$1.8/P_d$	$57.15/B$	$2.25/B$
間　隙	$0.2M$	$0.2/P_d$	$6.35/B$	$2.25/B$
節徑(D)	$M\times T$	T/P_d	註：B為Fellows制徑節P_d之分母數：如$\frac{4}{5}$，$\frac{5}{7}$，它B值為57°	
外徑(D_0)	$(T\times 1.6)M$	$\frac{T+1.6}{P_d}$		
根徑(D_1)	$(T-2)M$	$(T-2)\frac{1}{P_d}$		

短齒輪全高齒之優點：

(1) 全高制壓力角通常為14.5°及20°，而短齒為20°，如圖8-29所示。

(2) 因通常在齒根之應力較大，而此種齒輪之齒根較寬，又因其齒高較短，輪齒所受彎曲短(bending moment) 亦較小，所以短齒較堅固。

(3) 短齒之干涉及磨損情形較少，且能耐受衝擊與震動。

(4) 製造比較容易。

我國國家標準(CNS)，制定壓力角為20°，但一般工廠很少用，仍以壓力角$14\frac{1}{2}$°為多。

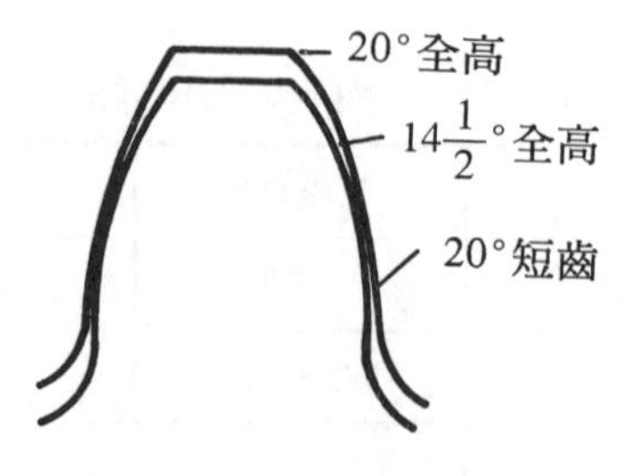

圖8-29 全短齒比較

8-9 斜齒輪(bevel gears)

有人稱爲傘形齒輪，用來連接兩相交軸者；常用斜齒輪，按齒形分爲直齒斜齒輪及蝸旋斜齒輪。直齒斜齒輪如圖8-30所示，每一齒線均會聚於交點O，亦謂頂(apex) ，斜齒輪齒形爲漸開線。蝸旋斜齒輪齒面爲螺旋形，斜齒輪大小及尺寸係以大端爲準。直齒斜齒輪傳動方式，如圖8-31所示，圖中e所示爲冠狀斜齒輪(crow bevel gear) ，其節圓錐角成90°，其節圓錐成一平面，背圓錐距，變成無窮大，這種形狀叫冠狀(flat disk)。斜齒輪各部份名稱如圖8-32所示。

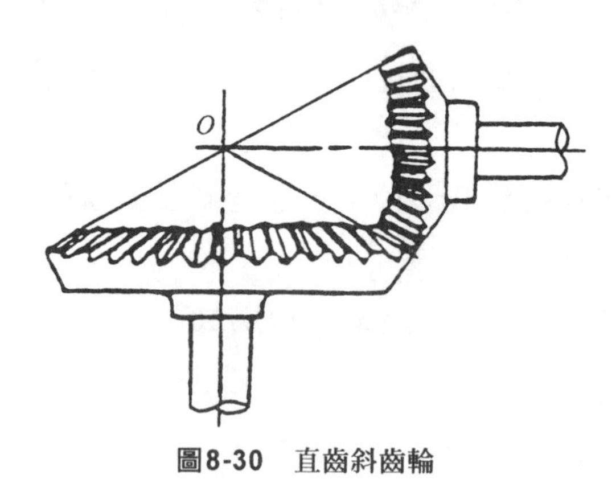

圖8-30 直齒斜齒輪

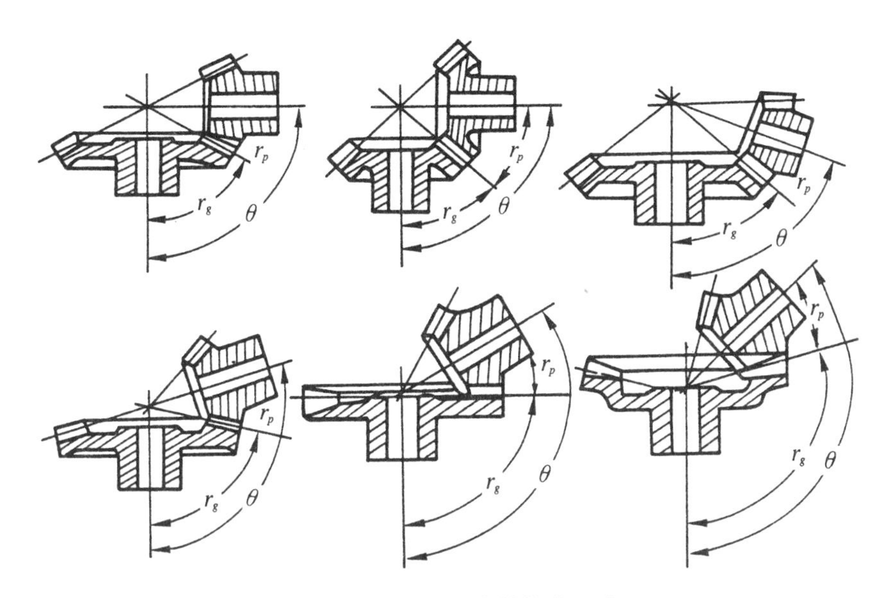

圖8-31　直齒斜齒輪傳動形式

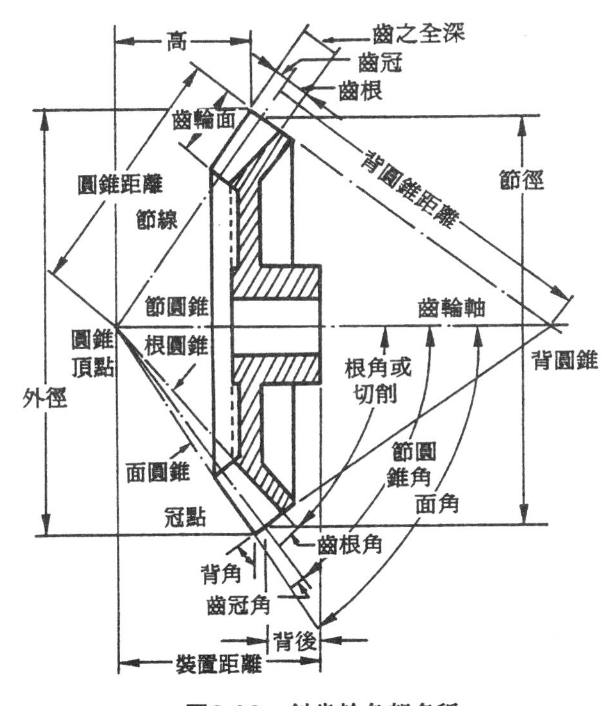

圖8-32　斜齒輪各部名稱

1. 外徑D_0(outside diameter)：齒輪外圓直徑。
2. 節徑D(pitch diameter)：齒輪假想節圓直徑。
3. 根徑(root diameter)大端各齒底部圓之直徑。
4. 節線(element)兩圓錐相切共同元線。
5. 圓錐距離(cone distance)節線長，或稱爲節錐半徑(pitch cone radius)。
6. 節圓錐角(pitch angle)：或稱中心角(center angle)，節線與中心線所成夾角。
7. 面角(face angle)：爲面圓錐頂角之半。
8. 齒根角O(dedendum angle)或稱根角(root angle)又稱切削角。
9. 齒面寬(face width)：齒在節線圓錐之長度。
10. 背錐(back cone)：爲一理想錐面。
11. 背圓錐距離(back cone radius)。
12. 背高(backing distance)。
13. 齒根(dedendum)。
14. 齒頂(addendnm)或稱齒冠。
15. 齒高(total depth)：齒頂與齒根之和。
16. 形成齒數(T)(formative number of teeth)：所有齒數。

主要尺寸計算公式如表8-3所示，p代表小齒輪(pinion)，g代表大齒輪(gear)。

表8-3　直齒斜齒輪計算公式

各部名稱	符號	小齒輪	大齒輪
節錐角	γ	$\tan\gamma_p=\dfrac{\sin\theta}{\dfrac{T_g}{T_p}+\cos\theta}$	$\tan\gamma_g=\dfrac{\sin\theta}{\dfrac{T_p}{T_g}+\cos\theta}$
軸角	θ	$\theta=\gamma_p+\gamma_g$	
節徑	D	$D_p=M\times T_p=\dfrac{T_p}{P_d}$	$D_g=M\times T_g=\dfrac{T_g}{P_d}$
外徑	D_0	$D_{op}=D_p+2A\cos\gamma_p$	$D_{og}=D_g+2A\cos\gamma_g$
齒頂角	α	$\tan\alpha_p=\dfrac{2A\sin\gamma_p}{D_p}$	$\tan\alpha_g=\dfrac{2A\sin\gamma_g}{D_g}$
圓錐距離	L	$L_p=\dfrac{D_p}{2\sin\gamma_p}$	$L_g=\dfrac{D_g}{2\sin\gamma_g}$
齒根角	δ	$\tan\delta=\dfrac{E}{L}$	$\tan\delta=\dfrac{E}{L}$
面角	β	$\beta_p=\gamma_p+\alpha$	$\beta_g=\gamma_g+\alpha$
切削角(根角)	λ	$\lambda_p=\gamma_p-\delta$	$\lambda_g=\gamma_g-\delta$

齒頂$(A)=M=\dfrac{1}{P_d}$

齒根$(E)=1.157M=\dfrac{1.157}{P_d}$

齒高頂$(H)=2.157M=\dfrac{2.157}{P_d}$

齒厚$(W)=1.157M=\dfrac{1.157}{P_d}$

速度比 $\varepsilon=\dfrac{N_p}{N_g}=\dfrac{D_g}{D_p}=\dfrac{T_g}{T_p}$。

斜齒輪畫法如圖8-33所示，以共參考。

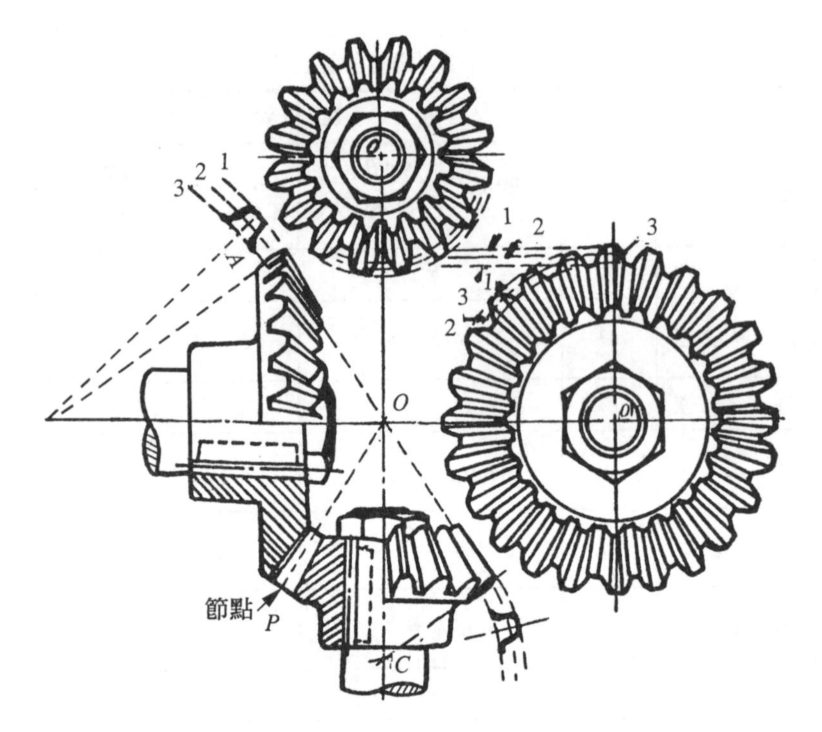

圖8-33 斜齒輪畫法

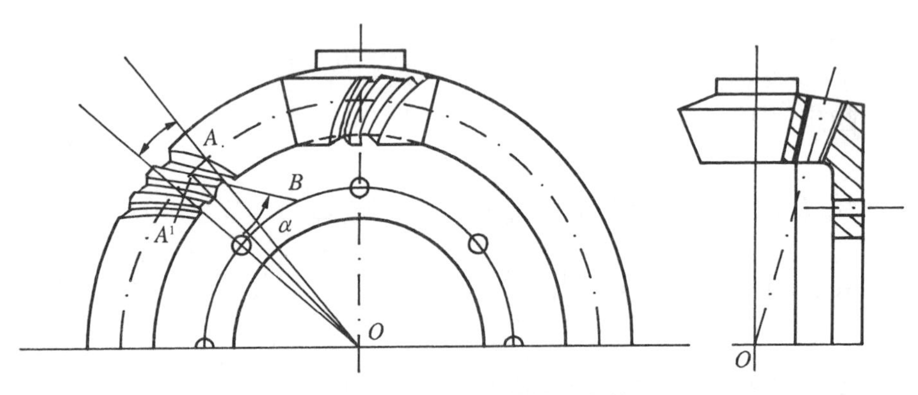

圖8-34 格里森蝸旋斜齒輪

格里森(Gieason system)蝸旋斜齒輪，如圖8-34所示。蝸旋斜一組嚙合形狀。蝸旋線可爲左旋及右旋，蝸旋角通常在20°～35°之間，導程L長度爲輪齒大端周節P_c之1.25～1.5倍，輪面寬爲錐矩之1/3，R爲銑齒刀半徑，普通小齒數可爲5齒，可得甚大速率比，此種蝸旋齒輪合較平滑，轉動穩靜，強度好，用於高速轉動。其各部份尺寸如表8-4所示。

表8-4　格里森蝸斜齒輪各部尺寸計算

各部名稱	符號	小　齒　輪(pinion)	大齒輪(gear)
工　作　高	H_k	$H_k=1.700/P_d$	
齒　　高	H	$H=1.888/P_d$	
節圓直徑	D	$D_p=\frac{T_p}{P_d}$	$D_g=\frac{T_g}{P_d}$
節　　角	γ	$\gamma_p=\tan^{-1}\frac{T_p}{T_g}$	$\gamma_g=\tan^{-1}\frac{T_g}{T_p}$
錐　　距	L	$L=\frac{D_p}{2\sin\gamma_p}$	
周　　節	P_c	$P_c=\frac{\pi}{P_d}$	
齒　　頂	A	$A_p=H_k-A_g$	$A_g=\frac{S_A}{P_d}$
齒　　根	E	$E_p=H-A_p$	$E_g=H-A_g$
間　　隙	C	$C=H-H_k$	
齒　頂　角	α	$\alpha_p=\tan^{-1}\frac{A_p}{L}$	$\alpha_g=\tan^{-1}\frac{A_g}{L}$
齒　根　角	δ	$\delta_p=\tan^{-1}\frac{E_p}{L}$	$\delta_g=\tan^{-1}\frac{E_g}{L}$
面　　角	β	$\beta_p=\gamma_p+\alpha_p$	$\beta_g=\gamma_g+\alpha_g$
切　削　角	λ	$\lambda_p=\gamma_p-\delta_p$	$\lambda_g=\gamma_g-\delta_g$
外　　徑	D_0	$D_{op}=D_p-A_p\cos\gamma_p$	$D_{og}=D_g-A\cos\gamma_g$
頂　　距	X	$X_p=\frac{D_g}{2}-A_p\sin\gamma_p$	$X_g=\frac{D_p}{2}-A_g\sin\gamma_g$
齒　　厚	W	$W_p=P_c-T_g$	$W_g=\frac{P_c}{2}=1.22(A_p-A_g)$ $\tan\varphi=\frac{K}{P_d}$

表中S_A值視$\frac{T_g}{T_p}$值而變

常用者

$\frac{T_g}{T_p}=1\cdots\cdots S_A=0.85$ $\frac{T_g}{T_p}=1.5\cdots\cdots S_A=0.63$

$\frac{T_g}{T_p}=2\cdots\cdots S_A=0.55$ $\frac{T_g}{T_p}=1.25\cdots\cdots S_A=0.71$

$\frac{T_g}{T_p}=1.75\cdots\cdots S_A=0.58$ $\frac{T_g}{T_p}=3-\infty\cdots\cdots S_A=0.5\sim0.46$

8-10 螺旋齒輪(screw gear)

如圖8-35所示，P點是A及B簡之接觸點，壓力角a_1及a_2產生一條斜線，根據此線產生許多中心線，在線上刻上齒形，即成螺旋線(helix)，其形狀如前圖8-22所示。如圖8-35所示，二軸成夾角θ，A、B兩螺旋齒輪之螺旋角(helical angle) a_1及a_2之和及差，兩齒輪圓周速度V_1及V_2，從P點可作共同分速C'，從Pn作垂線可得$\overline{mO}$分速，$\overline{mO}$即是齒輪之滑動速度。

兩嚙合螺旋齒輪，可得相互相關係如下：

$P_{c1}=A$齒輪周節

$P_{c2}=B$齒輪周節

$D_1=A$齒輪節圓直徑

$D_2=B$齒輪節圓直徑

$P_{cn}=A$・B兩齒輪法周節(normal circularpitch)

$P_{cn}=P_1\cos a_1=P_2\cos a_2$

$N_1=A$輪轉速

N_2＝B輪轉速

$$\varepsilon = \frac{N_1}{N_2} = \frac{T_2}{T_1} = \frac{D_2\cos\alpha_2}{D_1\cos\alpha_1} \quad \text{(公式8-9)}$$

由上式可知兩輪輪速與齒數成反比，隨螺旋角而變化，一般它的轉速比在1～3之間，螺旋齒輪適用於輕角荷，中速傳動。各部份詳細尺寸計算，請參考工程手冊。

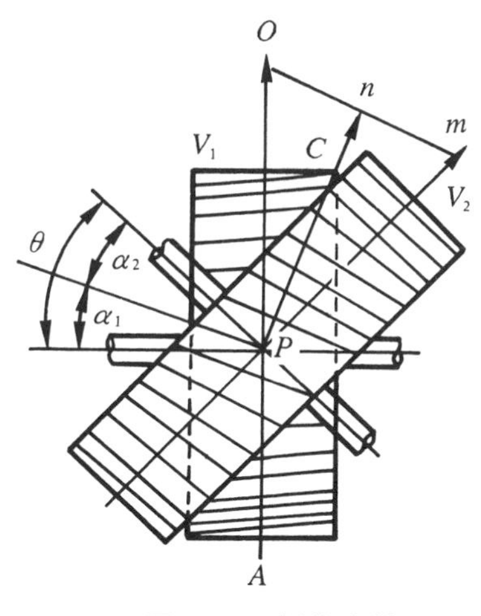

圖8-35　螺旋齒輪

8-11　蝸桿(worm)及蝸輪(worm wheel)

此種裝置適用於二個互相垂直，而且速度比甚大傳動，它形狀如前圖8-25所示，較小者叫蝸桿(worm)，有稱爲(pinion)，它成螺旋形(screw type)；較大者稱爲蝸輪(worm wheel or worm gear)，成蝸旋形蝸。由於蝸桿轉速快於蝸輪，爲平衡磨損起見，普通蝸桿以材質較硬者製造；蝸輪材質較軟(銅、鑄鐵類)，兩者周節$P-c$相等，如圖8-36所示。蝸桿之軸向斷面為齒條相似，蝸輪之垂直斷面與正齒輪相同，都為漸開線齒形，兩者各部份尺寸如表8-5所示。

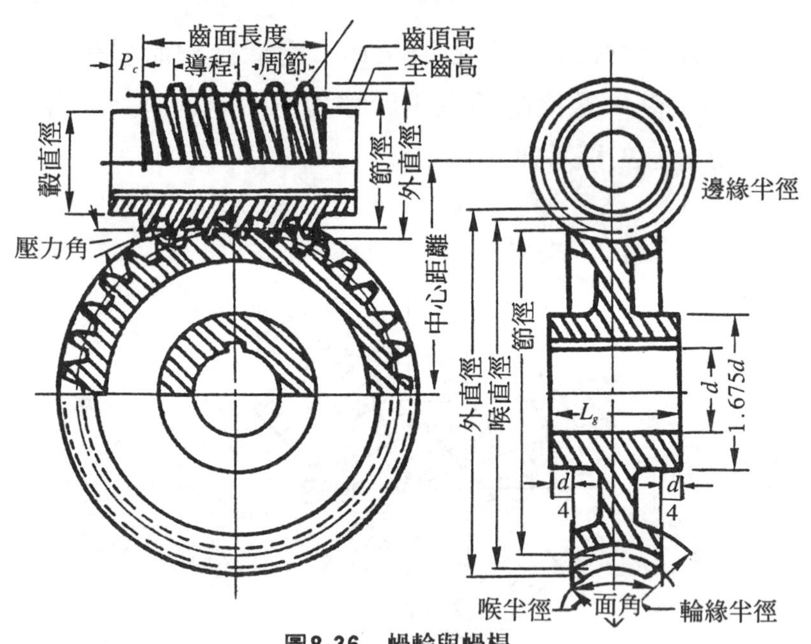

圖8-36　蝸輪與蝸桿

表8-5　蝸桿與蝸輪之計算公式

	各部名稱	符號	單、雙螺紋	三線及四線螺紋
蝸桿	齒頂	A	$0.3183P_c$	$0.2865P_c$
	齒根	E	$0.3683P_c$	$0.3365P_c$
	齒高	H	$0.6866P_c$	$0.6230P_c$
	頂倒角	γ	$0.05P_c$	$0.05P_c$
	節圓直徑	D_w	$2.47P_c+1.1''$	$2.4P_c+1.1''$
	外徑	D_{ow}	D_w+2A	D_w+2A
	根徑	D_R	D_w-2E	D_w-2E
	轂直徑	D_n	$1.664P_c+1''$	$1.726P_c+1''$
	軸孔內徑	d_w	$P_c+0.625''$	$P_c+0.625''$
	齒面長度	L_w	$P_c(4.5+0.02T_w)$	$P_c(4.5+0.02T_w)$
	轂之長度	L_1	L_w+2P_c	L_w+2P_c
	螺旋角	β	$\tan\beta=\frac{T_wP_c}{\pi\cdot D_w)}$	$\tan\beta=\frac{T_w\cdot P_c}{\pi\cdot D_w)}$
	導程	L	$\pi_w\cdot P_c$	$\pi_w\cdot P_c$
	壓力角	φ	14.5°	20°
蝸輪	節圓直徑	D_g	$\frac{P_c\cdot T_g}{\pi}$	$\frac{P_c\cdot N_g}{\pi}$
	喉徑	D_t	$D_g+0.634P_c$	$D_g+0.572P_c$
	外徑	D_{og}	$D_g+0.0135P_c$	$D_g+0.8903P_c$
	齒面寬度	B	$2.38P_c+0.25''$	$2.15P_c+0.2''$
	轂之長度	L_g	$B+0.5d_g$	$B+0.5d_g$
	輪緣半徑	R	$0.882P_c+0.55''$	$0.914P_c+0.55''$

蝸桿與蝸輪傳動優劣點：

1. 兩軸轉速比較大場所(普通在 $\varepsilon=8$以上)。
2. 適用於禁止逆轉設備，如起重機械特別重要。
3. 傳動噪音小。
4. 兩軸縱向推力較大是唯一缺點，製造也較困難。

一般蝸桿由碳鋼直接車成，蝸輪爲鑄成者，車修後再滾齒。

P_c＝蝸桿及蝸輪周節

L＝蝸桿軸向前進距離(複式螺紋$L=nP_c$)

n＝蝸桿螺紋數(1、2、3、4)　　蝸桿轉速N_1

T_2＝蝸輪齒數　　蝸輪轉速N_2

$$\varepsilon=\frac{N_1}{N_2}=\frac{T_2}{n}$$ (公式8-10)

【例】蝸桿迴轉數為160rpm，轉速比20，求蝸輪齒數及其迴轉速。

解：公式 $\varepsilon=\frac{N_1}{N_2}=\frac{T_2}{n}$

$$\therefore N_1=\frac{N_1}{\varepsilon}=\frac{160}{20}=8\text{rpm}$$

(1)當$n=1$(即單螺紋時)，蝸輪齒數T_2

$$T_2=\frac{N_1 n}{N_2}=\frac{1\times160}{8}=20(\text{齒})\#$$

(2)當$n=2$(即雙螺紋時)

$$T_2=\frac{2\times160}{8}=40(\text{齒})\#$$

(2)當$n=3$(三線螺紋時)

$$T_2=\frac{3\times160}{8}=60(\text{齒})\#$$

8-12　級齒輪(stepped gears)

使用級齒輪目的及因素：

1. 欲使齒輪增加摩擦，增加效率，應使齒數愈多愈佳，但齒數增多，必使周節變小，且齒厚也因而變薄，減弱齒之強度。
2. 但不使齒變小，而需增加齒數，非使節圓變大不可；然而節圓變大，佔據位置，成本也增加。

3. 利用正齒輪爲滿足上列因素，使嚙合圓滑，減少干擾，增強齒之強度；而不增加節圓直徑，則使用級齒輪(stepped gears)，能夠滿足上列諸條件。如圖8-37所示。

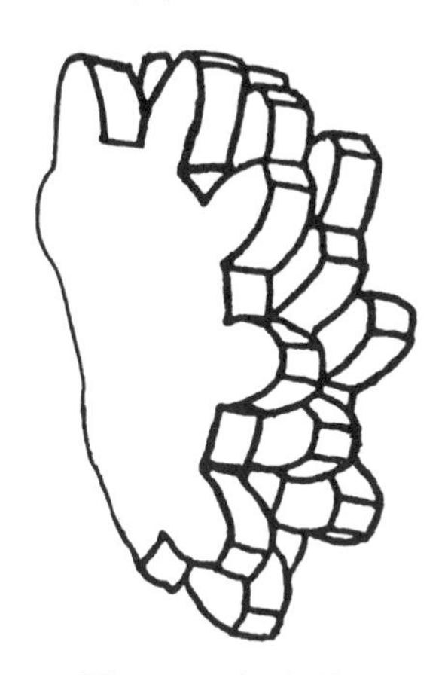

圖8-37　級齒輪

級齒輪是以若干相同周節、齒數，同齒形之正齒輪，裝併於同一軸上；每輪較前一輪，前進一段距離，它前進量爲$\frac{P_c}{n}$(n＝級數)，如三級齒輪它移動量爲周節之1/3。

級齒輪優點爲：①增加輪齒輪接觸面積。②其強度也因而增加數倍。③較小齒輪可傳送大動力。唯齒輪軸向厚度增加。

習題八

1. 試述齒輪基本定律，齒輪較磨擦優點。
2. 試述人字型齒輪及螺旋齒輪優劣點。
3. 齒輪種類。
4. 何謂冠狀齒輪，試簡圖畫出？
5. 正齒輪之齒頂、齒根、壓力角、齒厚、齒間，試簡圖畫出並說明。

6. 齒輪之基圓，嚙合齒輪之間隙，工作高，試以簡圖畫出。
7. 某齒輪齒數爲60，節圓直徑爲10吋，試求徑節及周節。
8. 已知某齒輪之模數$M=4$，齒數爲16，試求節徑(D)及周節。
9. 一對齒輪，A輪轉速爲600rpm，B輪轉速爲150rpm，中心距離爲25吋，試求以外接時及內接時；(a)以計算法求出A、B輪直徑。(b)以畫圖法求出外接時A、B兩輪節圓直徑。
10. 短齒有何優點？其使用場所爲何？
11. 試比較漸開線及擺線齒。
12. 變螺紋之蝸桿，其轉速爲200rpm，轉速比爲20，試述蝸輪齒數及其迴轉數。
13. 級齒輪優點？裝置方法？
14. 齒數$T=40$，$P_c=4$cm，齒寬$b=8$cm，$N=360$rpm，15°中碳鋼製擺線齒，求此齒輪能安全傳達動力多少？(如圖5-29所示)
15. 蝸桿與蝸輪之用途及優劣點。

第九章

輪系機構

9-1　單式輪系與複式輪系

凡兩個以上之摩擦輪、齒輪或帶輪之組合，能將一軸上之動力傳遞至另一軸者，此種組合謂之輪系。輪系中，輪與輪間之聯動，以齒輪者居多，以皮帶圈者亦有之；如圖9-1所示，第2輪固定於A軸上，第3輪固定於B軸上，並與第2輪相互契合，第4輪爲固定於B軸上之另一輪，與固定於C軸上之第5輪亦相互契合。今若A軸開始轉動，第2輪必與之同時迴轉，第3輪亦必發生迴轉，與第2輪之轉向恰相反，因第3、4輪固定於B軸上，故B軸與之同轉，第4輪亦以與第3輪相等之角速度帶動C軸上之第5輪，因之A軸之運動遂傳達於C軸，而成一輪系。若第2輪爲先迴轉之輪，則爲主動輪；第5輪爲最後轉動之輪，謂之從動輪；第3、4輪，則謂之中間輪(inter-mediate wheel)。在輪系中，如每軸祗有一輪者，謂之單式輪系，如圖9-2所示。

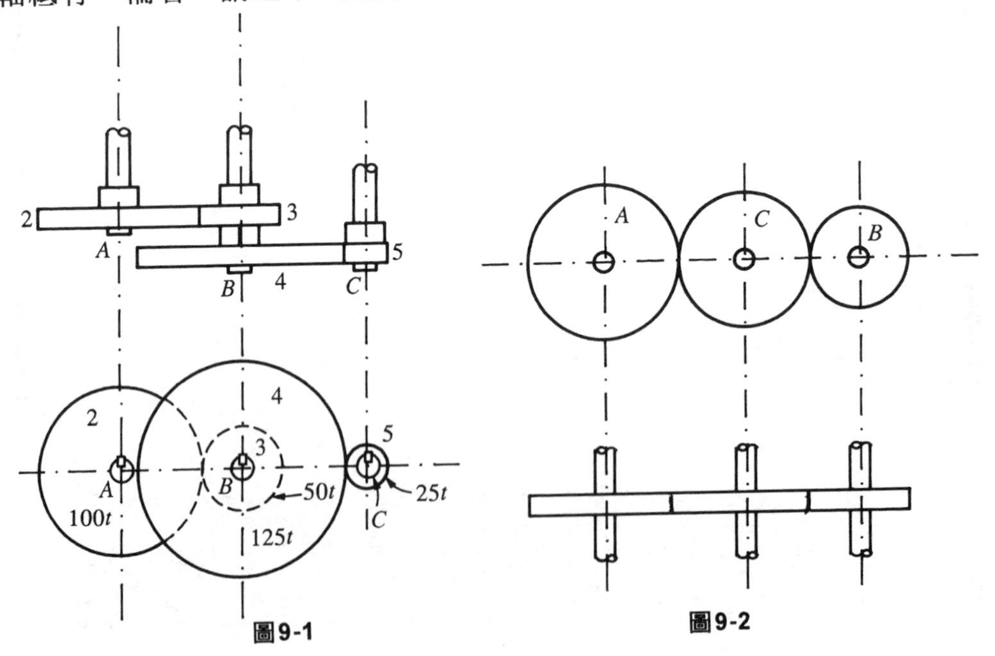

圖9-1　圖9-2

若除首末兩軸外，每軸有二輪，或有某一輪有二輪者，謂之複式輪系，如圖9-3所示。

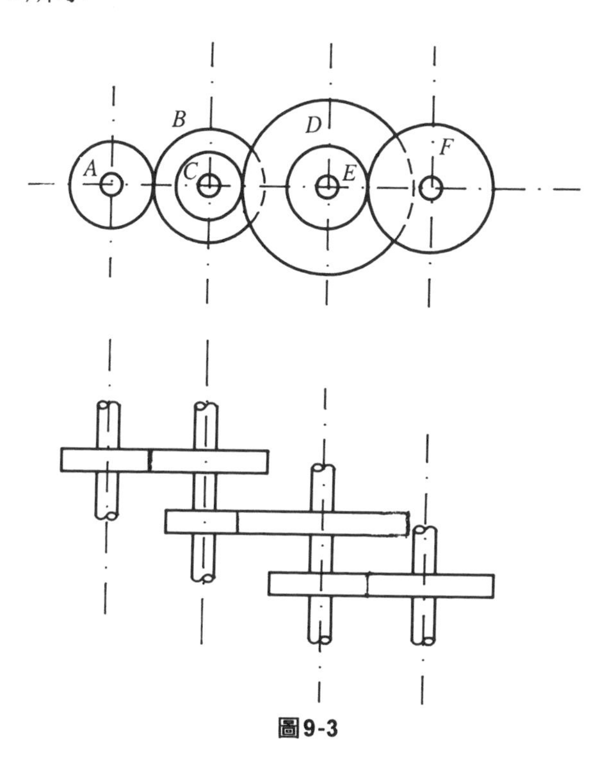

圖9-3

9-2　輪系值

在同一時間，一輪系中末輪之迴轉數對於首輪之迴轉數之比，謂之此輪系之值，或稱爲此輪系之速率比(speed　ratio)，多用e字母表之。如圖7-1中，若A軸每分鐘迴轉20圈，經輪系帶動之結果，使C軸每分鐘同時迴轉100圈，則輪系值爲

$$e=\frac{N_C}{N_A}=\frac{100}{20}=5$$

爲區別首末兩輪之迴轉方向是否相同，常在輪系值前冠以正或負號區別之，正值者，首末兩輪之迴轉方向相同；負值者，首末兩輪之迴轉方向相逆。

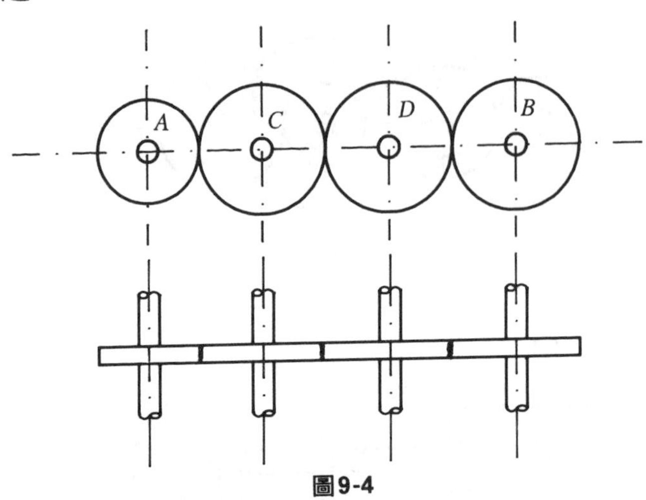

圖9-4

單式輪系之輪系值：如圖9-4所示，設A爲主動輪，N_A爲A輪每分鐘迴轉數，N_B爲從動輪B每分鐘迴轉數，N_C、N_D分別爲C輪及D輪之每分鐘迴轉數，T_A爲A輪之齒數，T_B爲B輪之齒數，T_C爲C輪之齒數，T_D爲D輪之齒數，依齒輪傳動之原理，得

$$\frac{N_C}{N_A}=\frac{T_A}{T_C}\cdots\cdots\cdots\cdots\cdots\cdots ①$$

$$\frac{N_D}{N_C}=\frac{T_C}{T_D}\cdots\cdots\cdots\cdots\cdots\cdots ②$$

$$\frac{N_B}{N_D}=\frac{T_D}{T_B}\cdots\cdots\cdots\cdots\cdots\cdots ③$$

由①式乘②③式得：

$$\frac{N_C}{N_A}\cdot\frac{N_D}{N_C}\cdot\frac{N_B}{N_D}=\frac{T_A}{T_C}\cdot\frac{T_C}{T_D}\cdot\frac{T_D}{T_B}$$

即　　$\frac{N_B}{N_A}=\frac{T_A}{T_B}$

又$\frac{N_B}{N_A}$為此輪系之輪系值，

$$\varepsilon=\frac{N_B}{N_A}=\frac{T_A}{T_B}\cdots\cdots\cdots\cdots\cdots④$$

觀察第④式可知，單式輪系中，所有惰輪與齒數，與輪系值無關，與A、B兩輪直接接觸者相同。惰輪雖與輪系無關，然對於首末兩輪之迴轉方向，則大有影響。凡惰輪之數目為奇數者，則首末兩輪之迴轉方向相同，即輪系值為正號；凡惰輪之數為偶數者，則首末兩輪之迴轉方向相逆，輪系值為負號。以上輪系中，輪與輪間以外接者為準。

若首末兩輪迴轉方向、迴轉軸間之距離及其速率比已定，採用惰輪時，則首末兩輪可選用較小之輪，故輪系中各個輪均易於製造，全部輪系所佔之面積不多，若不用惰輪，而採首末兩輪直接接觸時，首末兩輪比較大，製造不易，而全部輪系所佔之面積亦較多。

複式輪系之輪系值，其求法與單式輪系者大同小異，如圖7-3所示，設A、B、C、D、E、F六輪組成一複式輪系，A為主動輪，F為從動輪，B、C、D、E皆為惰輪，N_A、N_B、N_C、N_D、N_E、N_F分別為此六輪之齒數，依齒輪傳動之原理，得：

$$\frac{N_B}{N_A}=\frac{T_A}{T_B}\cdots\cdots\cdots\cdots\cdots\cdots⑤$$

$$\frac{N_D}{N_C}=\frac{T_C}{T_D}\cdots\cdots\cdots\cdots\cdots\cdots⑥$$

$$\frac{N_F}{N_E}=\frac{T_E}{T_F}\cdots\cdots\cdots\cdots\cdots\cdots⑦$$

由⑤⑥⑦三式連乘得：

$$\frac{N_B}{N_A}\times\frac{N_D}{N_C}\times\frac{N_F}{N_E}=\frac{T_A}{T_B}\times\frac{T_C}{T_D}\times\frac{T_E}{T_F}\cdots\cdots\cdots\cdots⑧$$

因B、C兩輪固定於同一軸上，故$N_B=N_C$

而D、E兩輪固定於同一軸上，故$N_D=N_E$

則⑧式可化簡成

$$\frac{N_F}{N_A}=\frac{T_A}{T_B}\times\frac{T_C}{T_D}\times\frac{T_E}{T_F}\cdots\cdots\cdots\cdots\cdots\cdots\cdots⑨$$

在此輪系，可視爲A、C、E三輪爲主動輪，B、D、F三輪爲從動輪；由⑨式觀之，可知複式輪系中，其輪系值，恆等於所有主動輪齒數連乘對於各從動輪齒數連乘之比。又因齒輪節圓直徑與其齒數成正比，故複式輪系中其之值，又等於所有主動輪節圓直徑連乘積對於所有從動輪節圓直徑乘積之比。

用複式輪系，不但有變換方向、縮小面積之利，且惰輪之齒數與首末兩輪迴轉數之比亦有關係，若備多數齒數不同之惰輪，則由適宜之配置，輪系值遂可任意改變。有關複式輪系首末兩輪迴轉之方向，可由惰輪軸之數定之。即凡惰輪軸之數爲一，或任何奇數者，則首末兩輪之迴轉方向相同；凡惰輪軸之數爲二，或任何偶數者，則首末兩輪迴轉之方向相逆。

【例1】若齒輪之齒數，如圖9-1所示，A軸之轉速，每分鐘順時針方向25圈，試求其輪系值及C軸之轉速若干？

解：由公式得輪系值

$$e=+\frac{100}{50}\cdot\frac{125}{25}=+10$$

C軸之轉速亦由公式得：

$$e=\frac{N_C}{N_A}\quad,\quad N_C=e\cdot N_A$$

今N_A爲每分鐘25轉，則

$N_C=(+10)\times25=+250$圈每分鐘(順時針方向)

【例2】一輪系之組合如圖9-5所示，試求其輪系值，及B筒與A筒切線速度之比值。

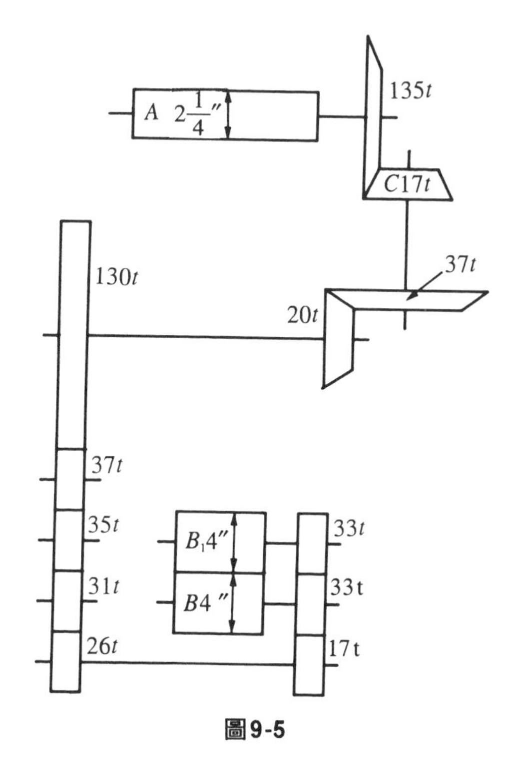

圖9-5

解：由複式輪系公式得

$$\frac{N_B}{N_A}=\frac{135}{17}\times\frac{37}{20}\times\frac{130}{26}\times\frac{17}{33}=37.84$$

又B筒與A筒間之切線速度關係為

$$\frac{B\text{筒切線速度}}{A\text{筒切線速度}}=\frac{N_B\times B\text{筒直徑}}{N_A\times A\text{筒直徑}}$$

故　$\frac{V_B}{V_A}=37.84\times\frac{4}{2.25}=67.27$

【例3】一起重機輪系如圖9-6組合而成，若W為待起重物之重量，F為所施之力，D筒之直徑為15吋，R等於15吋，試求$\frac{F}{W}$之比值若干？

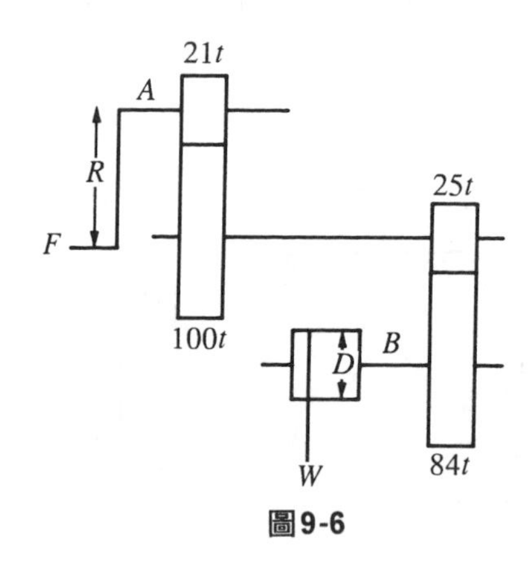

圖9-6

解：由公式得

$$e=\frac{N_B}{N_A}=\frac{21}{100}\cdot\frac{25}{84}=\frac{1}{16}$$

$$\frac{V_W}{V_F}=e\times\frac{d_D}{2R}=\frac{1}{16}\times\frac{15}{30}=\frac{1}{32}$$

$2\pi RN_AF=\pi DN_DW$，

$V_F=2\pi RN_A$，$W_W=\pi DN_D$

又　$\frac{F}{W}=\frac{V_W}{V_F}=\frac{1}{32}$

若此輪系中之摩擦力不計時，在F處施力50磅，即可吊升1600磅之重物。

9-3　齒輪系之簡易設計

在齒輪之設計上，欲得一適合於所需輪系之值，即前節引述e之值T_A/T_B，T_C/T_D等，若予此分數之分子與分母，同乘一等數，其比值不變。故為使各齒輪具備適宜之齒數計，可用一等數去乘或除各組齒數比之分母及分子，以調整各齒輪數。至於須用何數去乘或除，並無一定公式或定律可遵循而採用反複試驗法(cut and try)。普通機械其所用每一對齒輪之齒數比，不宜大於6，或小於1/6。

蝸桿與蝸輪之銜接，構造簡單，僅用一組蝸桿蝸輪，即可達到速率比為80或120，惟以其效率不高，故仍採用齒輪以代替蝸桿蝸輪，以提高效率。

【例4】試選擇一組齒輪，使其輪系值為(＋16)，而此一組齒輪中，齒輪最少齒數不得少於12齒，最多者亦不得多於60齒。

解：若祇用一對齒輪，主動輪採用60齒者，從動採用最少齒數輪為12齒，則輪系值之極大值為$\frac{60}{12}=5$，此值與題意所求之(＋16)相差甚多；若用兩對輪系之值為5者，則$\frac{60}{12}\cdot\frac{60}{12}=25$，此值大於(＋16)，故兩組齒輪之組合，可滿足題意；今若採用兩組相同之輪系，每組輪系之輪系值為16開平方($\sqrt{16}=4$)，即

$$\frac{4}{1}\times\frac{4}{1}\cdots\cdots\cdots\cdots①$$

在①式中採用從動輪齒為12齒、13齒、14齒、15齒者均可，惟採用16齒時，主動輪齒即為$4\times16=64$齒，超出題意範圍，不適合。

今採以從動輪為15齒者，①式可化為

$$\frac{4\times15}{15}\times\frac{4\times15}{15}=\frac{16}{1}$$

則主動輪為兩個60齒，從動輪亦為兩個15齒，如圖9-7中所示。

為欲使輪系值為正值，則必須於主動輪與從動輪間加裝一惰輪，首末兩輪之轉動方向一致。

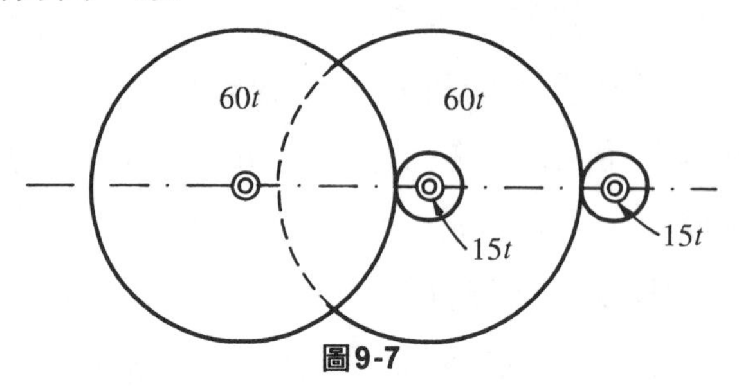

圖9-7

【例5】 試選擇什桜　A組成輪系，而使末輪之迴轉數23倍於首輪。此輪系中，並限制不得使用小於12齒之齒輪，及大於70齒之齒輪。

解： 本題之解法與例4大同小異，惟e之值，開方後不為一整數；若採用一對齒輪時，輪系值之極大值為70/12＝5.8，此值比所要求(＋23)小甚多；若用一對等值之輪系，尚無法湊成開方23之值為整數；而分數$\frac{23}{1}$又可寫為

$$\frac{23}{1}=\frac{4}{1}\times\frac{23}{4}=\frac{4\times12}{12}\times\frac{23\times3}{4\times3}=\frac{48}{12}\times\frac{69}{12}$$

其輪系裝置情形如圖9-8所示。

即主動輪為48齒者，從動輪為12齒者，其中69及12齒為中間惰輪，使首末兩輪，在傳動時之迴轉方向一致。若本例題中之最大齒輪，其輪齒不得超過60齒時，則輪系之組合方法如下：

$$\frac{23}{1}=\frac{4}{1}\times\frac{2}{1}\times\frac{23}{8}$$

$$=\frac{48}{12}\times\frac{24}{12}\times\frac{46}{16}$$

$$=\frac{48}{12}\times\frac{46}{16}\times\frac{24}{12}$$

其輪系裝置情形如圖9-9所示。

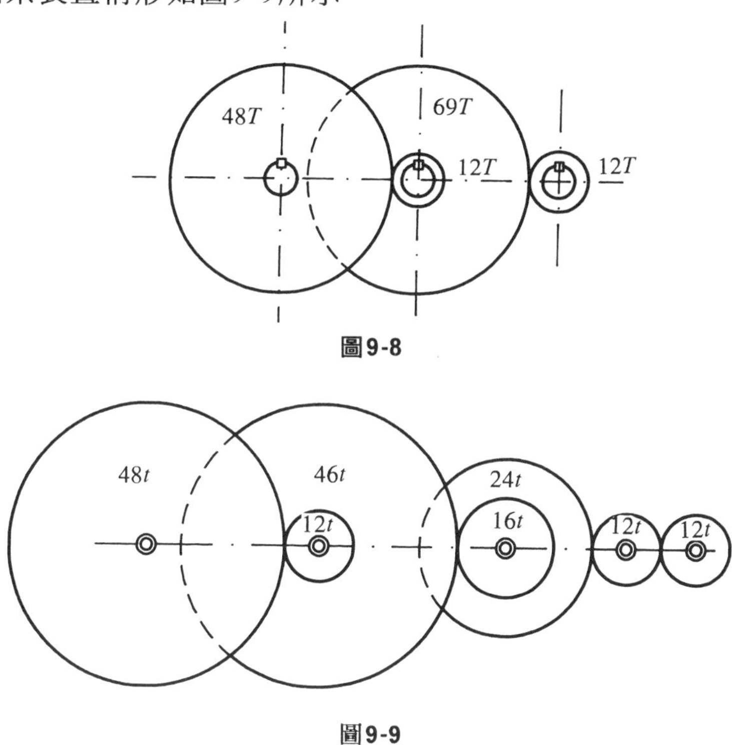

圖9-8

圖9-9

主動輪爲48齒者，從動輪爲最右端之12齒者，其中除46、12齒及24、16齒之二中間複式惰輪外，另外加一12齒之齒輪一個，以調整首末兩輪之迴轉方向一致，而使輪系值爲(＋23)。

9-4　輪系之應用

機械上利用輪系之部分甚多，茲舉例如下：

1. 汽車變速器之輪系(automobile transmission)，如圖9-10

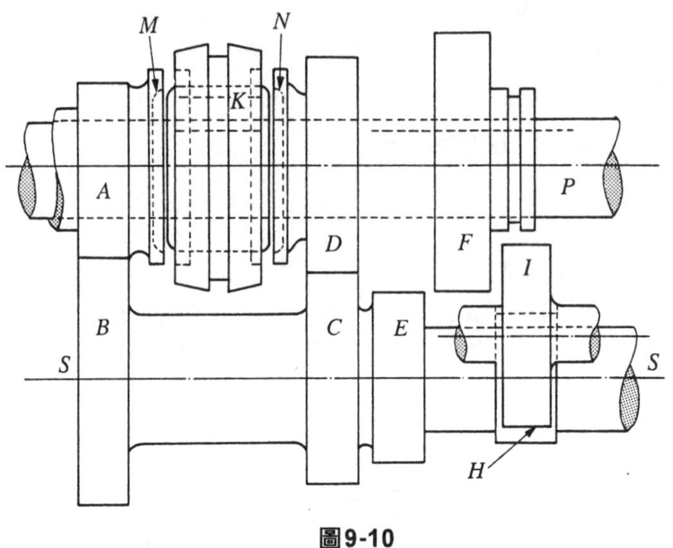

圖9-10

本圖雖未繪出詳圖，及各部分尺寸亦未按比例尺，惟足以說明輪系之應用：

*A*爲主帶動齒輪(main driving gear)，由主離合器連接引擎而轉動，並如推進軸(propeller shaft)同在一軸線上自由旋轉；齒輪*D*繞*F*軸迴轉；齒輪*F*可沿*P*左右移動，並由滑鍵與*F*軸相探合，故可一起迴轉；*K*爲一接合輪，亦可沿*P*軸左右移動，當其迴轉時，亦可使*P*軸迴轉；*B*、*C*、*E*及*H*爲與*P*軸平行之他軸*SS*上之四個齒輪，係與*SS*軸連爲一體，其齒數依爲T_B、T_C、T_E及T_H；*I*爲與齒輪*H*相契合之一惰輪，係在*SS*輪前上方之另一短軸上迴轉，與齒輪*A*與*B*及*C*與*D*，分別經常契合；*M*爲一齒狀輪，係齒輪*A*軸轂之一部分；*N*與*M*相似，係齒輪*D*輪轂之一部分。圖9-10係中立位置(neutral position)，當汽車發動機運轉及主離合器在接合位置時，*A*輪即隨之迴轉，並使齒輪*B*、*C*、*D*、*E*、*H*及*I*等均行迴轉，齒數*F*，接合輪*K*及*P*軸仍爲靜止。若變速器操縱機構使齒

輪F沿P軸向左移動，則齒輪F與E相互契合，齒輪A之運動傳至B，並由E傳至F，P軸即行迴轉，由此乃得前進之最低速度，其速率比如下：

$$\frac{P\text{軸之迴轉數}}{A\text{齒輪之迴轉數}}=\frac{T_A}{T_B}\times\frac{T_E}{T_F}$$

若使齒輪F回至中立位置，並使接合輪K向右移動，則其錐形部先與齒狀輪N之錐形面接觸，賴摩擦力而與齒輪D漸趨以同速迴轉；若使接合輪K繼續向右移動，其內齒狀輪與齒狀輪N相契合，則齒輪A之運動遂經齒輪B、C、D及接合輪K傳至P軸，由此即得到前進中等速度，其速率比如下：

$$\frac{F\text{軸之迴轉數}}{A\text{齒輪之迴轉數}}=\frac{T_A}{T_B}\times\frac{T_C}{T_D}$$

若使K輪向左移動，直接與齒輪A相接，而以同速迴轉，則齒輪A之運動經接合輪K而傳至P軸，P軸乃具有與輪齒輪A相同之轉速，由此得到前進之最高速度。

當接合輪K在中立位置，使齒輪F向右移動，與惰輪I契合，則齒輪A之運動即經齒輪B、H、I而傳達至齒輪F，遂使P軸反方向迴轉，乃得較慢之後退速度。

2. 時鐘上之輪系：如圖9-11所示

此圖表一時鐘之輪系，圖中各輪附近所標列之數字，表各該輪之齒數，如8t者，即刻齒輪爲8齒，固定器(anchor or verge)O隨同鐘擺P擺動。若此鐘擺每秒擺動一次，則每當擺動兩次或每經過兩秒鐘，固定器下之擒縱輪即迴轉一齒，故A軸每分鐘必迴轉一整週，用以帶動時鐘之指針S，此時A與C兩輪間之輪系值爲

$$\frac{C\text{軸之迴轉數}}{A\text{軸之迴轉數}}=\frac{8}{60}\times\frac{8}{64}=\frac{1}{60}$$

即每當A軸迴轉60週時，C軸即迴轉一週，故C軸用以帶動分針M；時針H之迴轉與分針M之迴轉軸同心，惟係用空筒軸頭裝置於遊輪F上，F輪對於C軸係由一輪系及一中軸E連接之，此輪系值為

$$\frac{H\text{針之迴轉數}}{M\text{針之迴轉數}}=\frac{28}{42}\times\frac{8}{64}=\frac{1}{12}$$

故遊輪F上可帶動時針H。

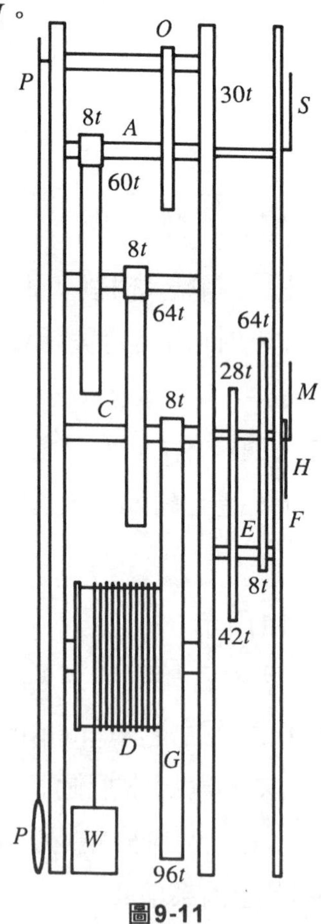

圖9-11

*D*筒上以線繞重物*W*，該筒每迴轉一周，時鐘之指針則走動12格，因此每日迴轉兩周，若此時鐘設計時可使用8日，則繫重物*W*線之長度，須足夠繞16圈始可。在一般鐘錶上，*W*物常以彈簧片盤繞，以其恢復力之作用來代替重力，俗稱發條。

3.　**回歸齒輪系(reverted gear train)：如圖9-12所示**

即將一輪系之主動輪與最末之從動輪裝置於同心之兩軸上，則全輪系所佔之面積可縮小，唯並不聯在一齊迴轉；普通車床上之後列齒輪(back gear)，即採此裝置。圖中*P*為一塔輪、2、3、4、5為四個齒輪，第2輪固定於塔輪上，與平行軸*B*上之第3輪相互嚙合，*B*軸上之第4輪後與*A*軸上之第五輪亦相互嚙合，主軸與塔軸系同心軸，並非同為一軸，*B*軸對於*A*軸位置可任移動接合，又第五輪與塔輪可用銷子固定或分離傳動。

$$\frac{\text{主軸之迴轉數}}{\text{塔輪之迴轉數}}=\frac{\text{輪2之齒數}}{\text{輪3之齒數}}=\frac{\text{輪4之齒數}}{\text{輪5之齒數}}$$

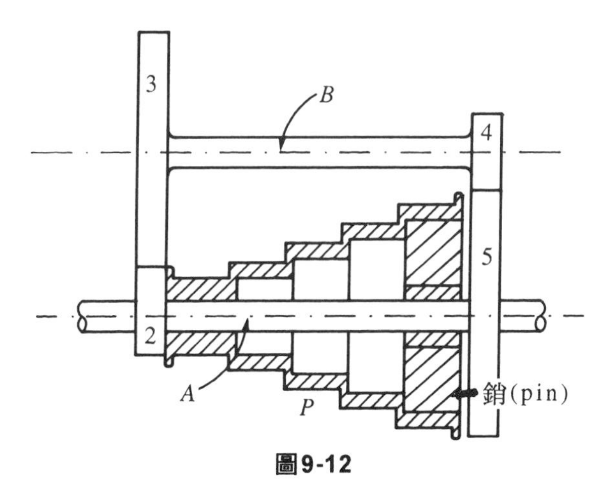

圖9-12

當迴轉齒輪不用時，*B*軸向外推開，使5輪以銷與塔輪接合，由五個塔輪，可得五種不同速度，若使用回歸齒輪，抽出銷子，即可得五種不同慢速，普通切螺絲、精車時，使用回歸齒輪。

9-5 周轉輪系

一輪系中，有一輪或數輪，係繞固定之軸迴轉，其餘各輪，復繞本身亦有迴轉運動之軸而迴轉，則此輪系，謂之周轉輪系。換言之，一普通輪系中，作爲固定之機件，在周轉輪系中可繞另外機件同時旋轉，或兩個以上之齒輪軸在同一輪系內作相對運動。如圖9-13所示，*A*、*B*爲彼此銜接之兩齒輪，*C*爲支持此兩齒輪之桿，兩輪之迴旋軸各定於此桿之兩端，若設*C*桿爲固定桿，*A*、*B*兩輪各繞其軸心迴轉時，則此爲一普通輪系；若齒輪*A*爲固定輪；*C*桿與*B*輪均可繞*A*輪迴轉時，即爲周輪齒輪系。在較爲複雜之周轉齒輪系中，*A*輪亦非固定者，並可自行迴轉，此時輪系*A*、*B*、*C*機件間均有相對運動。當齒輪數甚少，而欲得到極大減速比時，周轉輪系特別有效，若固定齒輪爲一內接齒輪，即得吊車上常用之緻密機構。

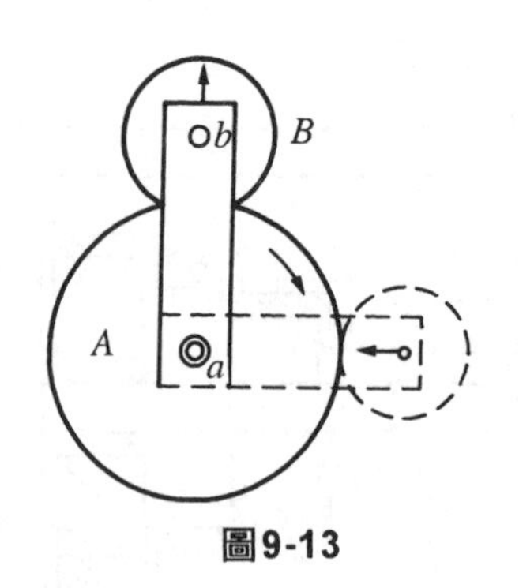

圖9-13

周轉輪系之解法較爲複雜，如圖9-13所示，*C*桿與*A*輪爲共軸心。若*A*輪繞自軸迴轉，*C*桿亦繞*A*輪迴轉，則*B*輪對於桿*C*之轉數，必被*A*

輪及C桿所影響，而A輪C桿雙方影響之和或差，適等於B輪之轉速，故周轉輪系中末輪之迴轉數，常受輪系中各機件運動情形之影響。在求其轉數時，為使問題清楚起見，常以各機件分別正或負值，定出其迴轉之方向；通常以機件之順時針轉向為正，逆時針轉向為負。同上圖中，若A為一固定齒輪，C為一轉動桿，B輪之軸心定於桿之他端，而其齒數適為A輪齒數之半；若C桿順時針方向轉動一週，則B輪在自軸上迴轉兩週，另因C桿自身迴轉之一週，即其總迴轉次數為正向三週。

今設N_a為A輪之轉數，N_b為B輪之轉數，N_c為桿C之轉數，則

$$N_b = N_c(1-e) + N_a$$

$$e = \frac{N_b - N_c}{N_a - N_c} \cdots\cdots\cdots\cdots\cdots\cdots ⑩$$

即

$$\text{輪系值} = \frac{\text{末輪之轉數} - \text{轉動桿之轉數}}{\text{首輪之轉數} - \text{轉動桿之轉數}}$$

式中N_a、N_b、N_c之正或負，按前述方法定之，代入⑩式即可，此為周轉輪系以公式解之一。

周轉輪系另一種解法為列表排列法：

將輪系中之轉動桿及首輪予以末輪之影響，先予以分別計算，然後將此二種影響合併，即得最後之結果。

【例6】如圖9-13所示，設A輪為80齒，B輪為A輪之半即40齒，桿C順時針轉三圈，$N_c = +3$，A輪逆時針轉二圈，$N_a = -2$，試求B輪之轉數，$N_b = ?$

解：(1)先設此輪系中各輪與轉動桿之間無相對運動，即與轉動桿C共同迴轉，此時機件A、B及C各轉三次均為$(+3)$。

(2)設轉動桿C為固定者$(N_c = 0)$，在已知條件中，求其餘各機件之迴轉情形。此時

$N_a=(-2)-(+3)=(-5)$。

因設$N_c=0$依照齒輪傳動定律，則B輪之轉數

$$N_b=5\times\frac{80}{40}=10$$

又因B輪之迴轉方向與A輪相反，故

$$N_b=(+10)$$

⑶由①與②之間所求得之結果，以代數和計之，即得輪系中各機件最後之轉數如下表：

輪別及轉數	A輪轉數N_a	B輪轉數N_b	轉動桿轉數N_c
各輪與C桿固定時	+3	+3	+3
輪動桿固定時	−5	+10	0
最後各機件轉數	−2	+13	+3

此即當A輪逆時針方向轉2圈時，B輪即順時針方向轉13圈，轉動桿C亦順時針轉動3圈。

若此例中A、B兩輪之轉數為已知，轉動桿C之轉數為未知時，則令其為x，同理得表如下：

輪 別 及 轉 數	N_a	N_b	N_c
各輪與C桿固定時	X	X	X
輪 動 桿 固 定 時	$-(X+2)$	$(X+2)(-1)\frac{80}{40}$	0
最後各機件轉數	−2	$X-(X+2)(-1)\frac{80}{40}$	X

由已知條件即知$N_b=+13$，即

$$X-(X+2)(-1)\frac{80}{40}=+13$$

故　　$X=3$

與前表內之值相符。

若N_a、N_b、N_c、T_a或T_b爲已知，A、B兩輪其中任一輪之齒數待求時，即設該待求之齒數爲x，依同理列表即可求得。

同前例，如用公式⑩代入解之，亦可得同樣結果，如求B輪轉數時，令

$$N_b=X$$

$$e=(-1)\frac{80}{40}=\frac{X-(+3)}{-2-(+3)}$$

$$X=+13=N_b$$

如求轉動桿C之轉數時，已知$N_b=+13$

$$e=(-1)\frac{80}{40}=\frac{+13-(X)}{-2-(X)}$$

$$X=+3$$

定e之值時，A與B輪對於C桿之迴轉方向相同時，e爲正值，A與B輪對於C桿之迴轉方向相反時，e爲負值。

具有惰輪之周轉輪系計算法，以列表排列法較爲清楚，其理亦同。惟首輪與惰輪之迴轉方向相反，需引用一負號。

【例7】 如圖9-14所示，設A輪之軸心爲共轉中心，C爲轉動桿，D爲惰輪，B爲末輪，A、D、B各輪之齒數分別爲80、20、40齒，今$N_a=(-2)$，$N_c=(+3)$，求$N_b=$？$N_d=$？

解： 即　$N_b=(-7)$

$N_d=+(+23)$

[其單位可根據已知條件中之每分鐘迴轉圈數或每秒弦度定之]。

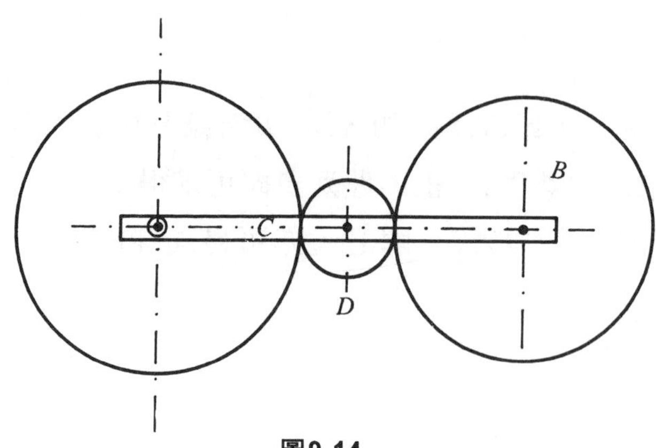

圖9-14

輪別及轉數	N_a	N_d	N_b	N_c
各輪與C桿固定時	+3	+3	+3	+3
輪動桿固定時	−5	$(-5)(-1)\dfrac{80}{20}$	$(-5)(-1)\dfrac{80}{20}(-1)\dfrac{20}{40}$	0
最後各機件轉數	−2	+23	−7	+3

【例8】 如圖9-15所示，爲三級滑車(triplex pulley block)縱部面之側視圖，此圓滑車中之部分外殼業已拆除，使第2輪以鍵固定於S軸上，轉動第2輪即可起卸重物，鍵於S軸者尚有第3輪，並使3、4兩輪相互契合，而兩個第4輪係繞螺樁M迴轉，A臂與懸掛重物之鏈輪5鏈爲一體，齒輪6與4聯爲一體，而與內齒輪7相契合；當齒輪 3爲首輪及接受鏈輪2所傳來之外力時，內齒輪7爲輪系中之末輪，此末輪係屬固定者，則輪系值

$$e=\frac{\text{齒輪3之齒輪}}{\text{齒輪6之齒輪}}\times\frac{\text{齒輪4之齒輪}}{\text{齒輪7之齒輪}}$$

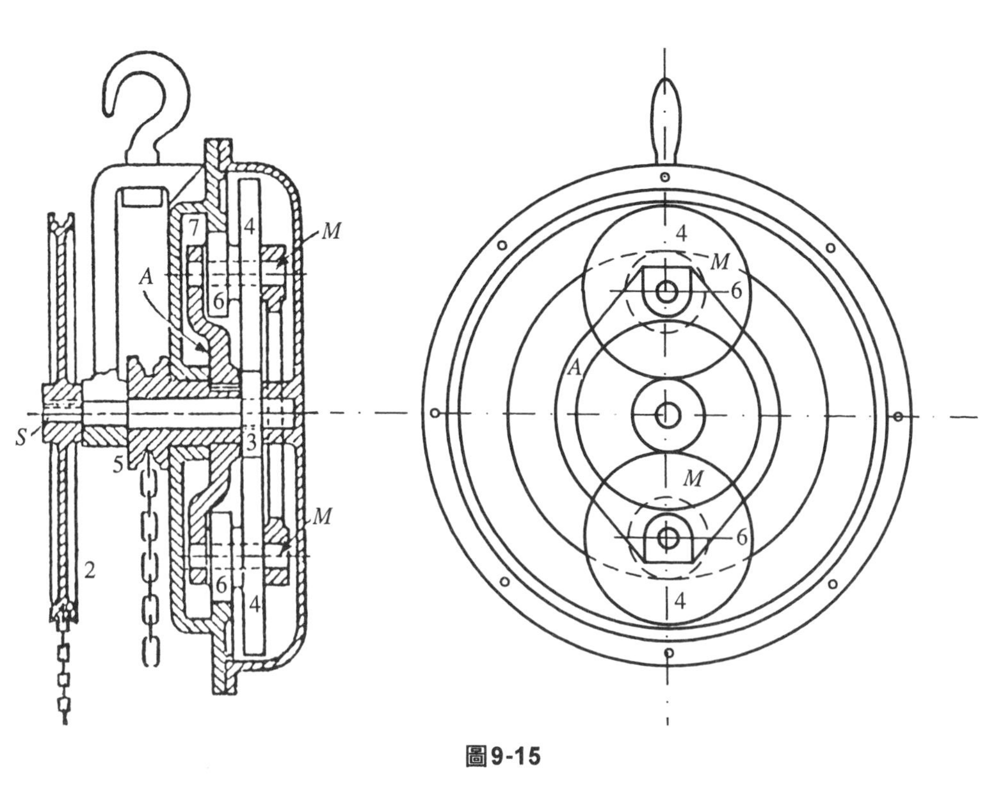

圖9-15

設鏈輪2迴轉一周，轉動桿A，鏈輪5之迴轉數即可求得，故已知鏈輪5與輪5之角速度及直徑時，即可求得輪2上鏈及輪5之鏈相互間之速度及起重一物所需之作用力。

9-6　斜齒輪周轉輪系

圖9-16所示，係普通斜齒輪周轉輪系之型式，輪4及輪5爲此輪系內大小相等之兩斜齒輪；輪6、6亦爲大小相等之兩惰輪；A爲十字形接頭軸，可使輪3、4，輪5、7，惰輪6、6皆可在A軸上自由迴轉；若固定輪2而使輪3迴轉，則輪4、5各按相反之方向及相等之迴轉數迴轉；若使輪3迴轉，同時輪2亦迴轉，則輪5之迴轉數受到輪3、2雙方之影

響；此時A軸相當於純粹由正齒所成之周轉輪系中之轉動桿(常以C代表之)。輪系內各輪迴轉方向。亦以正負區別之，輪之運動方向如圖中箭頭所指者，常以箭頭向上者爲正，如輪2所運動之方向，箭頭向下者爲負，如輪3所運動之方向，惰輪6在動作上，有一個即可使用。爲使輪系在運動時保持均衡起見，常採用對稱之兩輪，以傳遞運動；當斜齒輪周轉輪系安裝時，斜齒輪4、5兩輪之齒數必須相等，其輪系之值即爲－1。

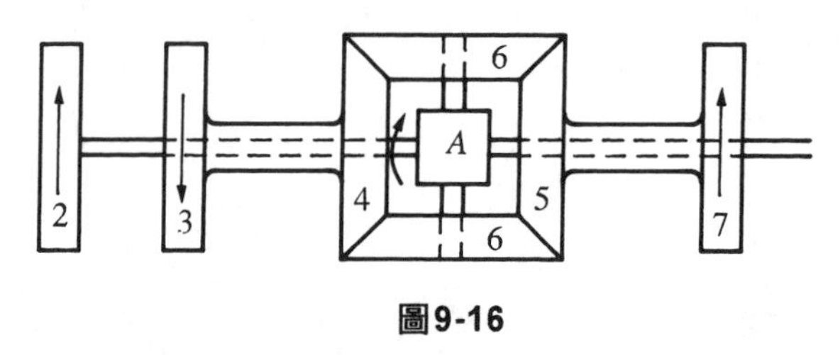

圖9-16

【例9】如圖9-16之輪系，設輪2迴轉(＋)次，輪3迴轉(－3)次，試求輪7之迴轉次數？

解：其解法如周轉輪系之解法，先設各輪與十字接頭軸A間固定時，求得各輪之轉速，再設十字接頭A固定時，亦求得各輪之轉數，復以代數和相加前二者之轉數，即得最後各輪之轉數如下表：

輪 別 及 轉 數	2與A	3與4	5與7
各輪A間固定時	＋2	＋2	＋2
A 固 定 時	0	－5	(－5)(－1)
最後各機件轉數	－2	－3	＋7

即輪7之轉數爲(＋7)，若用公式代入，亦可求得相同之解：

令 $e=-1$

$N_a=-3$

$N_c=+2$

N_b為X

$$e=-1=\frac{X-(+2)}{-3-(-2)}$$

$$\therefore X=(+7)$$

【例10】斜齒輪周轉輪系如圖9-17所示，輪2、3為兩相等之斜齒輪，並不固定於軸S，而可繞軸S迴轉，P為鍵於S軸上之T形軸套，其上有柱狀釘A，A之上端套有可自由迴轉之惰輪4，輪4與此兩斜齒輪相互契合，輪5之齒數為25，帶動輪齒為40齒之輪6，輪6與輪2為一整體者，輪3與輪8亦為一整體之兩輪及軸，輪8為17齒帶動一齒數為51之從動輪7，輪9為45齒，與輪5同在一軸上，輪9並帶動一固定於S軸上之輪0，其齒數為20；若輪5每分鐘迴轉40圈時，試求輪7之轉速？

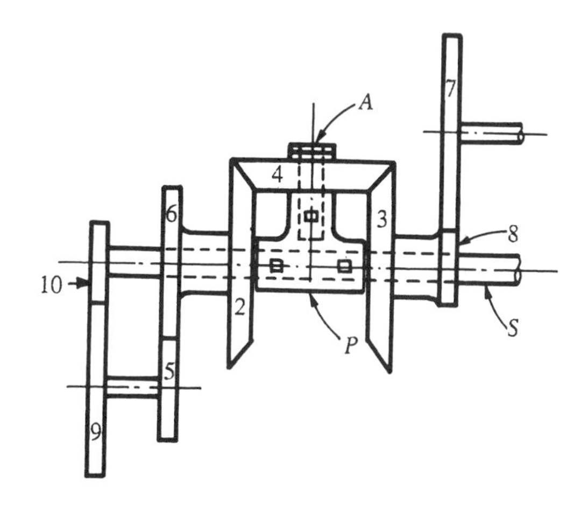

圖9-17

解：由已知條件得知

$$e=-1$$

$$N_2=\frac{25}{40}\times 40=-25$$

$$N_a = -\frac{45}{40} \times 40 = -90$$

以e，N_2，N_a之值代入公式⑩得

$N_3 = -155$每分鐘圈

轉7之轉速$= -155 \times (-\frac{17}{51}) = 51\frac{2}{3}$每分鐘轉速。

輪7與輪5同方向迴轉。

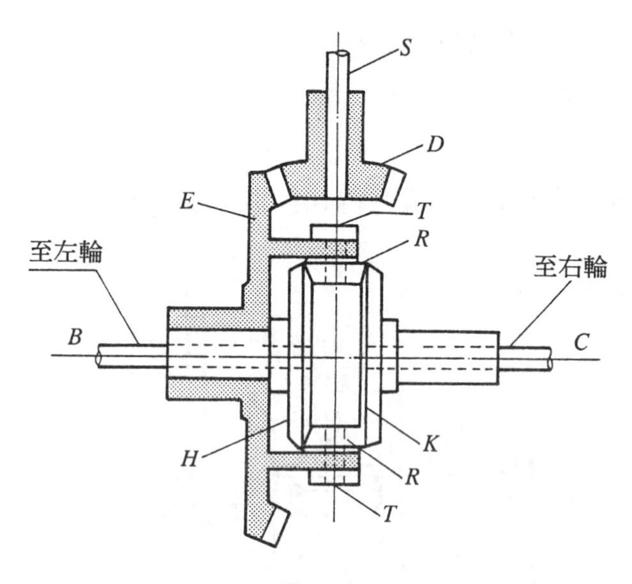

圖9-18

【例11】差速齒輪，當汽車行駛於彎曲道路時，外輪在同時間內所運行之弧，必長過內輪，因之汽車後輪上，恆有差速齒輪裝置，如圖9-18所示，圖中B爲左輪軸，C爲右輪軸，S爲引擎迴旋軸，S軸上固定一斜齒輪D，輪E亦爲一斜齒輪，可自由在B軸上迴轉，D、E兩輪相互契合，E輪上有突出之架，架上設軸TT，及裝兩惰輪RR，此惰輪又與斜問題H及K契合，H輪固定於左輪軸上，K輪亦固定於右輪軸上，當汽車行進時，D帶E，E傳達R，R分配動力於左右兩斜齒輪H及K，其他

各輪均與E聯成一體，而無相對運動。如汽車向右轉彎時，左輪即走外圈，同一時間內左輪運行之弧必長過右轉，其速度亦比右輪較大，此時E、H與K三輪之迴轉數不同，而成爲一周轉輪系。

習題九

1. 試述單式輪系與複式輪系有何不同？
2. 設有正齒輪A與B，A輪爲30齒，B輪爲20齒，此二輪相互外接契合，今A輪若爲固定，轉動桿C繞輪轉動＋5次，求B輪迴轉幾次？參照(圖9-1)。
3. 一拉床(broaching machine)如圖示，設由皮帶帶動S軸以上A輪，其直徑爲24吋，轉速每分鐘75圈，B、D兩輪各爲12齒，O、E兩輪各爲60齒，E輪與一爲12輪之F輪裝置於同一軸上，F輪之周節爲1.047吋，並與一齒G相契合，試求G運動之速度每分鐘若干吋？

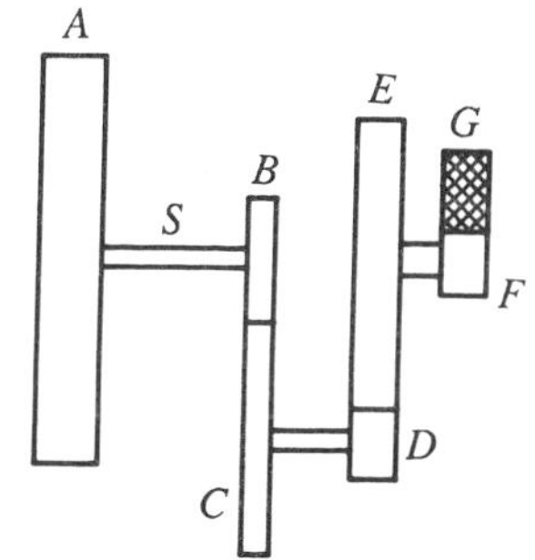

4. 試選擇一組齒輪，使其輪系之值爲＋10，而此一組齒輪中，最少輪齒之數不得少於12，最多者不得超過80。
5. 一製磚機，如圖所示，馬達M帶動直徑爲6吋之帶輪E，E輪上之皮帶帶動輪系及各齒輪，齒數如圖註，F輪之直徑12吋，其上爲輸送帶，若E每分鐘迴轉1200圈，試求輸送帶之速度爲若干？

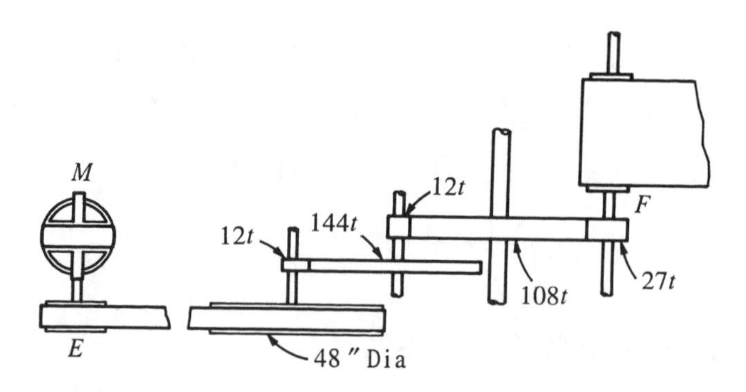

6.　77齒之內齒輪2，如下圖所示，帶動12齒之小齒輪3，此輪系中其餘齒輪齒數及裝置情形如圖，若內齒輪2每分鐘迴轉15圈，試求R與S兩輪間相互滑行之速度每秒鐘 爲若干呎？

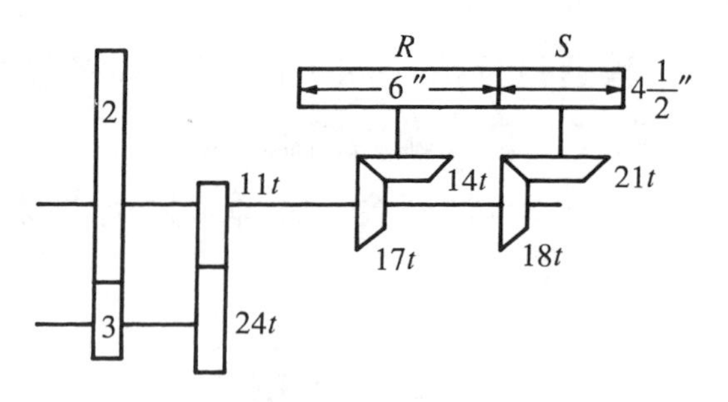

7.　一輪系，如下圖所示，齒輪2爲20齒，齒輪3爲80齒，當軸30S_1每分鐘迴轉5圈時，軸S_2必須與S_1軸同向迴轉，且轉速每分鐘爲$2\dfrac{2}{3}$，試求輪4之齒數爲若干？及在輪4與輪5間需裝幾個惰輪？

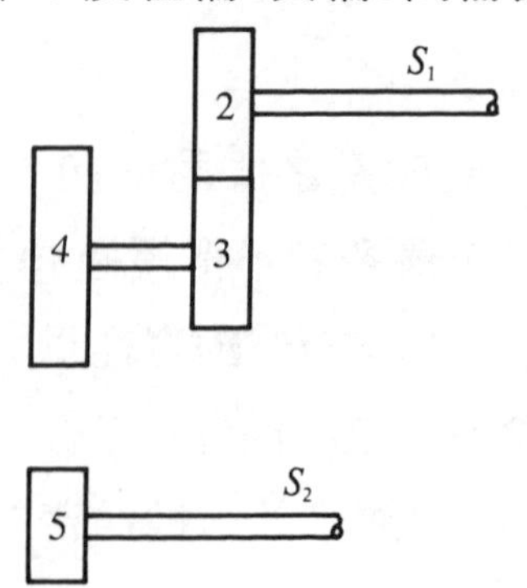

8. 試定此輪系中四個齒輪之齒數，設B之迴轉數與A之迴轉數之比值爲19，所選齒輪之齒數最多不得超過75齒，最少不得少於10齒。

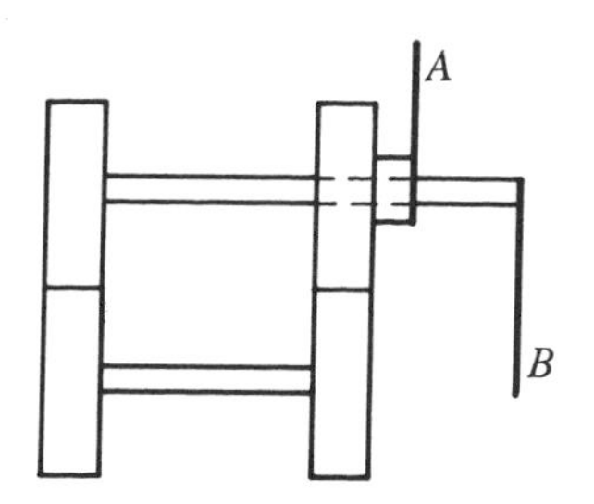

9. 周轉輪系B、C、D三輪之齒數如圖A(1)若B輪迴轉＋4次，轉動桿A迴轉－3次，求C、D兩輪之轉數。

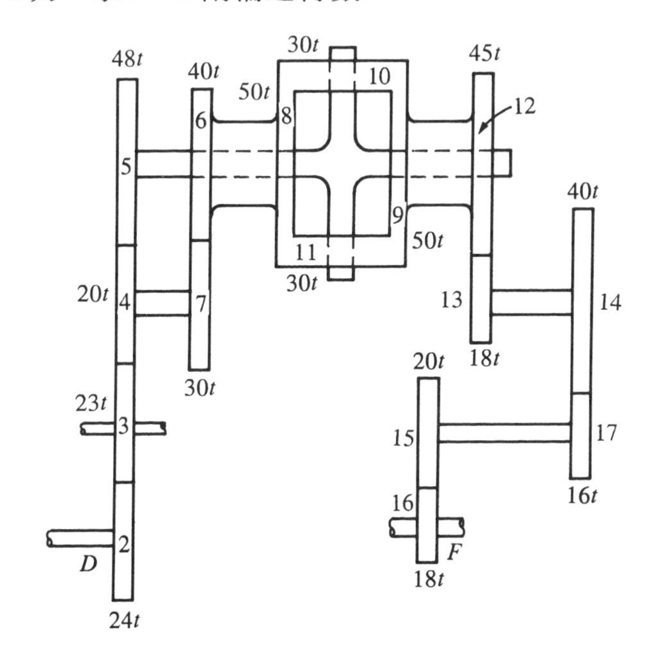

10. 斜齒輪周轉輪系，其裝置及各輪齒數如圖示，若D軸迴轉36次，求F軸迴轉之次數及方向？

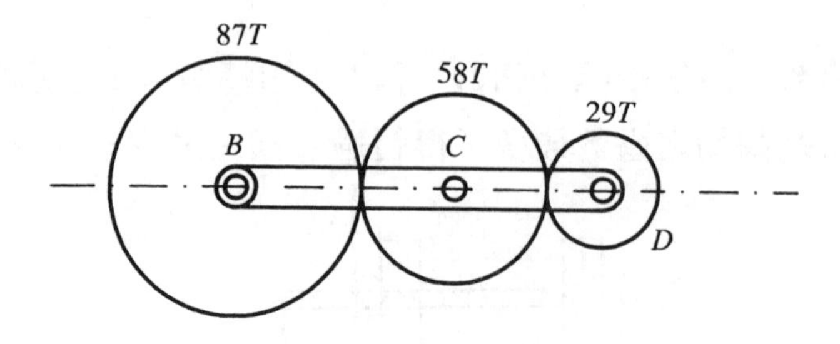
87T
58T
29T
B
C
D

第十章

摩擦輪機構

10-1　直接接觸及其原理

如圖10-1所示，A為主動件，B為從動件，兩件接觸點P(point contact)。

R_1＝主動件軸中心至接觸點P的半徑。

R_2＝從動件軸中心至接觸點P的半徑。

V_1＝與R_1成垂直，A件接觸點的線速度。

V_2＝與R_2成垂直，A件接觸點的線速度。

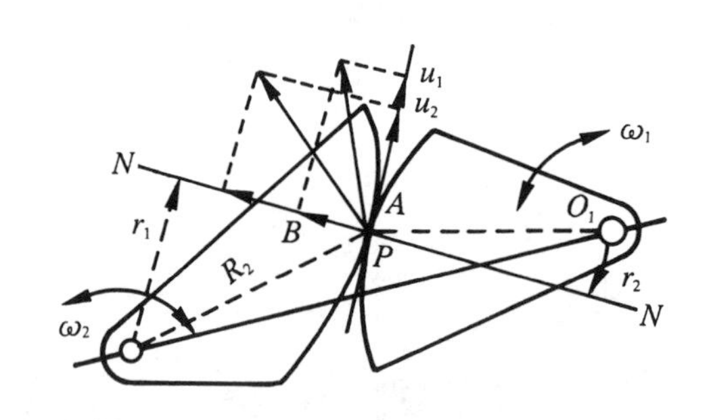

圖10-1　直接接觸

P點為A，B兩件共同接觸點，依切線及法線方向將V_1及V_2分解成：

U_1，U_2＝切線方向分速度。

C_1，C_2＝法線方向分速度。

因為P點為A，B兩件共同接觸點，A，B間發生摩擦連續運動則：

$$U_1 = U_2 \quad , \quad C_1 = C_2 \quad \therefore V_1 = V_2$$

若$C_1 > C_2$則兩件發生互相壓迫，兩片表面不是破壞，即不能運動。

$C_1 < C_2$則發生脫離現象，不能傳達迴轉；適合傳動接觸，其接觸點常在O_1及O_2中心連線上，如圖10-2所示。

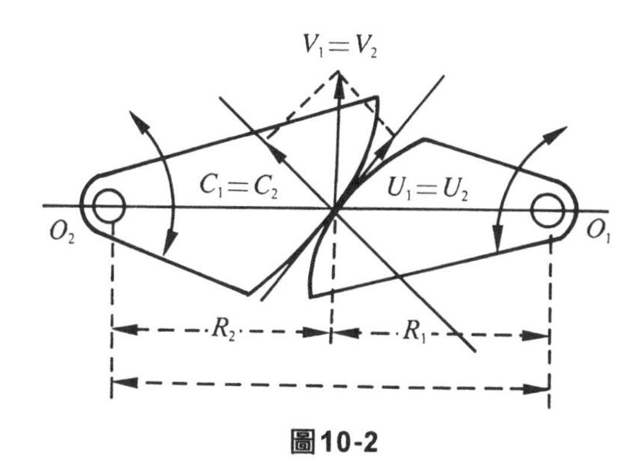

圖10-2

設$\omega_1 = A$件角速度，$\omega_2 = B$件角速度，則

$$\omega_1 = \frac{C_1}{r_1} = \frac{V_1}{R_1},$$

$$\omega_2 = \frac{C_2}{r_2} = \frac{V_2}{R_2}$$

如上列所示$C_1 = C_2$時，則：

$$\varepsilon = \frac{\omega_2}{\omega_1} = \frac{r_1}{r_2} \qquad \varepsilon = \text{兩件轉速比或角速比}$$

$V_1 = V_2$時，則：

$$\varepsilon = \frac{\omega_2}{\omega_1} = \frac{R_1}{R_2} \qquad \text{(公式10-1)}$$

綜合上列所述，可得到兩個接觸原理：

1. 直接接觸兩件的角速度，與各軸中心至接觸點距離，成反比例。
2. 傳動接觸的兩物件，它的接觸點常在兩物體轉擺線中心連上，它的角速度與接觸點至軸中心距離(半徑)，成反比例。

10-2 摩擦傳動裝置

摩擦輪之傳達動力，依賴接觸點，使兩輪發生摩擦力，而摩擦力是由軸向正壓力(normal pressure)而發生；若兩輪接觸，彼此相切，而發生滑動現象，則摩擦力不能發生，原動輪運動，即不能傳達到另一輪。

一般摩擦傳動裝置(friction gearing)不適用於大動力傳動。因輕微滑動現象，正確速度較不易得到；普通用於小動力傳動，慢速傳動可得到無噪音。

摩擦傳動裝置計算如下：

R＝摩擦輪半徑(公尺・呎)

P＝接觸點所生垂直壓力(kg・lb)

N＝軸每分鐘轉速(rpm)

V＝接觸點所生線速度(m/sec,ft/sec)

M＝摩擦係數

F＝傳達力或謂摩擦力(kg,lb)

HP＝傳達馬力。

$\because F=\mu P$

$$HP=\frac{FV}{75}=\frac{2\pi RN\times\mu P}{75\times 60}$$

$$=\frac{\pi DN\times\mu P}{75\times 60}\cdots\cdots(\text{公制}) \qquad (\text{公式}10\text{-}2)$$

$$HP=\frac{FV}{550}=\frac{2\pi RN\times\mu P}{550\times 60}$$

$$=\frac{\pi DN\times\mu P}{33000}\cdots\cdots(\text{英制}) \qquad (\text{公式}10\text{-}3)$$

摩擦傳動需注意幾點：

1. 由上公式可知正壓力與摩擦係數成反比，M愈大則P愈小，μ愈小則P愈大，P愈大時，將損及軸承，所以欲得大動力，而不增加正壓力P時，應使摩擦面產生較大摩擦力，即採用摩擦係數較高材料製成。
2. 摩擦力與運動方向相反，物體欲從靜止開始運動，片刻產生之摩擦，稱爲靜摩擦(staticak friction)；運動摩擦稱爲動摩擦(kinetic friction)，通常靜摩擦大於動摩擦力。
3. 摩擦主動輪，其表面都採用軟性材料(soft moterial)，如皮革、木料……等。從動輪則採用硬質材料(hard meterial)製成，如鑄鐵、鑄銅(砲金)……等。

摩擦係數表

互相接觸材料之種類	接觸面之特況	摩擦係數	
		靜摩擦	動摩擦
木材與金屬	乾燥 塗抹脂肪	0.60 0.10	0.20-0.62 0.10-0.16
皮革與金屬	乾燥 濕潤 塗抹脂肪 灌注滑潤油	0.62 0.30 0.27 0.13	0.56 0.36 0.23 0.15
金屬與　繩	乾燥 塗抹脂肪	— —	0.20-0.34 0.15
金屬與金屬	乾燥 隨時灌注滑潤油 不斷灌注滑潤油	0.15-0.24 0.11-0.16 —	0.15-0.24 0.07-0.08 0.04-0.06

註：本表係穆倫(Morin)等學者對主要接觸面之實驗結果。

【例1】摩擦輪N＝350rpm，經半徑15cm，摩擦係數0.25kg，兩輪間之正壓力為80k g，求傳達馬力。

解：
$$HP=\frac{2\pi RN\mu P}{75\times 60}=\frac{2\times 3.14\times 0.15\times 350\times 0.25\times 80}{75\times 60}=1.47(\text{HP})$$

【例2】摩擦輪轉速為400rpm，傳達馬力60HP，輪直徑18″，摩擦係數為0.3，求接觸點之正壓力為多少？

解：
$$D=\frac{18''}{12''}=1.5'，n=400\text{rpm}，\mu=0.3，HP=60\text{馬力}。$$

$$P=\frac{33000\times HP}{\pi DN\mu}=\frac{33000\times 60}{3.14\times 1.5\times 400\times 0.3}=3500(\text{lb})$$

10-3 圓柱形摩擦輪

用於二平行軸傳動，傳達小動力及高速轉動場所，兩輪之接觸稱為接觸線(line of contact)，一般有兩種傳動形式：

1. 外切圓柱形摩擦傳動：如圖10-3所示，兩輪外表面，可得相反方向迴轉。

R_1＝A輪半徑	D_1＝A輪直徑
R_2＝B輪半徑	D_2＝B輪直徑
N_1＝A輪轉速(rpm)	ω_1＝A輪角速度
N_2＝B輪轉速(rpm)	ω_2＝B輪角速度
C＝兩輪軸中心距離	ε＝轉速比

根據前述接觸原理可得下列式子。

$$C=R_1+R_2=\frac{D_1+D_2}{2}\cdots\cdots\cdots\cdots\cdots\cdots ①$$

$$\varepsilon = \frac{\omega_1}{\omega_2} = \frac{N_1}{N_2} = \frac{R_2}{R_1} = \frac{D_2}{D_1} \cdots\cdots\cdots\cdots ②$$

由①②式得

$$\varepsilon R_1 = C - R_1$$

$$\therefore R_1 = \frac{C}{\varepsilon + 1}$$

$$R_2 = C - R_1 = C - \frac{C}{\varepsilon + 1} = \frac{C(\varepsilon + 1) - C}{\varepsilon + 1} = \frac{\varepsilon C}{\varepsilon + 1} \qquad \text{(公式10-4)}$$

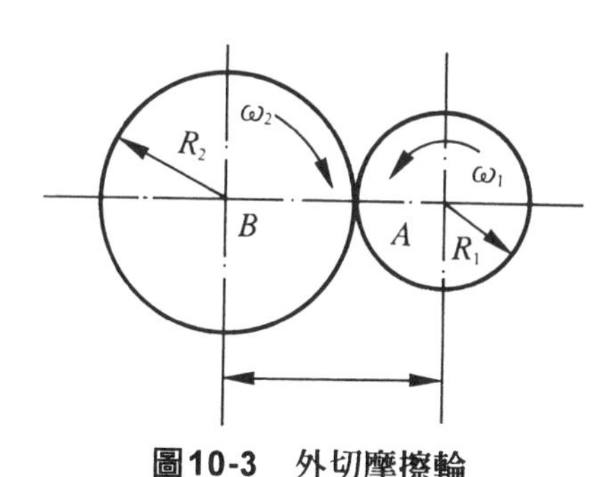

圖10-3　外切摩擦輪

2. 內接圓柱摩擦輪：小摩擦輪切大摩擦輪內側，如圖10-4所示，可得兩軸相同方向迴轉，得前有關方程式：

$$C = R_1 + R_2 = \frac{D_1 + D_2}{2} \cdots\cdots\cdots\cdots\cdots\cdots ①$$

$$\varepsilon = \frac{\omega_1}{\omega_2} = \frac{N_1}{N_2} = \frac{R_2}{R_1} = \frac{D_2}{D_1} \cdots\cdots\cdots\cdots ②$$

根據①②式計算所得相關方程式：

$$\therefore R_1 = \frac{C}{\varepsilon - 1}$$

$$R_2 = C + R_1 = \frac{\varepsilon C}{\varepsilon - 1} \qquad \text{(公式4-5)}$$

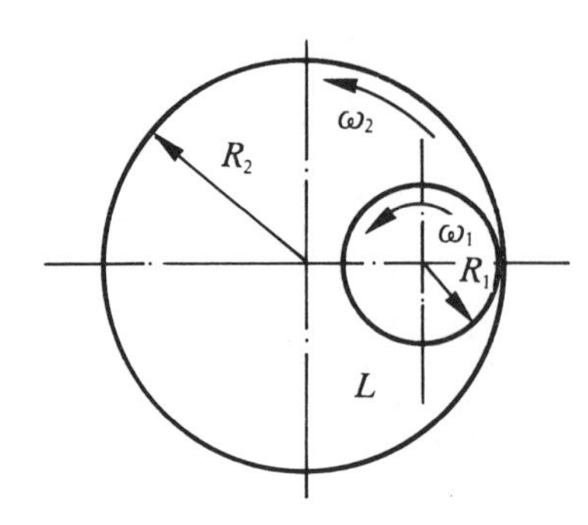

圖10-4 內切摩擦輪

【例3】一組直徑24吋及8吋的兩圓筒形摩擦輪，大輪轉速為每分鐘60轉，試述小輪轉速為多少？

解：$N_1 = ?$ rpm，$N_2 = 60$rpm，$D_1 = 8$吋，$D_2 = 24$吋

$$\frac{N_1}{N_2} = \frac{D_2}{D_2} \qquad \therefore N_1 = \frac{N_2 D_2}{D_1} = \frac{60 \times 24}{8} = 180\text{rpm}$$

【例4】圓柱形摩擦輪，中心距離20吋，主動輪轉速為150rpm，從動輪轉速為50rpm，求輪直徑各為多少？

解：(1)若兩輪為外切時

角速比 $\varepsilon = \frac{N_1}{N_2} = \frac{150}{50} = 3$

主動輪半徑

$$R_1 = \frac{C}{\varepsilon + 1} = \frac{20}{3+1} = 5(\text{吋})$$

∴主動輪直徑為10吋

被動輪半徑為

$$R_2 = C - R_1 = 20 - 5 = 15(\text{吋})$$

∴被動輪直徑為30吋

⑵若兩輪為內接時，角速比與外切時相同，

$$\varepsilon_2 = \frac{N_1}{N_2} = \frac{150}{50} = 3$$

主動輪半徑

$$R_1 = \frac{C}{\varepsilon - 1} = \frac{20}{3-1} = 10(\text{吋})$$

∴主動輪直徑為20吋

被動輪半徑為

$$R_2 = C + R_1 = 20 + 10 = 30(\text{吋})$$

∴被動輪直徑為60吋

【例4-1】圓柱型摩擦輪，中心距離50.8cm，主動輪轉速為150rpm，從動輪轉速為50rpm，求輪直徑各為多少？

解：⑴若兩輪為外切時

角速比 $\varepsilon = \frac{N_1}{N_2} = \frac{150}{50} = 3$

主動輪半徑

$$R_1 = \frac{C}{\varepsilon + 1} = \frac{50.8}{3+1} = 12.7(\text{cm})$$

∴主動輪直徑為25.7cm

被動輪半徑為

$$R_2 = C - R_1 = 50.8 - 12.7 = 37.1(\text{cm})$$

∴被動輪直徑為74.2cm

⑵若兩輪為內接時，角速比與外切時相同，

$$\varepsilon_2 = \frac{N_1}{N_2} = \frac{150}{50} = 3$$

主動輪半徑

$$R_1=\frac{C}{\varepsilon-1}=\frac{50.8}{3-1}=25.4(\text{cm})$$

∴主動輪直徑為50.8cm

被動輪半徑為

$$R_2=C+R_1=50.8+25.4=77.2(\text{cm})$$

∴被動輪直徑為154.4cm

【例5】 試以圖解法，求上題之值。

解： 圖解方法是以劃圖方法，以轉速及直徑設成一個比例R(scale)，利用數學中的比例法，求出需求轉速或直徑。

⑴當兩輪外切時劃法：

把150rpm及50rpm劃成一定比例，為mm及吋均可。假設50rpm為2cm(2格)，則150rpm為6cm。

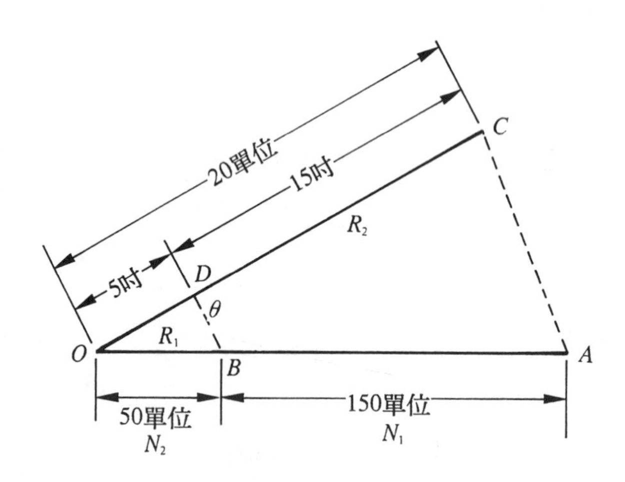

①圖中θ角為任意角$AC \parallel BD$。

②∵△OBD∽△OAC

$$\therefore \frac{DC}{OD}=\frac{BA}{OB}$$

$$\therefore \frac{R_2}{R_1}=\frac{N_1}{N_2}$$

③設OC線為20單位，可重取OD＝5單位，dc＝15單位，得R_1＝5吋，R_2＝15吋。

④此劃法θ角愈大愈好，BD必需平行AC，否則會發生誤差。AC必需平行BD。

⑵內切輪劃法：

∵△ODB∽△OCA

$BD \parallel AC$

$$\therefore \frac{N_2}{N_1}=\frac{R_1}{R_2}$$

R_1＝10單位＝10吋

R_2＝30單位＝30吋

∴D_1＝20吋，D_2＝60吋。

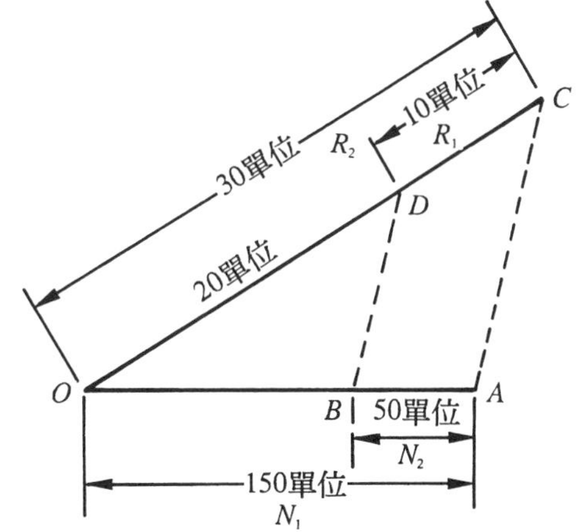

10-4　圓錐形摩擦輪(Friction Cone)

兩軸成直角或一角度θ時，則必需使用圓錐形摩擦輪，如圖10-5所示。

普通兩軸夾角稱為軸角(shaft angle)θ，每個圓錐輪夾角之半，稱為半頂角(α_1及α_2)。

$$\theta=\alpha_1+\alpha_2$$

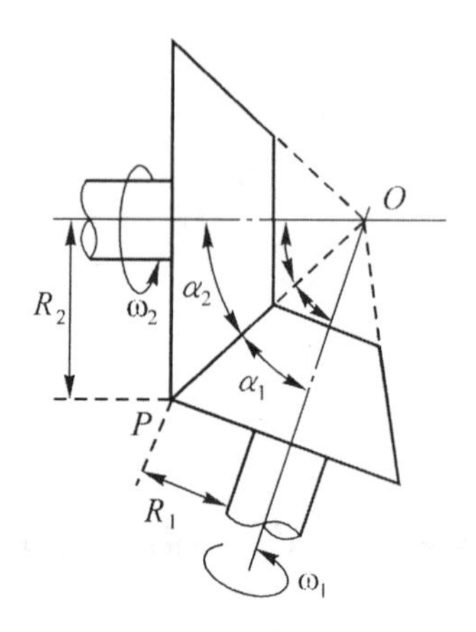

圖10-5 圓錐形摩擦輪

1. 外切圓錐形摩擦輪：用於兩軸旋轉方向相反，如圖10-6所示。

$$\varepsilon=\frac{\omega_1}{\omega_2}=\frac{N_1}{N_2}=\frac{R_2}{R_1}=\frac{D_2}{D_1}$$

$$=\frac{\overline{OP}\sin\alpha_2}{\overline{OP}\sin\alpha_1}=\frac{\sin\alpha_2}{\sin\alpha_1}$$

由上式可知摩擦接觸之兩圓錐形摩擦輪，其轉速與其半頂角正弦值成反比。

由上式得：

$$\frac{N_1}{N_2}=\frac{\sin\alpha_2}{\sin\alpha_1}=\frac{\sin\alpha_2}{\sin(\theta-\alpha_2)}$$

$$=\frac{\sin\alpha_2}{\sin\theta\cos\alpha_2}-\cos\theta\sin\alpha_2$$

以$\cos\alpha_2$除上式得

$$\frac{N_1}{N_2}=\frac{\dfrac{\sin\alpha_2}{\cos\alpha_2}}{\sin-\cos\theta\dfrac{\sin\alpha_2}{\cos\alpha_2}}=\frac{\text{ton}\,\alpha_2}{\sin\theta-\cos\theta\tan\alpha_2}$$

$$\therefore\tan\alpha_2=\frac{N_1}{N_2}(\sin\theta-\cos\theta\tan\alpha_2)$$

$$\therefore\tan\alpha_2=\frac{\sin\theta}{\dfrac{N_2}{N_1}+\cos\theta}=\frac{\sin\theta}{\dfrac{1}{\varepsilon}+\cos\theta}\qquad\text{(公式10-6)}$$

$$\alpha_1=\theta-\alpha_2$$

同理可得

$$\therefore\tan\alpha_1=\frac{\sin\theta}{\dfrac{N_2}{N_1}+\cos\theta}=\frac{\sin\theta}{\varepsilon+\cos\theta}\qquad\text{(公式10-7)}$$

2. 內切圓錐形摩擦輪：用於兩軸旋轉方向相同，如圖10-6所示：

$$\theta=\alpha_1-\alpha_2\qquad\qquad\therefore\alpha_2=\alpha_2-\theta$$

其角速比 ε 為

$$\varepsilon=N_1/N_2=\frac{\sin\alpha_2}{\sin\alpha_1}=\frac{\sin(\alpha_1-\theta)}{\sin\alpha_1}$$

$$=\frac{\sin\alpha_1\cos\theta-\cos\alpha_1-\sin\theta}{\sin}\alpha_1$$

$$=\cos\theta-\cos\alpha_1\sin\theta=\cos\theta-\frac{\sin\theta}{\tan\alpha_1}$$

$$\therefore\tan\alpha_1=\frac{N_1}{N_2}-\cos\theta=\frac{\sin\theta}{\varepsilon-\cos\theta}\qquad\text{(公式10-8)}$$

同理 $$\tan\alpha_2=\frac{\sin\theta}{\frac{N_2}{N_1}-\cos\theta}=\frac{\sin\theta}{\frac{1}{\varepsilon}-\cos\theta} \qquad \text{(公式10-9)}$$

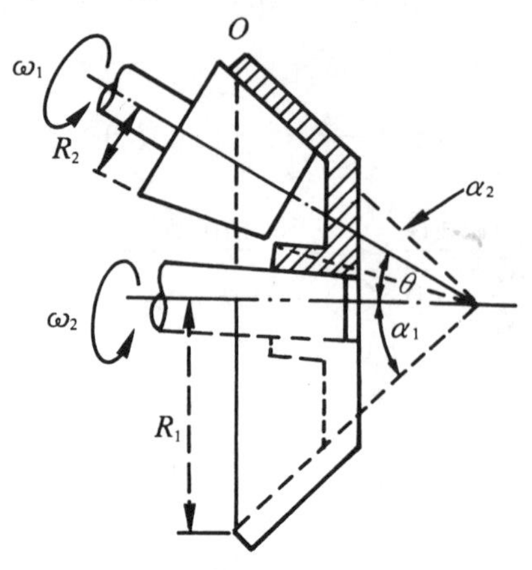

圖10-6 內切圓錐摩擦輪

3. 最常用者為兩軸成直角正交圓錐輪，如圖10-7所示。

$$\theta=\alpha_1+\alpha_2=90^\circ \qquad \alpha_1=90^\circ-\alpha_2$$

$$\because \sin\theta=\sin 90^\circ=1 \qquad \cos 90^\circ=0$$

代入上式10-7公式

$$\therefore \tan\alpha_1=\frac{1}{\varepsilon}=\frac{N_1}{N_2}=\frac{R_2}{R_1}=\frac{D_2}{D_1}$$

代入上式10-8公式

$$\therefore \tan\alpha_2=\varepsilon=\frac{N_2}{N_1}=\frac{R_1}{R_2}=\frac{D_1}{D_2} \qquad \text{(公式10-10)}$$

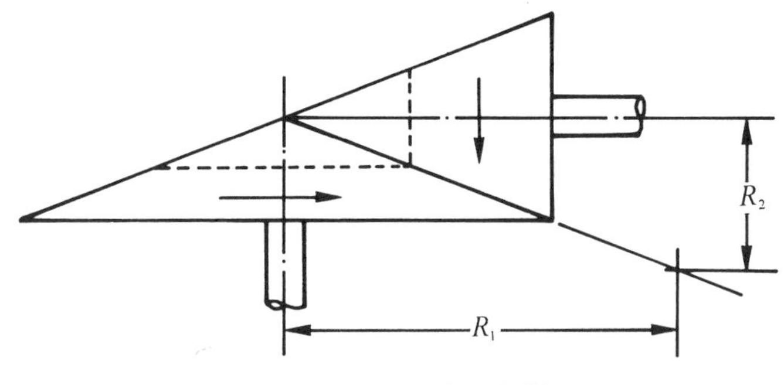

圖10-7　直角正交圓錐輪

【例6】 已知$\theta=60^\circ$ $\varepsilon=3$圓錐摩擦輪，求α_1及α_2(計算法)。

解： (1)兩輪外接時

$$\tan\alpha_1=\frac{\sin\theta}{\varepsilon+\cos\theta}=\frac{\sin 60^\circ}{3+\cos 60^\circ}=\frac{0.866}{3+0.5}=0.275$$

查表得

$\alpha_1=13^\circ 54'$

$\alpha_2=60^\circ-\alpha_1=60^\circ-10^\circ 54'=46^\circ-6'$

(2)兩輪內接時

$$\tan\alpha_1=\frac{\sin\theta}{\varepsilon-\cos\theta}=\frac{\sin 60^\circ}{3-\cos 60^\circ}=\frac{0.866}{3-0.5}=0.346$$

查表得

$\alpha_1=19^\circ 5'$

$\alpha_2=\theta+\alpha_1=60^\circ+19^\circ 5'=79^\circ 5'$

【例7】 以上題已知，以畫圖法，求出α_1及α_2值。

解： (1)設兩輪外切時：

①任意作一中心線(最好)水平線OA。

②以60°夾角，劃出另一軸中心OB。

③以任意比例尺從OA作3個單位平行線。(比例尺要能相交為

限)。

④從OB作1個單位平行線相交於K。

⑤連接OK即為兩輪接觸線。

⑥分別量出α_1及α_2值，即為所求值；$\alpha_1 \fallingdotseq 14^\circ$，$\alpha_2 = 46^\circ$。

⑦至於錐輪大小，可任意劃出。

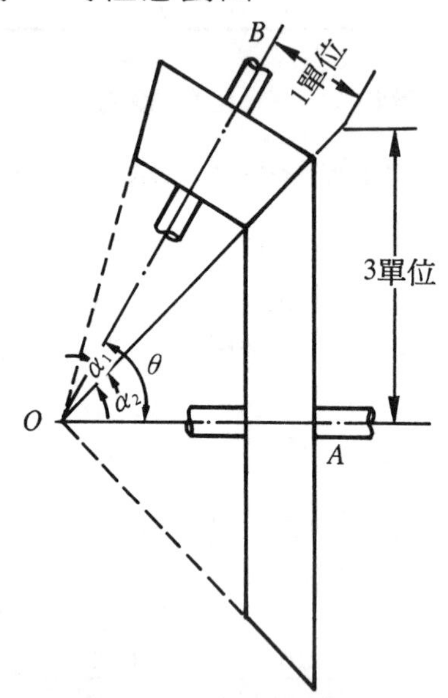

圖10-8　外切錐輪畫法

⑵兩輪內切時：如圖10-9所示，劃法與上圖相同，唯方向不同，求出K點，請看圖10-9，即可明白，不再細述量得值。

$\alpha_1 \fallingdotseq 19^\circ$

$\alpha_2 \fallingdotseq 79^\circ$

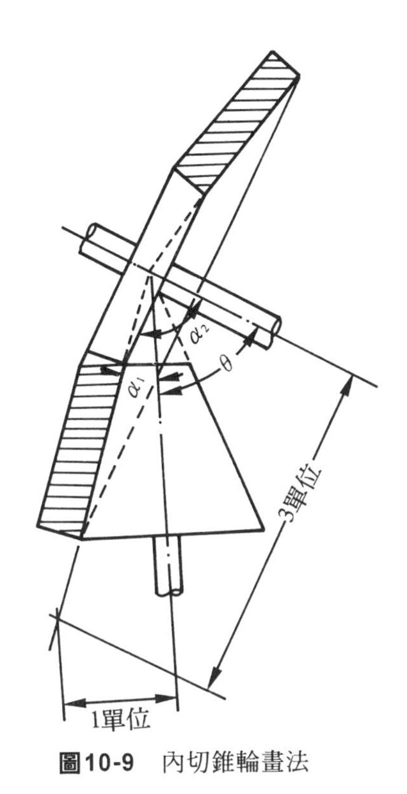

圖10-9　內切錐輪畫法

10-5　凹槽摩擦輪 (Groover Friction Gearing)

較大動力的傳動，在普通平面摩擦輪；必須增加兩軸垂壓力或增大輪徑來增加摩擦力，增加動力傳送；在構造，成本往往不允許。為增加動力傳送，而不增加輪之直徑及軸垂直壓力，唯有把輪面車成溝形，謂之凹槽摩擦輪。可增加摩擦力，傳送較大動力，如圖10-10所示。

如圖10-10乃作力情形，嚙合狀況，圖中所示：

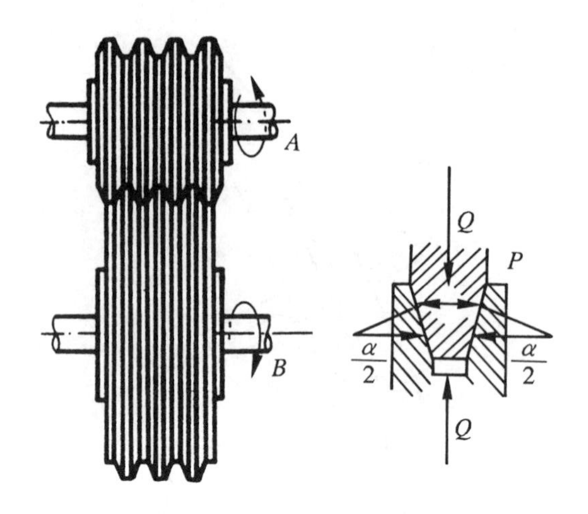

圖10-10 凹槽摩擦輪

P＝溝的兩側正壓力。

Q＝兩側垂直壓力。

F＝摩擦力或叫傳動力。

α＝槽的傾斜角。

μ＝兩輪摩擦係數

$$F = 2P\mu = \frac{Q\mu}{\sin\frac{\alpha}{2}}$$ (公式10-10)

$2P > Q$，通常α角為$30^2 \sim 40^2$。

在相同垂直壓力下，凹槽摩擦可傳達3倍大於圓筒摩擦輪，凹槽輪直徑，算中心位置。

【例8】 $N = 350\text{rpm}$，$Q = 500\text{kg}$，$\alpha = 30^\circ$，$\mu = 0.2$之凹槽摩擦輪之平均直徑為80cm，求傳動馬力多少？

解： $$F = \frac{QM}{\sin\frac{\alpha}{2}} = \frac{500 \times 0.2}{\sin 15^\circ} = \frac{100}{0.2588} = 386(\text{kg})$$

$$HP=\frac{2\pi RNF}{75\times 60}=\frac{2\times 3.14\times \frac{40}{100}\times 350\times 386}{75\times 60}=75.5(\mathrm{HP})$$

10-6　圓盤與滾子(Friction Disk)

如圖10-11(a)所示。B為滾子，圓盤A，兩個成垂直，由於B滾子位置改變，可以改變A盤轉速，若用兩個滾子，可傳送大動力，速度可調整滾子距離而改變；此種裝置，應用於壓鐵板沖床(press machine)工作。

如圖10-11(b)所示，C軸在兩側成一夾角，改變θ值，速度也因而改變。兩圖所示速度比皆為

$$\varepsilon=\frac{n_2}{n_1}=\frac{\omega_2}{\omega_1}=\frac{R_1}{R_2}$$

圖(a)中R_1值不變，R_2值可改變。

圖(b)中R_1與R_2值皆可改變。

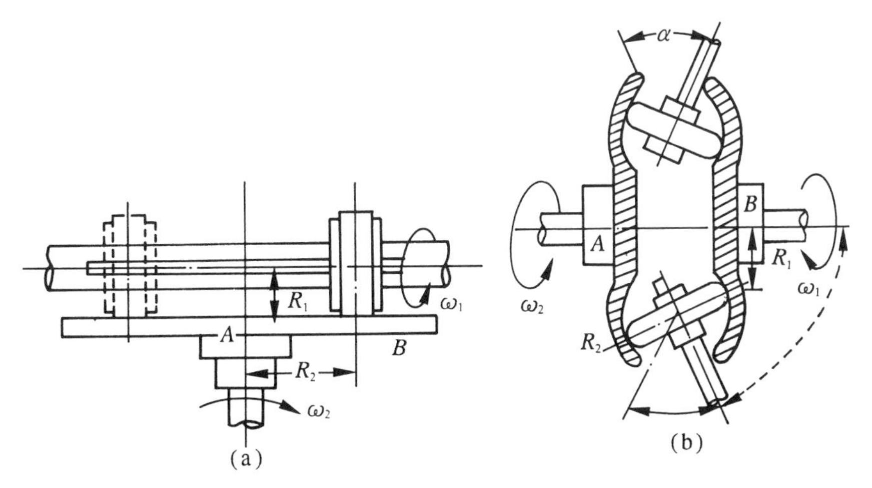

圖10-11　圓錐與滾子

10-7 特種形狀摩擦輪

1. 兩個相同橢圓摩擦輪(elliptical friction wheel)

橢圓摩擦輪，它的速度比按照接觸位置，隨時改變，按照下列式子

$$\frac{\overline{be}}{\overline{af}}(\text{最大})-\frac{\overline{bg}}{\overline{ah}}(\text{最小})$$

而變更角度變化，但接觸點P心在a，b軸連線上，合乎前面摩擦原理。其劃法如圖10-13所示。

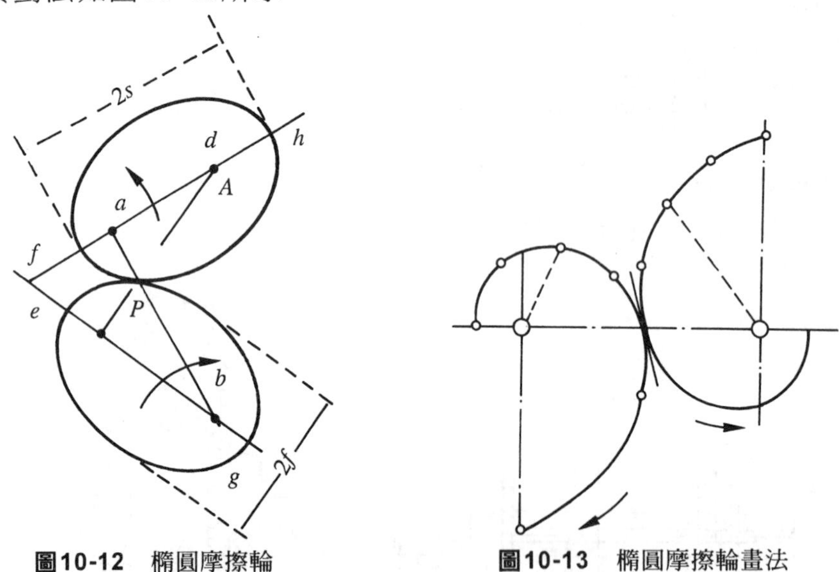

圖10-12 橢圓摩擦輪

圖10-13 橢圓摩擦輪畫法

2. 兩個相等拋物線摩擦輪(parabolas friction wheel)

摩擦輪B以d為中心軸，A輪以a為中心，是以無限遠處作遠處作轉動，所以B輪可作直線運動。如圖10-14虛線部份。

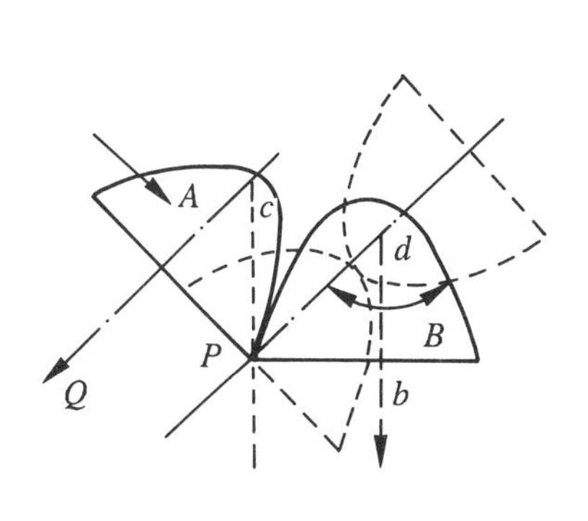

圖10-14　拋物線摩擦輪

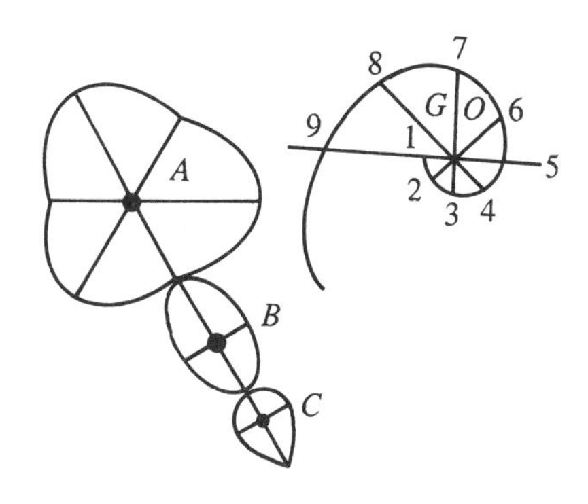

圖10-15　葉瓣輪

3.　葉瓣輪(lobe wheel)

如圖10-15為三組葉瓣輪，*C*為單葉，*B*為雙葉，*A*為三葉；則*C*轉一週，*B*轉1/2週，*A*轉1/3週。

相同葉片作傳動，如圖10-16，*a*為單葉輪，*b*為雙葉輪，*c*為三葉輪，*d*為四葉輪。

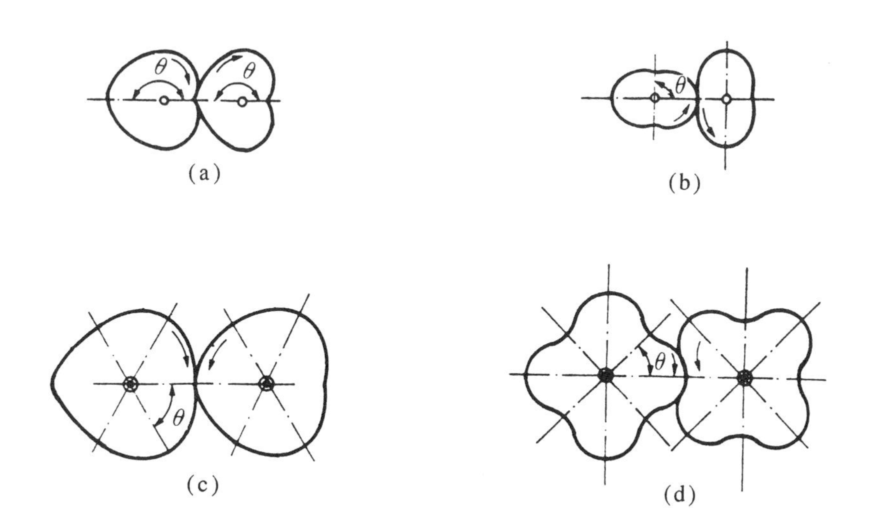

圖10-16　各種葉瓣輪

習題十

1. 試以簡圖說明摩擦輪原理。
2. 摩擦輪依靠何種力量傳動。使用場所為何？
3. 試述使用摩擦輪需注意事項。
4. 兩輪中心距為10吋之*A*、*B*摩擦輪，*A*輪轉速為150rpm，*B*輪450 rpm，試以計算法及圖解法，求出*A*、*B*兩輪直徑各為多少。
5. 有兩圓錐摩擦輪，*A*輪轉速為300rpm，*B*輪為100rpm，(a)試求兩輪夾角。(b)以作圖法求之。
6. 一組轉向相同之摩擦輪，*A*輪轉速為300rpm，*B*輪轉速為100 rpm，夾角(θ)為60°，試以計算法及圖解法求出α_A及α_B。
7. 何謂葉瓣輪？種類？
8. 圓盤與滾子摩擦輪之用途？
9. 凹槽摩擦輪效果如何？

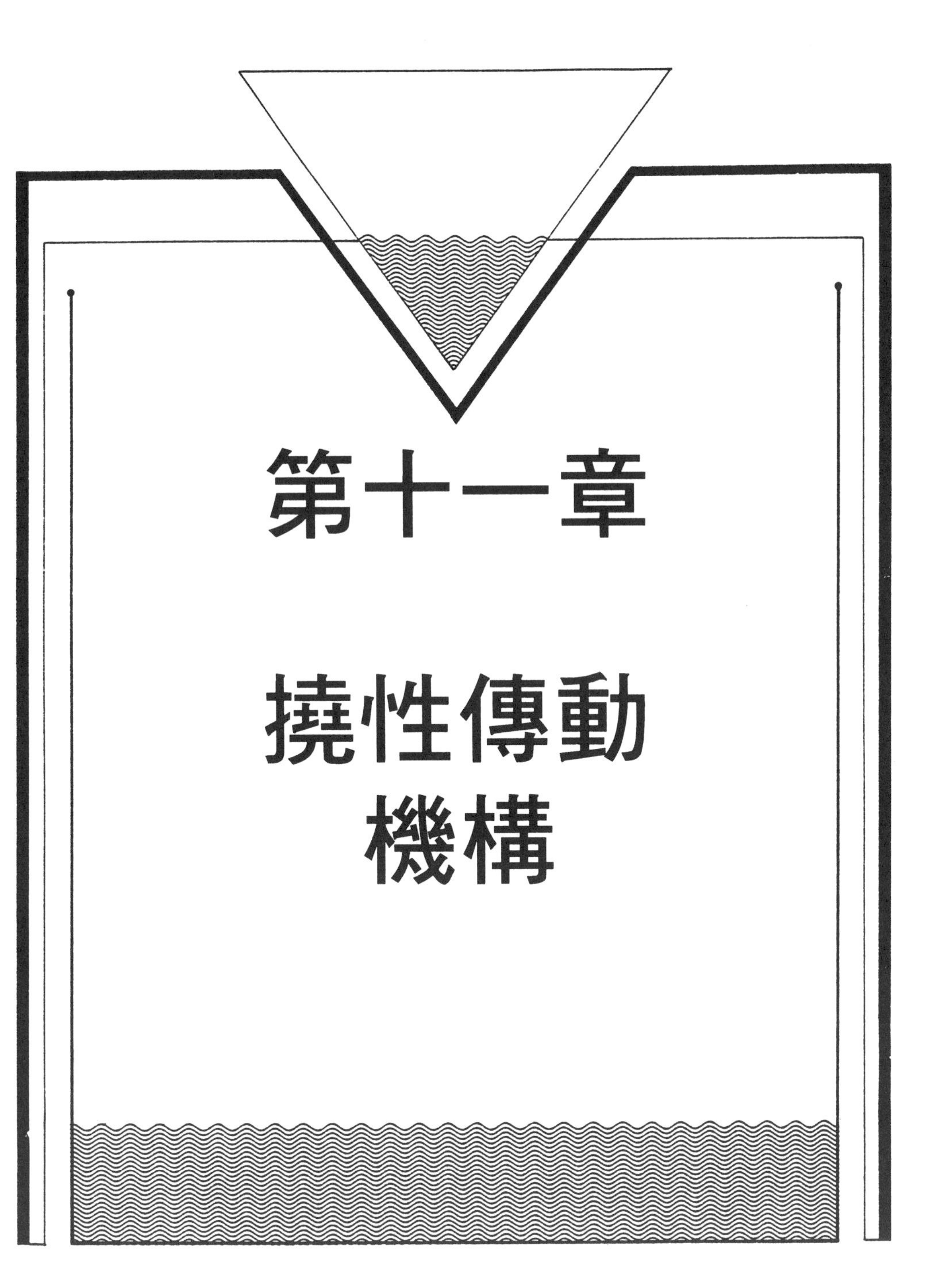

第十一章

撓性傳動機構

11-1 撓性連接裝置 (Flexible connector)

當主動軸與從動軸，距離太遠時，以摩擦輪傳動，齒輪太大，位置、成本皆不允許；僅能應用具有撓性(flexibility)之連接物：撓於原動輪及從動輪來傳達動力，此種具有撓性的中間連接物，稱為撓性連接裝置。主要有：

1. 帶(belt)：以薄鋼板、皮帶、帆布、人造橡皮等製成。
2. 繩(rope)：以麻繩、鋼索、人造纖維等製成。
3. 鏈條(chain)：以金屬片製成。

撓性傳動裝置，是靠帶或繩與輪間發生摩擦力以傳達動力。從動軸發生故障，或遇較大事故從動軸停止時，帶即發生滑動現象，或皮帶、繩斷裂；從動機件不會因而發生事故。但撓性物用久後，發生伸長現象，因而鬆動發生滑動現象，減低傳動效率。使用鏈(chain)傳動，可獲得正確轉速比，但鏈輪不能傳送大動力；如欲傳送大動力而又需得正確轉速比，可採用下章之輪系裝置(使用數個齒輪連帶傳動)。

11-2 帶(Belt)及帶輪(Belt Pulley)

常用者可分為平帶(flat)及三角皮帶(v-belt)。

1. 平帶：是以皮革、帆布、橡皮(rubber)，人造橡皮製成；也有以鋼帶製成者，它用於輸送物品較多，亦用於傳送動力。
   (1) 皮革製成者：為以前常用，近年人造橡膠發達，不產皮革國家已較少用，因其成本較高，效果未必良好，皮革平帶製法有：

① 槲皮鞣法(oak-tanned)：其強度可達150～350kg/cm²。

② 鉻鞣法(chrome-tamned)：其強度爲上者兩倍，按層數可分爲：

- 單層帶(single belt)：通常厚度爲5～8m/m。
- 雙層帶(double belt)：此兩種較常用。
- 三層帶(triple belt)：此兩種較少用，用於傳送大動力。
- 四層帶(quadruple belt)

傳達動力皮革皮帶，其寬度通常在10cm以內，其傳送馬力如圖11-1所示，爲帶線速度與馬力關係圖。

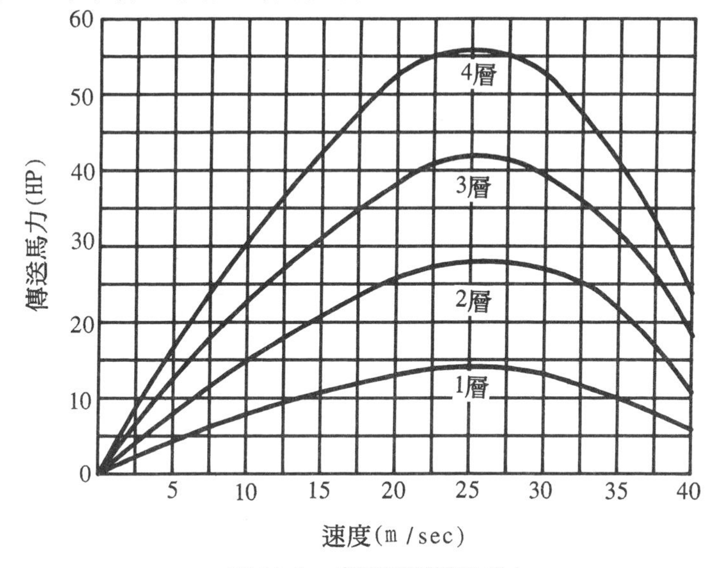

圖11-1　皮革平帶傳送馬力

⑵ 近年來工業發達，自動輸送物料，可節省人工，增加安全，常以橡皮、鋼帶做輸送帶(conveyer)，唯寬度較傳送功率者寬數倍；橡皮者用以輸送散裝物品，如泥土、石塊、水泥……等。

⑶ 近年來人造橡皮發達，已取代皮革爲皮帶材料，其強度可於製造時適當控制，價錢遠較皮革爲便宜。皮帶接合方法有四：如

圖11-2所示。

① 膠合法：把皮帶兩端削成斜狀，再以接合劑接合，以橡皮帶使用較多。

② 縫接法：把皮帶兩端相對，外側以小段皮帶搭在接頭處外端，用鉚釘或皿頭螺絲把它鉚合起來，平面向內，以免影響傳動(圖11-2(b)所示)。

③ 皮帶扣接法：是以鋼板製成牙爪條，分別嵌於皮帶端，形成牙爪相間形狀，中間以細小鋼條貫穿即固定。此種方法施工容易，皮革、人造橡膠皮帶常用此法(圖11-2(a)所示)。

④ 金屬絲鉸扣合法：如圖11-2(c)所示，與前法相似，改用金屬絲咬扣皮帶兩端。

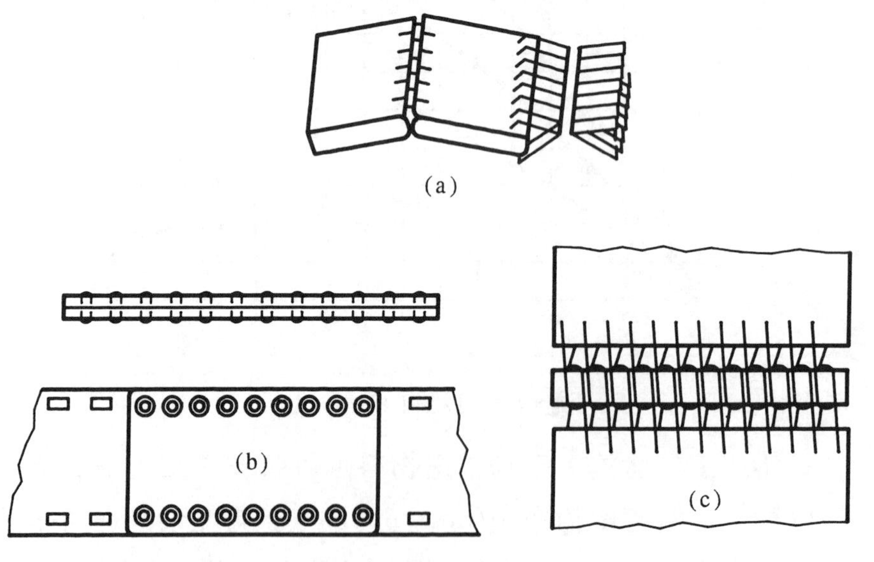

圖11-2　皮帶接合方法

2. V型皮帶：其斷面成V型，常以橡皮(rubber)及人造橡皮直接鑄成；形狀有*A*、*B*、*C*、*D*、*E*五種，如圖11-3所示，後面形狀寬度愈寬。常用者為A型，可單條使用或數條並排使用，當然愈多條傳動力愈大。型式、長度都表於皮帶外側(鑄成者)，V型鑄成即整條不必接合；使用時最好帶輪一側能調整，否則不易按裝。

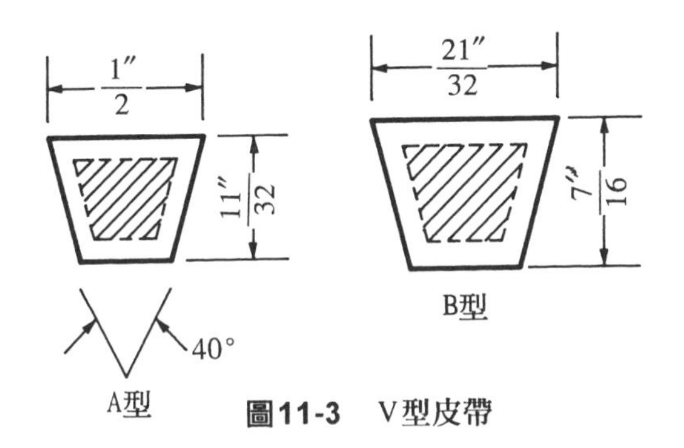

圖11-3　V型皮帶

V型皮帶與皮帶輪之接觸面積較大，故傳動效率要比平帶好得多，今日都以V型代替平帶。其傳動馬力與皮帶關係如圖11-4所示，它是使用單條帶。

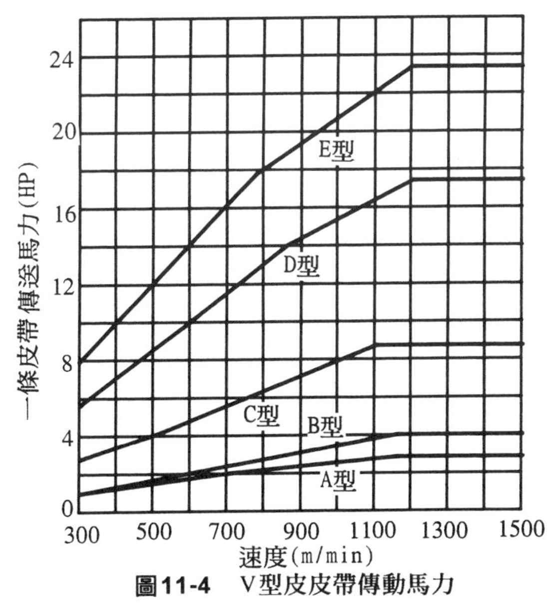

圖11-4　V型皮皮帶傳動馬力

1. 平帶用皮帶輪：當皮帶傳動速率增大時，即發生脫落現象，為防止常用有二種形式：

⑴ 帶輪中緣突起：如圖11-5所示，此為常用者；皮帶傳動時，皮帶恆移向較高處，故皮帶輪常中緣凸出，可避免滑落。

⑵ 兩側凸皮帶輪：此種皮帶輪，僅用以輸送帶輪。適用於緩速傳動，靠兩側凸緣，防止皮帶脫落，不能用以傳送功率。

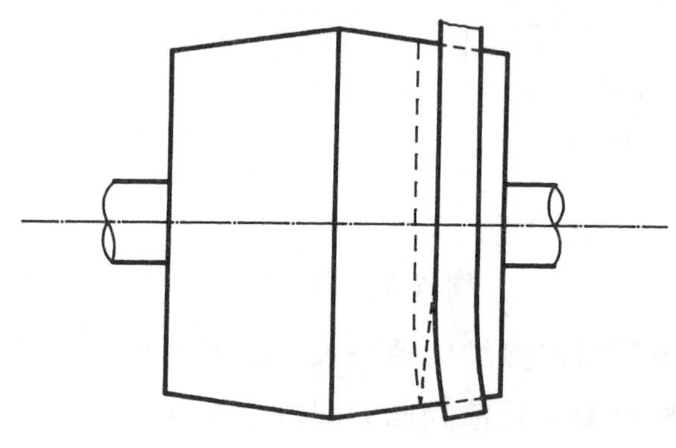

圖11-5　中緣凸出皮帶輪

2. V型皮帶輪：它的溝槽適合各種形式之V型帶，兩側接觸摩擦傳動，底槽有一些間隙。其詳細尺寸，請參閱機械工程手冊。

11-3　皮帶輪之傳動及傳速比

皮帶傳動方式，在平行兩軸，主要兩軸旋轉方向的相同或相反，普通稱為：

1. 開帶(open belt)：兩軸轉向相同，如圖11-6所示，它的接觸弧(arc of contact)，皮帶在帶輪上所夾角為接觸角(angle of contact)，大輪接觸角＞180°，小輪接觸角＜180°，但兩者之和恆等於360°。

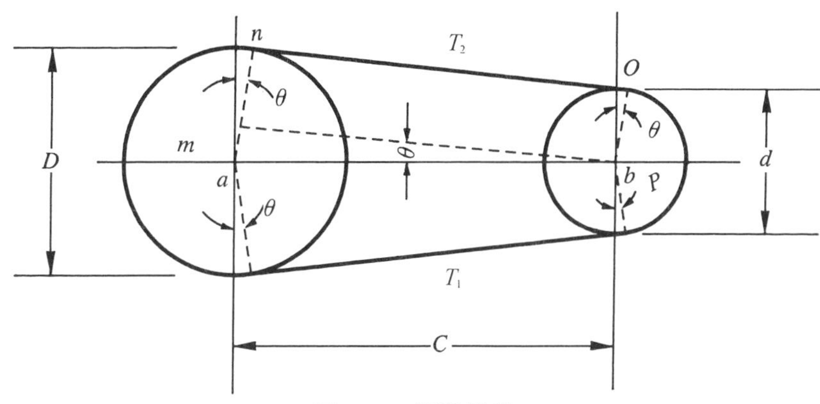

圖11-6　開帶傳動

2. 叉帶(crossedbelt)：兩軸轉向相反，如圖11-7所示，兩輪接觸角皆大於180°。兩輪轉速比，如圖11-6所示，兩輪直徑分別爲D及d，兩輪轉速分別爲N_1及N_2，設皮帶厚度爲t，則它線速度V爲：

$$V=\omega_1(R+t)=\omega_2(r+t)=\pi N_1(R+t)=\pi N_2(r+t)$$

$$\therefore \frac{\pi N_2}{\pi N_1}=\frac{R+t}{r+t}=\frac{N_2}{N_1}=\frac{\omega_2}{\omega_1}$$

因$D=2R$，$d=2r$，t厚值較小，略去不計，則兩輪之轉速比，可以下式表之

$$\varepsilon=\frac{N_2}{N_1}=\frac{D}{d}=\frac{\omega_2}{\omega_1} \qquad \text{(公式11-1)}$$

由上式可得，轉速與直徑成正比，開帶、叉帶都相同。普通皮帶有滑動現象，上式僅爲理想數值，皮帶愈緊滑動現象即少，通常滑動值約爲2%左右；一般皮帶轉速比常不超過6。

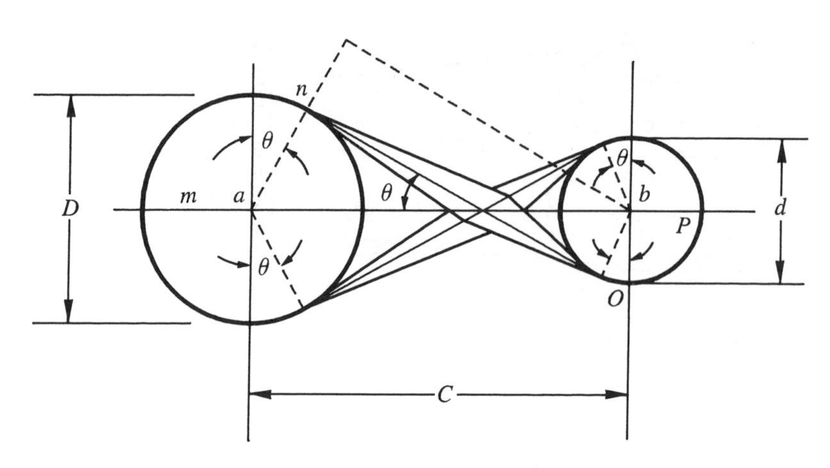

圖11-7　叉帶傳動

11-4　皮帶長度

1.　開帶長度計算：帶、繩都相同方法。如圖11-6所示，兩輪直徑分別為D及d，帶之長度為L，中心距離為C，則

$$L=2(\overset{\frown}{mn}+\overset{\frown}{no}+\overset{\frown}{OP})$$

$$=(\frac{\pi}{2}+\theta)D+2C\cos\theta+(\frac{\pi}{2}-\theta)d$$

$$=\frac{\pi}{2}(D+d)+\theta(D-d)+2C\cos\theta$$

按圖中　$\sin\theta=\dfrac{an+bo}{ab}=\dfrac{\frac{D}{2}-\frac{d}{2}}{C}=\dfrac{C-d}{2C}$

$$\therefore\cos\theta=\sqrt{1-\sin^2\theta}=\sqrt{\frac{1-(D-d)^2}{2C}}=\frac{\sqrt{1-(D-d)^2}}{4C^2}$$

因θ值很小，以弧角作單位，它正弦值$\sin\theta$與θ值極相近(假設相

等)，代入原式：

$$L=\frac{\pi}{2}(D+d)+\frac{(D-d)^2}{2C}+2C\sqrt{1-\frac{(D-d)^2}{4C^2}}$$

$$=\frac{\pi}{2}(D+d)+2C\left[1+\frac{(D-d)^2}{8C^2}+\cdots\cdots\right]$$

因$\frac{(D-d)^2}{8C^2}$之後值極小，假設為0

$$\therefore L\fallingdotseq\frac{\pi}{2}(D+d)+2C+\frac{(D-d)^2}{4C} \qquad \text{(公式11-2)}$$

2. 叉帶皮帶長度計算：如圖11-7所示，假設與上同；

$$L=2(\overset{\frown}{mn}+\overset{\frown}{no}+\overset{\frown}{OP})$$

$$=(\frac{\pi}{2}+\theta)D+2C\cos\theta+(\frac{\pi}{2}-\theta)d$$

由圖知　$\sin\theta=\frac{an+nt}{ab}=\frac{an+bo}{ab}=\frac{\frac{D}{2}+\frac{d}{2}}{C}=\frac{D+d}{2C}$

$$\therefore\cos\theta=\sqrt{1-\sin^2\theta}=\sqrt{1-\frac{(D+d)^2}{4C^2}}$$

根據上式理由以$\sin\theta$代替θ值，則

$$L=\left(\frac{\pi}{2}+\frac{D+d}{2C}\right)(D+d)+2C\sqrt{1-\frac{(D+d)^2}{4C^2}}$$

$$=\frac{\pi}{2}(D+d)+\frac{(D+d)^2}{2C}+2C\sqrt{1-\frac{(D+d)^2}{4C^2}}$$

以二項式展開得

$$L=\frac{\pi}{2}(D+d)+2C\,[\,1+\frac{(D+d)^2}{8C^2}+\cdots\cdots\,]$$

$$\therefore L\fallingdotseq\frac{\pi}{2}(D+d)+2C+\frac{(D-d)^2}{4C} \qquad \text{(公式11-3)}$$

以上兩式為近似值，因皮帶、繩有伸縮性，即可代表。

【例11-1】 一開帶傳動，連繫於42吋及24吋直徑之二帶輪間，其兩輪中心距離為8呎，求(a)開帶傳動；(b)叉帶傳動皮帶長度各為若干？

解： ⑴開帶時，公式

$$L=\frac{\pi}{2}(D+d)+2C+\frac{(D-d)^2}{4C}$$

$D=42$吋，$d=24$吋，$C=8$呎$=96$吋，代入

$$L=\frac{\pi}{2}(42+24)+2\times 96+\frac{(42-24)^2}{4\times 96}$$

$$=\frac{3.1416}{2}\times 66+192+\frac{\overline{182}}{4\times 96}$$

$=296.85$(吋)

⑵叉帶時，公式

$$L=\frac{\pi}{2}(D+d)+2C+\frac{(D+d)^2}{4C}$$

$$=\frac{\pi}{2}(42+24)+2\times 96+\frac{(42+24)^2}{4\times 96}$$

$$=\frac{3.1416}{2}\times 66+192+\frac{66^2}{4\times 96}$$

$=307.3$(吋)

【例11-2】 一開帶傳動，連繫於30cm及50cm直徑之二輪間，其兩輪中心距離為300cm，求(a)開帶傳動；(b)叉帶傳動皮帶長度各為若干？

解：⑴開帶時，公式

$$L=\frac{\pi}{2}(D+d)+2C+\frac{(D-d)^2}{4C}$$

$D=50\text{cm}$，$d=30\text{cm}$，$C=300\text{cm}$，代入

$$L=\frac{3.14}{2}(50+30)+2\times300+\frac{(50-30)^2}{4\times300}$$

$$=1.57\times80+600+\frac{400}{1200}$$

$$=125.6+600+0.3$$

$$=726(\text{cm})$$

⑵叉帶(交帶時)，公式

$$L=\frac{\pi}{2}(D+d)+2C+\frac{(D+d)^2}{4C}$$

$$=\frac{\pi}{2}(50+30)+2\times300+\frac{(50+30)^2}{4\times300}$$

$$=1.57\times80+600+\frac{6400}{1200}$$

$$=125.6+600+53.4$$

$$=779(\text{cm})$$

當兩皮帶輪為靜止時，取一皮帶用力伸張而緊繞於兩皮帶輪上，則帶與帶輪間即有靜摩擦作用存在。此時帶因搭繞於兩輪上，必具有相當之拉力，稱為初拉力(Initial tension)。

當原動輪開始旋轉時，則位於下方之帶將拉向上端，因而使下方之帶更為拉緊而為緊邊(Tight side)，其所生之拉力T_1必大於初拉力。因帶由下方拉向上端，致上端之帶漸鬆弛而為鬆邊(Loose side)，其所生之拉力T_2必小於初拉力。

如圖11-6所示，T_1之拉力必使B輪沿實線箭頭方向旋轉，而T_2之拉

力則使B輪沿虛線箭頭方向旋轉。但因T_1大於T_2，其差為使從動輪按圖示實線箭頭所示之方向旋轉之拉力，此緊邊與鬆邊兩拉力之差，稱為帶之有效拉力(Effective pull)。設P表帶之有效拉力，以公斤計，則

$$P = T_1 - T_2$$

設HP為帶所傳達之功率，以馬力計；V為帶之線速度，以每秒一公尺計，則

$$HP = \frac{PV}{75}$$

若帶輪之直徑為D，以公尺計；N為帶輪之轉速，以每分鐘轉數計，因

$$V = \frac{\pi DN}{100 \times 60}$$

故 $$HP = \frac{(T_1 - T_2)\pi DN}{75 \times 60}$$

由此可知，帶所傳達之馬力與其有效拉力成正比。若$T_1 - T_2$之值愈大，則傳達之馬力數亦愈大。但實用上，此帶之有效拉力應有一定之限度，且以帶之材料性質與厚薄寬狹之不同，T_1亦不宜過大。依據實驗結果、緊邊與鬆邊拉力之比，應維持7：3之關係，最為適宜，即

$$T_1 = \frac{7}{3}T_2$$

通常單層帶與雙層帶之厚度，均可視為定值，若欲傳達較大之動力時，則使用較寬之帶。

11-5 塔輪

兩傳動皮帶輪直徑是固定，它的轉速比，也固定不變：若欲使主動轉速固定，而從動軸速度改變時，則需採用圖11-8所示之塔輪(stepped pulley)。如圖可獲得四種速度，昔日總軸制之車床、鑽床、鉋床都使用塔輪傳動，今日鑽床仍多使用，其他已改成齒輪變速；一般工廠已不使用，唯小型工廠仍使用之。

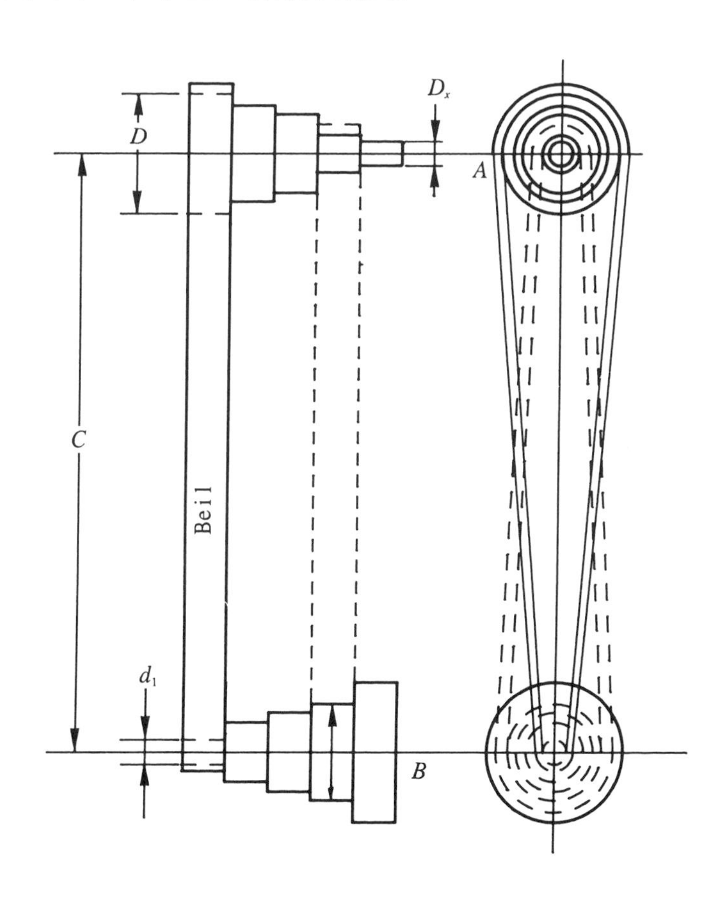

圖11-8　塔輪

1. 不對稱塔輪：

如圖11-8所示，A為主動軸，B為從動軸，設以D_n代表主動軸各塔輪直徑(D_1，D_2，D_3，D_4)，d_n代表從動軸各輪直徑(d_1，d_2，d_3，d_4)，主動軸轉速為N(固定值)，從動軸轉速為n_n有(n_1，n_2，n_3，n_4)等轉速，可按帶輪轉速比計算之。

$$\frac{n_1}{N}=\frac{D_1}{d_1} \qquad 則 \qquad \frac{n_n}{N}=\frac{D_n}{d_n} \qquad (公式11\text{-}4)$$

而相對應兩輪直徑和恆為一定，則

$$D_n+d_n=D_1+d_1=D_2+d_2=\cdots\cdots \qquad (公式11\text{-}5)$$

在塔輪上使用皮帶長度恆為一定，可按前節公式求出。以一相對應輪即可算出。

【例11-3】三階塔輪，如圖11-9所示，主動軸轉速$N=100$rpm，$D_1=18''$，主動軸轉速分別為$n_1=600$rpm，$n_2=300$rpm，$n_3=50$rpm，請分別求出D_2，D_3及d_1，d_2，d_3之直徑。

解：(1) $\frac{n_1}{N}=\frac{D_1}{d_1}$ $\qquad N=100$rpm

$D_1=18''$ $\qquad n_1=600$rpm

$\therefore d_1=\frac{ND_1}{n_1}=\frac{100\times 18}{600}=3''$

$D_1+d_1=D_2+d_2=18''+3''=21''$

$\therefore D_2=21-d_2$

(2) $\frac{n_2}{N}=\frac{D_2}{d_2}=\frac{300}{100}=3$ $\qquad D_2=3d_2$

$3d_2+d_2=21''$ $\qquad \therefore d_2=5\frac{1}{4}''$

$$D_1 + d_1 = D_2 + d_2 = 18'' + 3'' = 21''$$

$$\therefore d_2 = 5\frac{1}{4}'' \qquad D_2 = 21 - 5\frac{1}{4} = 15\frac{3}{4}''$$

(3) $D_3 + d_3 = 21''$

$$\frac{D_3}{d_3} = \frac{n_3}{N} = \frac{50}{100} = \frac{1}{2} \qquad \therefore D_3 = \frac{1}{2}d_3$$

代入上式 $\frac{1}{2}d_3 + d_3 = 21''$

$$\therefore d_3 = 14'' \quad , \quad D_3 = 21 - 14 = 7''$$

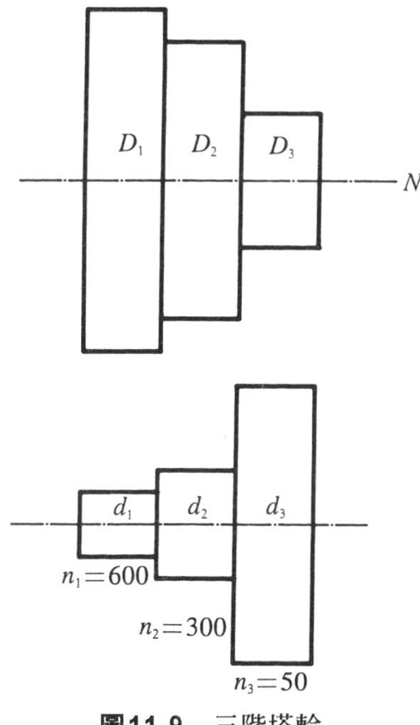

圖11-9　三階塔輪

【例11-4】 如圖11-10所示之交叉帶塔輪，試分別求出其各階級之直徑。

解： 因　$\dfrac{n_1}{N} = \dfrac{D}{d_1}$

即 $\dfrac{900}{150}=\dfrac{18}{d_1}$

∴ $d_1=150\times\dfrac{18}{900}=3(\text{in})$

以 $D_1+d_2=18+3=21(\text{in})$

而 $D_4+d_3=D_1+d_1=21(\text{in})$

又 $\dfrac{D}{d_4}{}_3=450=3$

即 $D_4=3d_3$

是以 $3d_3+d_3=21$

∴ $d_3+=\dfrac{21}{4}=5.25(\text{in})$ $D_4=21-5.25=15.75(\text{in})$

又 $D_6+d_5=21(\text{in})$

$\dfrac{D_6}{d_5}=\dfrac{75}{150}=\dfrac{1}{2}$ $D_6=\dfrac{1}{2}d_5$

是以 $\dfrac{1}{2}d_5+d_5=21$

∴ $d_5=14(\text{in})$ $d_6=21-14=7(\text{in})$

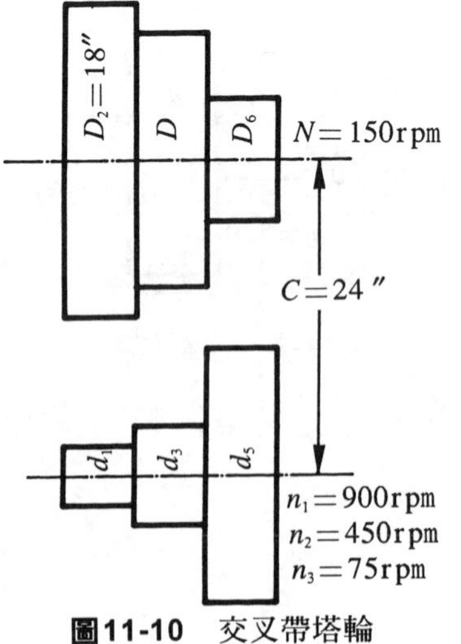

圖11-10 交叉帶塔輪

【例11-5】 如圖11-11所示之開口帶塔輪，試分別求出其各階級之直徑。

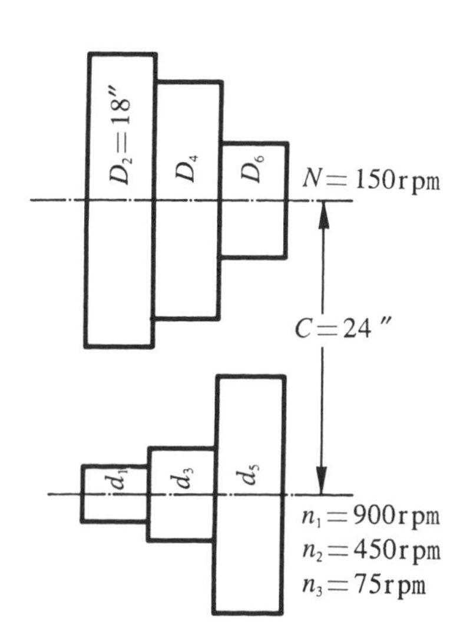

圖11-11　開口帶塔輪

解： 因　$\dfrac{n_1}{N}=\dfrac{D_1}{d_1}$

即　$\dfrac{900}{150}=\dfrac{18}{d_1}$

故　$d_1=\dfrac{150\times18}{900}=3(\text{in})$

欲求D_4及d_3時可將D_2、d_1及C之值代入第(6-8)式，得

$$\frac{\pi}{2}(18+3)+\frac{(18-3)^2}{4\times24}=\frac{\pi}{2}(D_3+d_3)+\frac{(D_4-d_3)^2}{4\times24}\cdots\cdots\cdots\cdots①$$

復由$\dfrac{n}{N_3}=\dfrac{D}{d_4}{}_3$，即$\dfrac{450}{150}=\dfrac{D}{d_4}{}_3$，或$D_4=3d_3$以之代入於①式，得

$$\frac{\pi}{2}(18+3)+\frac{(18-3)^2}{4\times24}=\frac{\pi}{2}(3d_3+d_3)+\frac{(3d_3-d_3)^2}{4\times24}$$

解上式得$d_3=5.43\text{in}$，$D_4=14.29\text{in}$，同理得

$$\frac{\pi}{2}(18+3)+\frac{(18-3)^2}{4\times 24}=\frac{\pi}{2}(D_6+d_5)+\frac{(D_6-d_5)^2}{4\times 24}$$

及 $\frac{n_5}{N}=\frac{D_6}{d_5}$

即 $\frac{25}{150}=\frac{D_6}{d_5}$

或 $d_5=2D_6$

以之代入上式並解求之，得$d_5=14.76$in，$D_6=7.38$in。

【例11-6】 如圖11-12所示，若使用交叉皮帶設$D_2=30$公分，$C=100$公分，求各階之直徑？

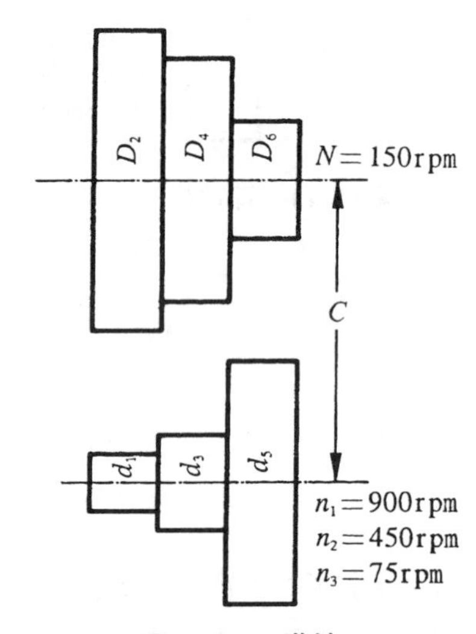

圖11-12 塔輪

解： $\frac{n_1}{N}=\frac{D_2}{d_1}$

$$\frac{900}{150}=\frac{30}{d_1}$$

$$d_1=\frac{150\times 30}{900}=5\text{公分}$$

$\frac{n_3}{N}=\frac{D_4}{d_3}$　$\frac{450}{150}=\frac{D_4}{d_3}$

$D_4=3d_3$…………①

由11-5公式得

$D_2+d_1=D_4+d_3=D_6+d_5=30+5=35$…………②

①式代入②式得

$3d_3+d_3=35$　　$\therefore d_3=\frac{35}{4}=8.75$公分

$D_4=3\times 8.75=26.25$公分

$\frac{n_5}{N}=\frac{D_6}{d_5}$　$\frac{75}{150}=\frac{D_6}{d_5}$　$d_5=2D_6$…………③

③式代入②式得

$D_6+2D_6=35$　　$\therefore D_6=11.67$公分

$d_5=2\times 11.67=23.34$公分

【例11-7】 如圖11-12所示，若用開口皮帶傳動設$D_2=30$公分，$C=100$公分，試求各階之直徑？

解： $\frac{n_1}{N}=\frac{D_2}{d_1}$

$\frac{900}{150}=\frac{30}{d_1}$

$\therefore d_1=\frac{150\times 30}{900}=5$公分

$\frac{n_3}{N}=\frac{D_4}{d_3}$　$\frac{450}{150}=\frac{D_4}{d_3}$　$D_4=3d_3$…………①

由11-3公式得

$\frac{\pi}{2}(D_2+d_1)+\frac{(D_2-d_1)^2}{4C}=\frac{\pi}{2}(D_4+d_3)+\frac{(D_4-d_3)^2}{4C}$…………②

①式代入②式得

$$\frac{\pi}{2}(30+5)+\frac{(30-5)^2}{4\times100}=\frac{\pi}{2}(3d_3+d_3)+\frac{(3d_3-d_3)^2}{4\times100}$$

解上式得 $d_3=8.87$(公分)

$D_4=3\times8.87=26.61$(公分)

同理

$$\frac{n_5}{N}=\frac{D_6}{d_5} \quad \frac{75}{150}=\frac{D_6}{d_5} \quad d_5=2D_6$$

$$\frac{\pi}{2}(30+5)+\frac{(30-5)^2}{4\times100}=\frac{\pi}{2}(D_6+2D_6)+\frac{(2D_6-D_6)^2}{4\times100}$$

解上式得 $D_6=11.92$(公分)

$d_5=23.84$(公分)

2. 相等塔輪

它是大小相同的兩個塔輪，使用時交錯而已，如圖11-13所示，普通都是單數級塔輪。圖中

$D_1=d_5$ ， $D_2=d_4$ ， $D_3=d_3$ ，

$D_4=d_2$ ， $D_5=d_1$

中間對應塔輪大小必定相等，它轉速比與不等塔輪同。

$$\frac{n}{N}=\frac{D_1}{d_1}=\frac{D_x}{d_x}\cdots\cdots$$

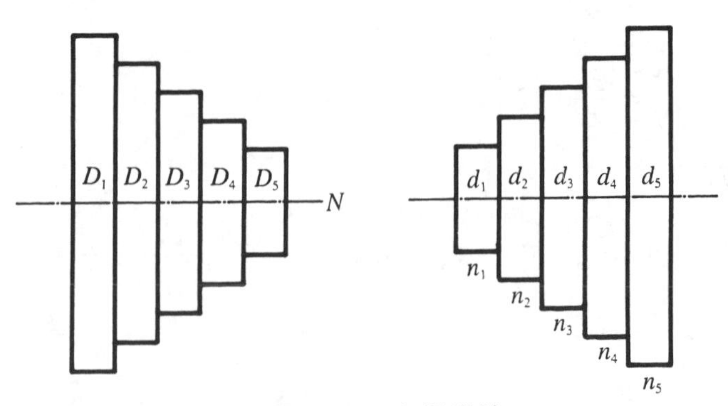

圖11-13 相等塔輪

3. 速率圓錐(speed cones)或稱變速錐輪：

如圖11-14所示，它是相等塔輪之演變改進，可得到許多變速，按皮帶位置而在相對應輪上直徑成反比。

$\frac{n}{N_1}=\frac{D_x}{d_x}$皮帶之移動，是以帶導器(shipper)$E$而移動，可達到任意速度比(當然必需在對應直徑比例內)，此種塔輪一般機械很少用，適用於紡織機械較多。

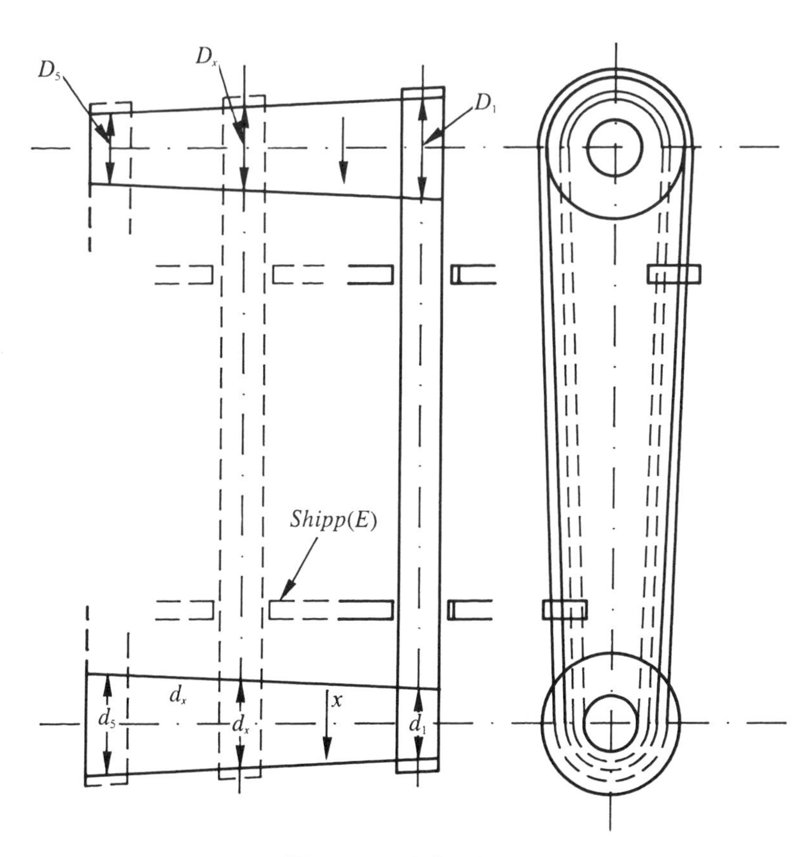

圖11-14　速率圓錐

11-6　皮帶裝置定律及形式

1.　一般裝置：

皮帶按置於帶輪上，除前圖11-2所示，皮帶輪中緣隆起以防止脫落外，最主要為皮帶進入帶輪時，皮帶中心(如圖11-15所示)，必定要在進入帶輪寬度中心面上，皮帶始能在帶輪上穩定傳動，不致於脫落，但退出側不必在帶輪中心線上，不能適用於逆轉。

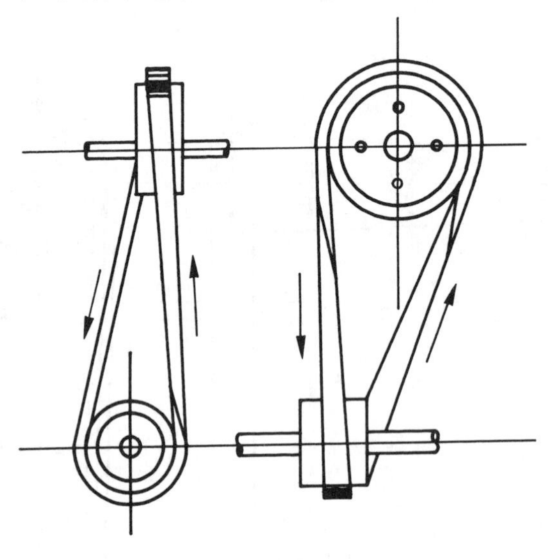

圖11-15

2.　可逆轉裝置：

上列定律，在逆轉時則不合乎條件；為滿足上列要求，可在進入側加上一導輪(guide puller)，使進入皮帶也能進入皮帶輪中心線上，而且尚可移動導輪調整皮帶鬆緊度，以防止皮帶用久鬆弛，影響效率。(圖11-16所示)

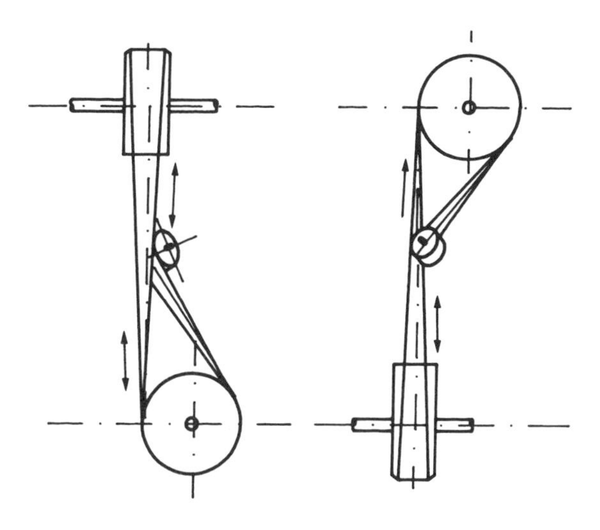

圖11-16　可逆傳動

3. 不同平面及垂直值動：

(1) 如圖11-17所示為不同平面兩軸傳動，而且可逆傳。*a*、*b*為導輪。

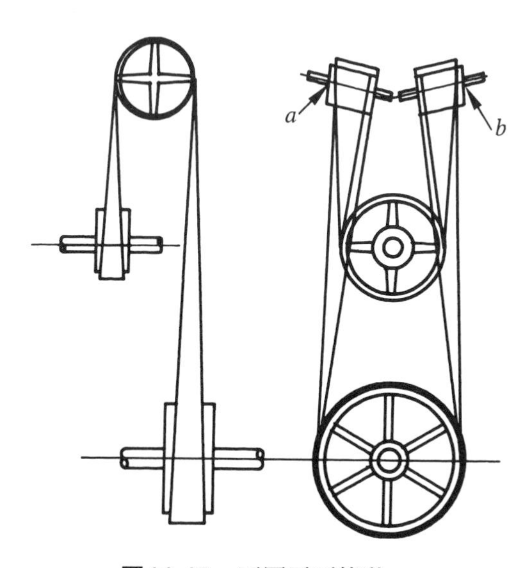

圖11-17　不同平面傳動

(2) 如圖11-18所示為垂直兩軸傳動，而且可逆轉。a、b為導輪，對兩輪轉速比，不發生影響。

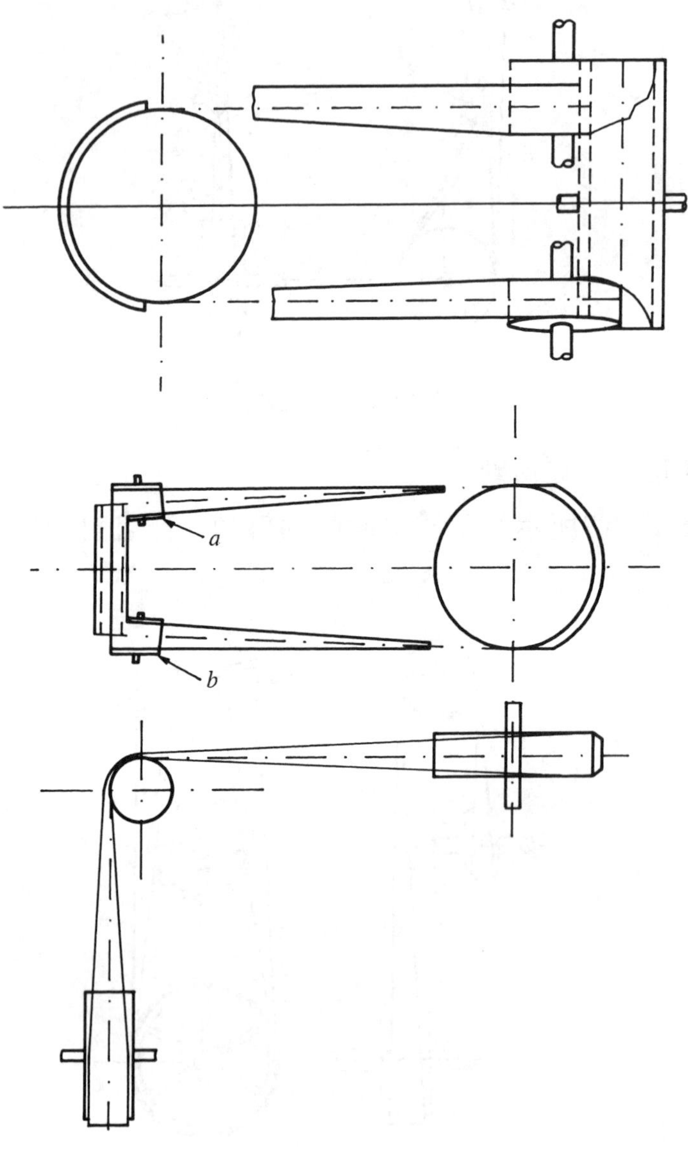

圖11-18 垂直可逆傳傳動

4. **定輪及游輪裝置(tight & loose pulleys)：**

如圖11-19所示，2輪為主動輪，3輪嵌合於*A*軸(從動軸)上，5輪為游輪(loose pulley)。傳動時皮帶連結於2輪與3輪(定輪tight pulley)上，不用時以導帶器(shipper)*E*將皮帶撥到2與5輪上，即變成空轉，*A*軸因而停止轉動。因為舊式總軸動力系統常用。今日皮帶式鑽床仍使用，但已不多見。

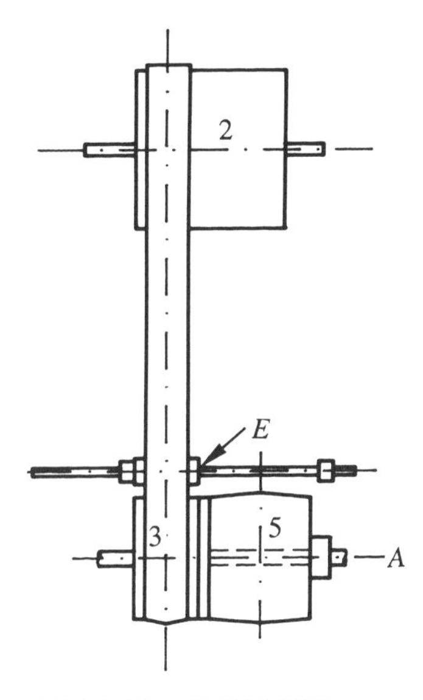

圖11-19　定輪及游輪

11-7　繩及繩輪傳動

兩軸距離過遠，且傳達動力較大時，常以繩(rope)來代替帶，尤其鋼索，在今日起重工作用途最廣，它不輪軸之方向，輪軸距離，高低遠近，皆可使用；唯較易發生滑動現象。

1.　傳達動力所用繩有三種：

⑴　纖維繩(fibrousropes)：是植物纖維，如棉、毛等，適用於室內，怕潮濕，用途不廣，其傳達功率如圖11-21。

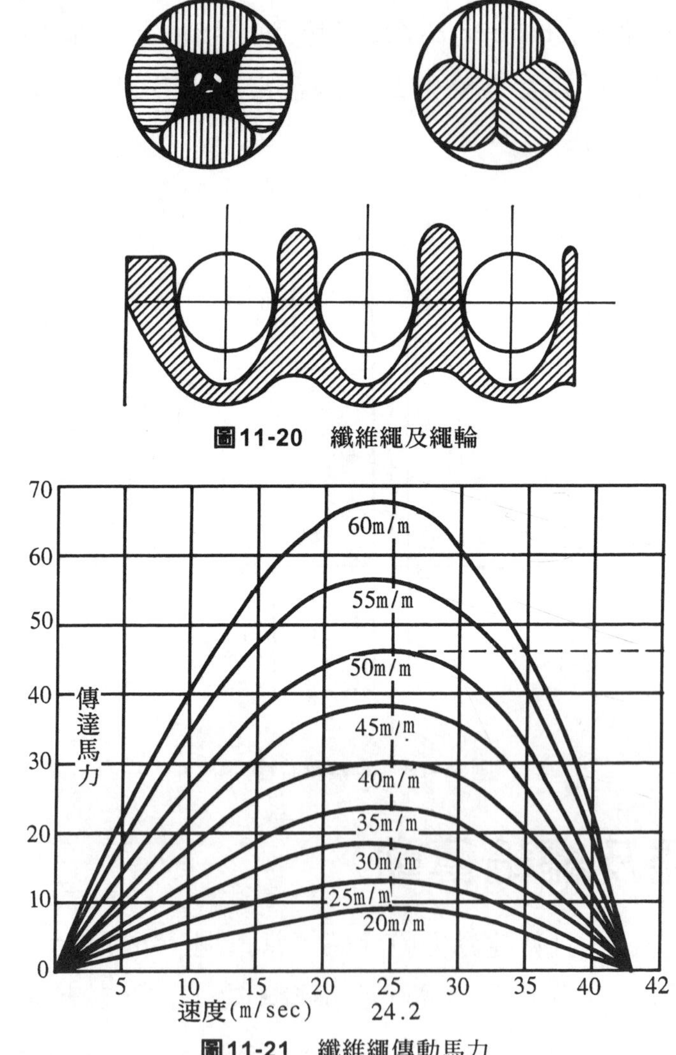

圖11-20　纖維繩及繩輪

圖11-21　纖維繩傳動馬力

⑵　金屬絲繩(wire ope)：如圖11-22所示，以鋼絲編成；常用形式有6股鋼索(stell cable)扭繞而成，每股皆以七根鋼絲扭成，通

稱為6/7鋼絲索；也有8股鋼索及以十九根鋼絲扭成。

⑶ 人造纖維繩：此是近年工業發達，用以代替植物纖維產品；它不怕潮濕、砲、酸物質,不易發生腐蝕現象,尚無正確資料；唯將來必有前途。

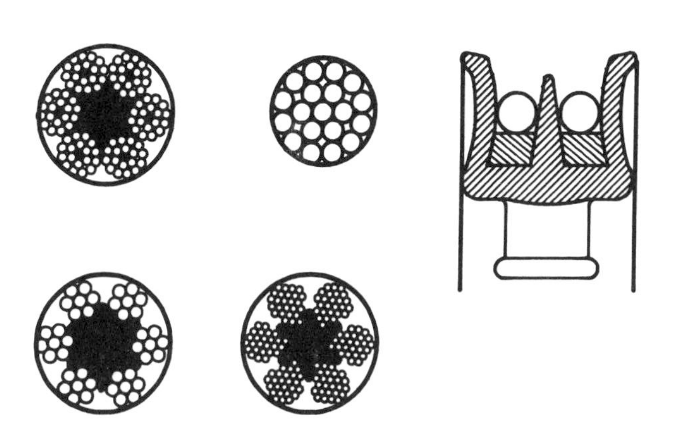

圖11-22　鋼絲索及輪子

2. 傳達動力方式有兩種：

⑴ 多繩制(multiple system)也稱英國制，如圖11-23所示，繩仍可使用不因而停止運轉。缺點：(a)每條繩拉力及摩擦力不均，摩擦力也不平均，繩子容易折斷；(b)僅能用於平行軸傳動，不能用於其他角度軸傳動。

圖11-23　多繩制繩輪傳動

(2) 單繩連續制(continous system)或稱美國制，以鋼纜製成，如圖11-24及11-25所示。優點：①繩之張力可調整，受力平均；②任何角度軸傳動皆可適用。缺點：①繩斷了即不能使用(僅有一條繩)；②裝置較麻煩；③不能傳送較大動力。

繩輪形式如圖11-26所示，美國制繩槽夾角為45°，英國制繩槽夾角為30°。

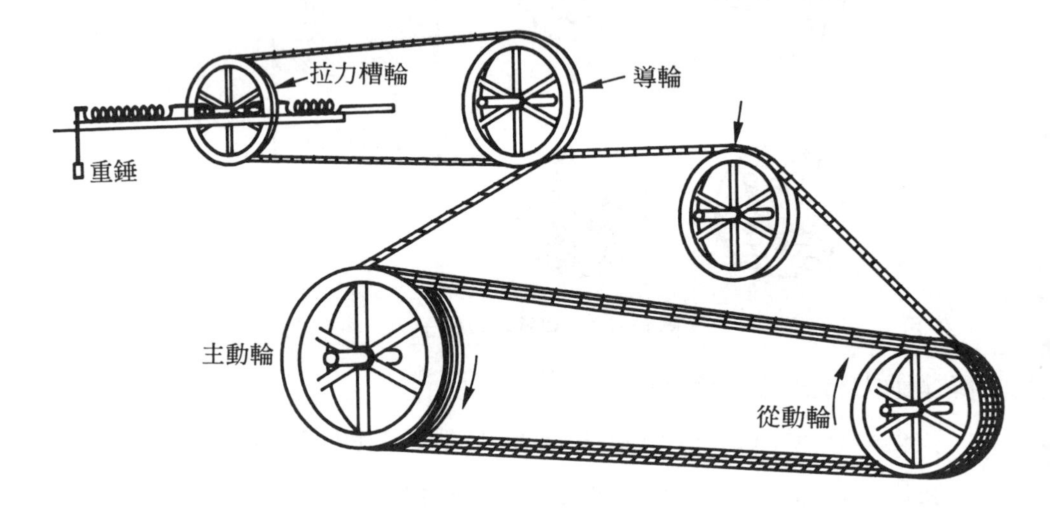

圖11-24　連續制繩輪

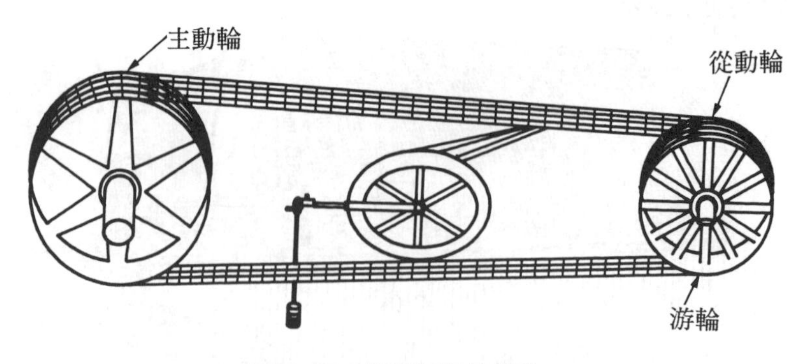

圖11-25　連續制繩輪傳動

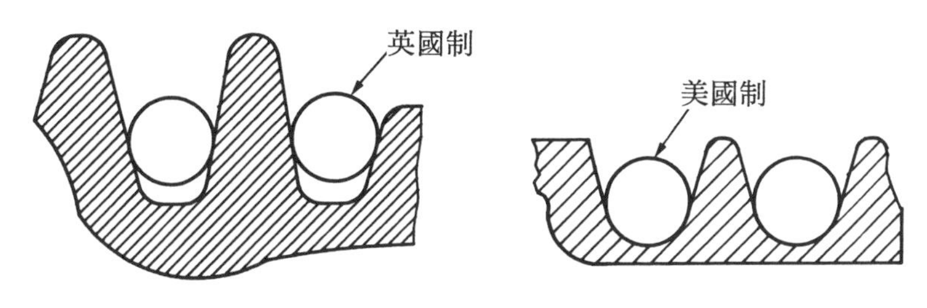

圖11-26　繩輪形式

11-8　鏈及鏈輪傳動

鏈(chain)是用以傳送較小動力及傳送速度較慢者，兩軸距離遠近皆可適用。唯遠距離者轉送需較慢，無滑動情形；速度大者傳動噪音甚大，且磨蝕率也大。按照用途，大致可分為三類，列述如下：

1. 起重用鏈(hoisting chain)：主要起重用，故需有足夠強度及拉力(tension)，依形式不同可分為兩類。

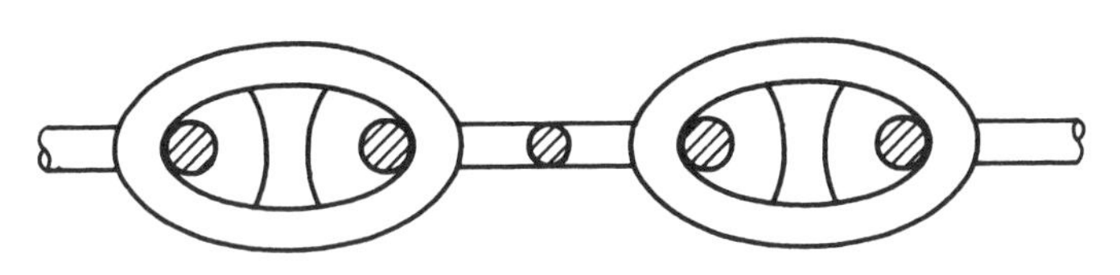

圖11-27　起重鏈

(1) 平環鏈(pain link chain)或稱環鏈：如圖11-28所示，是圓柱斷面，通常以中碳鋼及合金鋼製成。

(2) 柱環鏈(stud link chain)或稱日字鏈：較上者中間多一支柱，呈日型(圖11-27)，比較平環鏈強度好，斷面較大，常以鍛鋼、中碳鋼製成，常用於船舶上。

2. 輸送鏈(conveyer chain)：主要用於輸送帶兩側，輸送物質多為整體，非散裝物品。它形式有：

⑴ 活鉤鏈(detackable of hook joint chain)：如圖11-29所示，平面、圓曲面皆適用。

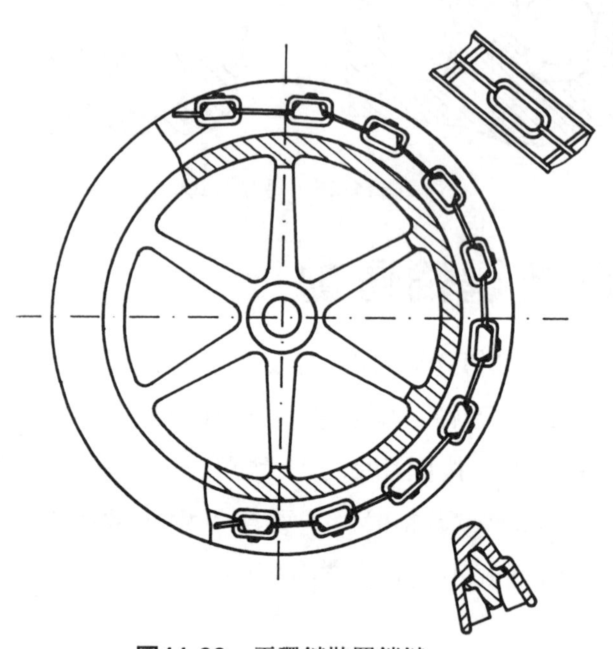

圖11-28 平環鏈裝置鎖鏈

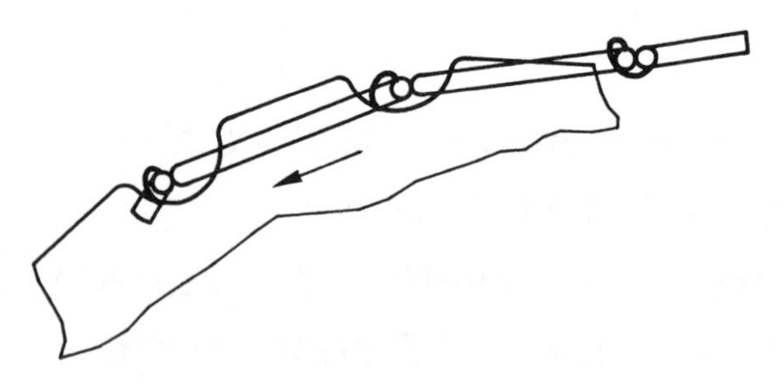

圖11-29 活鉤鏈

⑵ 銷鏈(pintle chain)：如圖11-30所示，輸送機最常用此形鏈，輸送功率大。

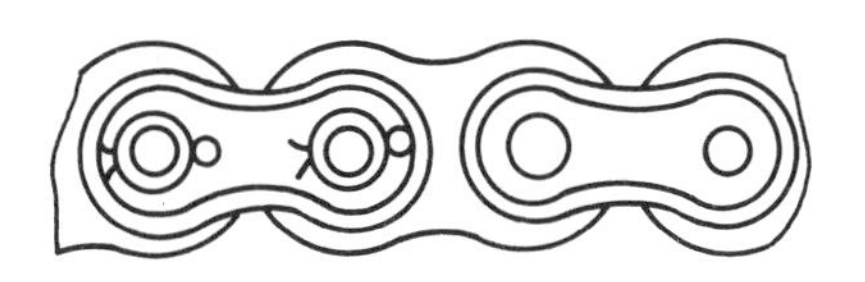

圖11-30　銷鏈

(3) 月牙平頂鏈(crescent flat top chain)：其形狀如銷鏈，唯兩側片呈月牙形，故稱之；一般工廠輸送零件常用。

3. 傳送功率鏈(power transmission chain)：用於傳達兩軸間功率者，無滑動現象，可獲得正確轉速比，多以鋼或合金鋼製成；強度好，形狀規律，且公差良好，可任意互換使用，今日自動工業以鏈傳送功率甚多，唯不能傳送大動力，它有三種形式：

(1) 塊狀鏈(black chain)：如圖11-31所示，以鋼板製成，再以銷(pin)連結，都以沖床(press machine)製出，適用於低速傳動。

圖11-31　塊狀鏈

(2) 滾子鏈(roller chain)：如圖11-32所示，它節距準確，常用於腳踏車、機車，及一般工廠傳送用。一節斷裂可換上一節新者，不必全部換新。用於中速傳動。

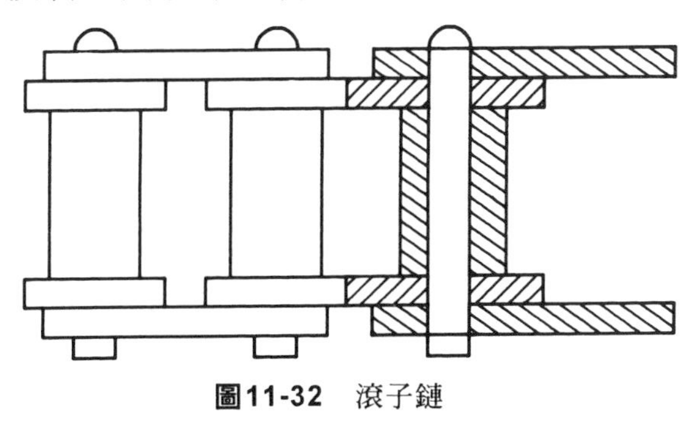

圖11-32　滾子鏈

(3) 無聲鏈(slient chain)：如圖11-33，於高速傳動，傳動時噪音及振動現象少，唯費用較高。

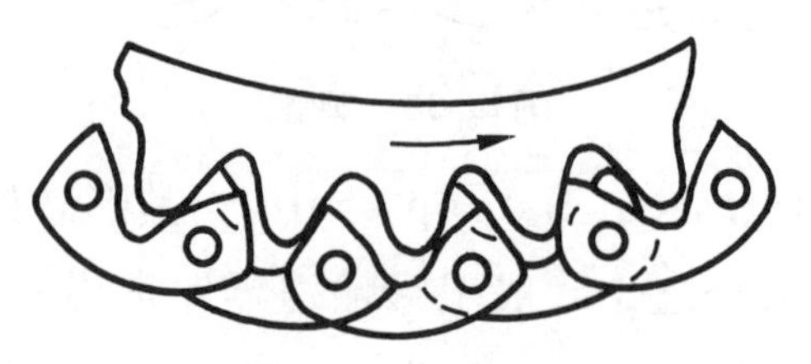

圖11-33 無聲鏈

鏈輪傳動的轉速比，兩輪齒數成反比

$$\varepsilon = \frac{n_1}{n_2} = \frac{T_2}{T_1} \quad \text{(公式11-6)}$$

鏈齒與齒輪相似，最主要為鏈印(pitch of chain)一定形狀下半部為圓型，上半部似漸開線圖11-34所示，為鑽石鏈條公司所製滾子鏈輪齒(diamond roller chain sprocket teeth)之尺寸及畫法。

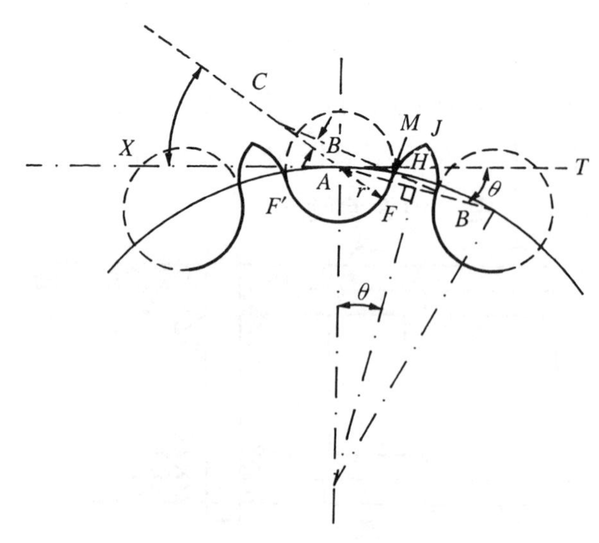

圖11-34 鏈齒畫法

P：鏈印(pitch of chain)，兩鏈齒中心位置距離(以吋計)。

D：滾子名義直徑(norninal diameter)。

T：齒數。

$r=\dfrac{1.005D+0.003}{2}$吋　　$a=35^\circ+\dfrac{60^\circ}{T}$　　$B=18^\circ-\dfrac{56^\circ}{T}$

$\theta=\dfrac{180^\circ}{T}$　　$AB=1.24D$　　$AC=0.8D$

節圓直徑 $=\dfrac{P}{\sin\theta}$

此種齒畫法：

先畫出節圓，按鏈印$\left(\dfrac{P}{2}\right)$分成$2T$等分，在中心點$A$作節圓切線$AT$，經$A$點引直線$AC$，與$AX$成$a$角，再以$C$為中心，$CF$為半徑，作工作曲線$FM$，且使角$FCM$等於$B$，引直線$MH$，切於圓弧$FM$上，以$B$為中心，$BH$為半徑，作頂部曲線$HJ$，(topping curve)，以相反方向，以同法畫出另半部曲線；其餘齒可以相同方法畫出。

習題十一

1. 何謂撓性傳動及其種類？
2. 為何皮帶輪中緣凸起，試述其理由？
3. 何謂皮帶之有效張力？其對皮帶傳動效率影響如何？
4. 一軸轉速為200rpm，上接裝900cm直徑之皮帶輪，拖動馬力為10 HP，求此皮帶之有效張力為若干？
5. 一鑽床用開帶傳動，使用三級塔輪，設主動軸轉速為每分150轉，被動軸所需速度分別為150、450、900rpm，若二軸距離為150

cm，主動軸上最大輪徑為300cm，試求其他各階輪直徑？

6. 二軸各裝一五段之塔輪，用皮帶以傳動，主軸轉速為150rpm，而被動軸每分鐘需50、100、150、200、250次各種轉速，今設主動軸上最小階輪之直徑為200cm，試求其他各輪直徑？

7. 試述繩輪傳動用途及傳達動力方式。

8. 鏈之傳動，按照用途可分為幾大類？試簡單說明。

第十二章

螺旋機構

12-1　斜　面

斜面(lnclined plane)和楔(wedge)可視爲一爲一種單純的機件，用以傳達力和運動。如圖12-1所示，P爲一個斜面，其底面mn爲一平面，置於水平面XX上，可沿此面自由移動，mo與水平面傾斜成一角度，其背面(back susgacce)no與mn成垂直，滑件S在導路G中可以上下運動，其下端傾斜，斜度與mo相同。當P向左移至虛線所示位置，則將S向上推移dd_1之一段距離。若已知P的長度爲b，高度爲a，由b之任意移動，即可求S移動的距離。因爲由圖示可知$\triangle m,mt \sim \triangle m_1n_1o_1$，故

$$\frac{mt}{o_1n_1}=\frac{mm_1}{m_1n_1}$$

因爲　$on_1=on=a$，$mt=dd_1$，$m_1n_1=mn$

故　$$\frac{dd_1}{on}=\frac{mm_1}{mn}$$

或　$$dd_1=mm_1\times\frac{on}{mn}=mn_1\tan\angle omn$$

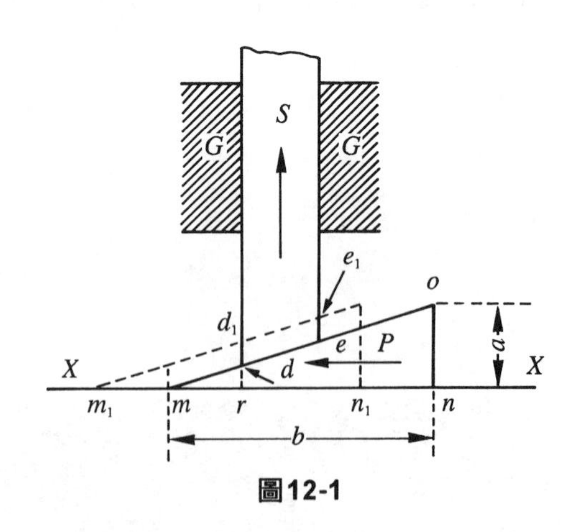

圖12-1

即斜面上滑的距離，等於斜面移動的距離與斜角正切函數值之乘積。若一切摩擦不計，設水平推動斜面的力爲F，則推動斜面所需之功爲$F \cdot mn_1$；若此際S上的總重量爲W，則推動斜面所得之功爲$W \cdot dd_1$。

故　$$F \cdot mn_1 = W \cdot dd_1$$

或　$$\frac{W}{F} = \frac{mm_1}{dd_1}$$

W/F爲斜面的機械利益，將dd_1用上述的公式代入，則

$$\frac{W}{F} = \frac{mn}{no}$$

由此可知：斜面的斜角越小，則機械越大。

如圖12-2所示，若斜面之背面no不與mn垂直，則求滑件S上升之距離，除以垂直高ok替代長度no，以mk代替mn外，餘均與上述相同。

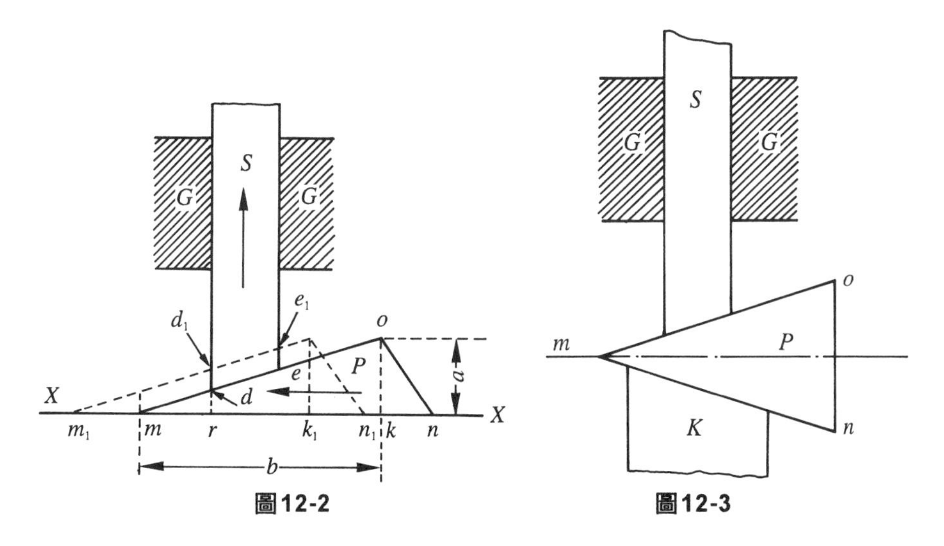

圖12-2　　圖12-3

又如12-3所示，P爲一楔，相當於兩個斜面所湊成，若斜面之斜角相等，當P沿另一固定斜面K向左被推移mm_1之距離，S則在G中被向上

推舉如前dd_1距離之兩部。若斜角不相等，則S上升的距離等於用斜面上升之總和。但需注意的，滑件S的運動方向必需與楔P的運動方向垂直，前述合成上升的法則，始能正確。

12-2 螺旋各部之名稱

如圖12-4所示onm為一直角三角形之紙片，若使其底面mn與一直徑為d的光滑圓柱的軸線方向成正交，並將紙圍繞於圓柱之周緣，則其斜邊m必在此圓柱上圍成一條曲線，此種曲線稱為螺旋線(helix)。因螺旋線祗是一條曲線，故無大小，且不能傳達動力，不能視為機件。若使螺旋線具有相當之寬度與厚度，則成如圖12-5所示的螺旋(screw)：其螺旋線上之突起部份稱為螺紋(screw threads)。故知螺旋之原理與斜面相同；螺紋的傾斜角相當於斜面的傾斜角，稱為導角(lead angle)。螺紋上一點繞圓柱迴轉一周，沿軸向移動的距離，相當斜面的高度，稱為導程(lead)。螺紋上一點至相鄰螺紋相當點的軸向距離稱為螺距(pitch)，如圖12-6中所示。設螺紋導角為θ，導程為L，螺紋或其所繞在圓柱的直徑為d，則由斜面原理，可知

$$\tan\theta = \frac{L}{\pi D}$$

因螺紋具有相當深度，其最大直徑稱為長徑(major diameter)，最小直徑稱為短徑(minor diameter)；長徑與短徑之平均直徑稱為節圓直徑(pitch diameter)。連接一螺紋兩邊之頂邊或頂面，稱為峰(crest)，連接兩鄰兩螺紋之底邊或底面，稱為根(root)。沿垂直軸線方向量得之峰根間的距離，稱為螺紋深度(depth of thread)。同一螺紋，直徑不同，導角自異，可用其平均直徑，以求平均導角。

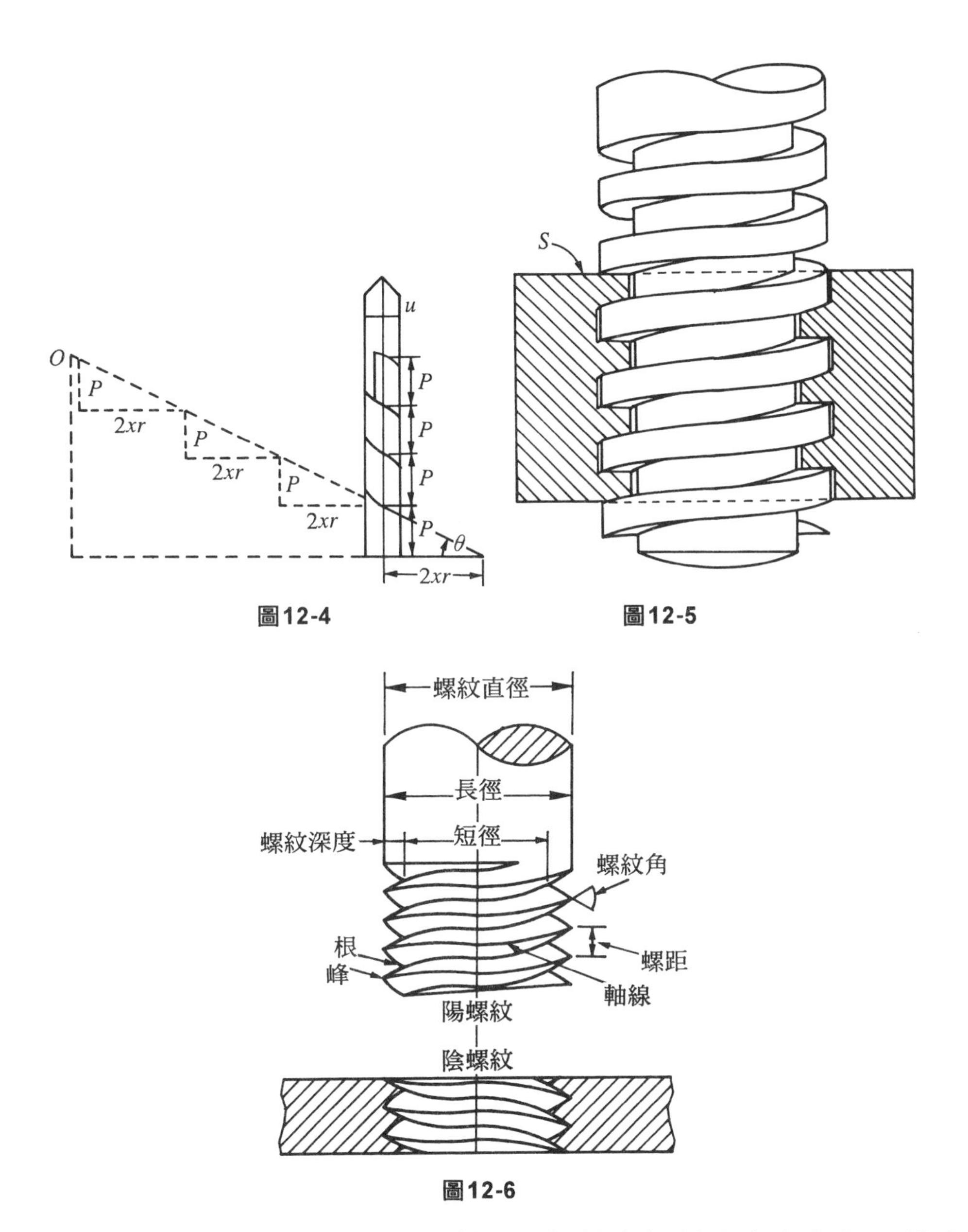

圖12-4

圖12-5

圖12-6

設若正面觀察，如圖12-7(a)所示，螺紋之傾斜均由右向左，稱爲右螺旋(right hand screw)。如圖(b)所示螺紋之傾斜由左向右，稱爲左螺紋(left hand screw)。

若將右螺旋如圖(a)所示箭頭*A*所指之方向迴轉，則必沿固定之螺母向下移動；若螺旋祇能迴轉而不能上下移動時，而螺母被固定。

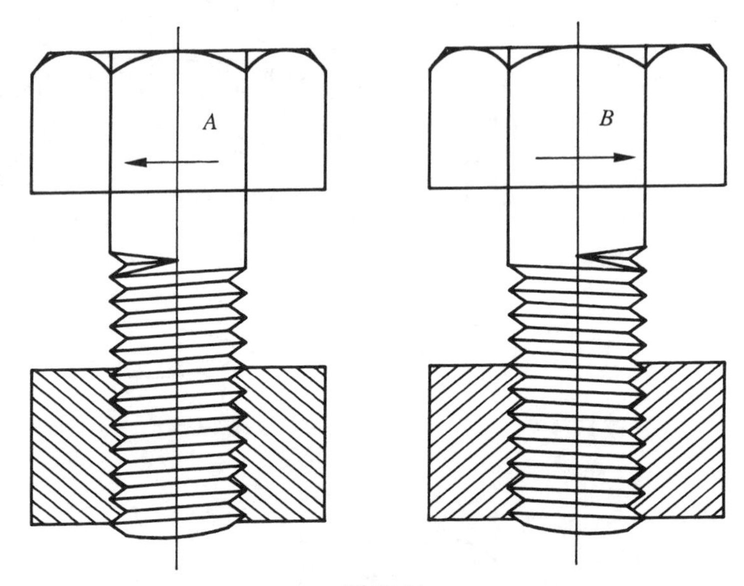

圖12-7

12-3　螺紋之形狀及其標準

螺旋隨其使用目的之不同，螺紋之式樣亦各異。大致可分為V型螺紋、方型螺紋、愛克姆螺紋。茲將各種螺紋之型式及標準分述如下：

1. V型螺紋：可分為美國標準螺紋，銳V型螺紋及惠氏螺紋等。

(1) 美國標準螺紋：二斜面之夾角為60°，螺紋頂部及根處製平，平處之寬等於螺距之1/8。其製之優點有三：第一是較尖角者不易損壞；第二是可避免根處之銳角，以防止該處易於拆裂；第三是較尖角者有較大之根直徑而增進螺旋之強度。

(2) 銳V型螺紋(shaqp　V　therad)：如圖12-9所示，僅頂根處較尖銳。強度較美國標準螺紋爲低。因在固定螺釘(set screw)上，可增加夾持力；在汽滑之牽條螺栓(stay bolt)上，可得較佳之不漏水接合。

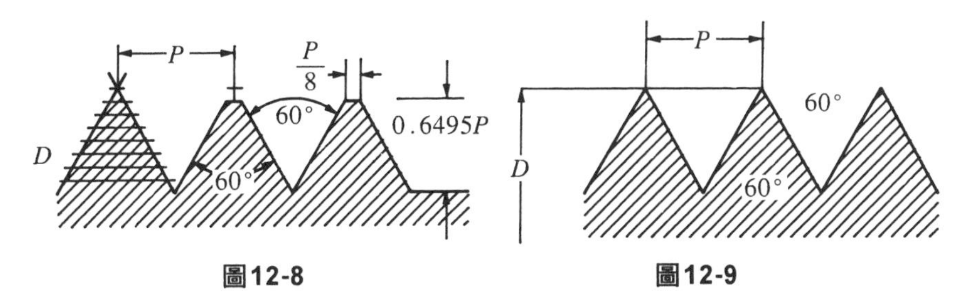

圖12-8　　圖12-9

(3) 惠氏螺紋(whitworththread)：如圖12-10所示，其頂部及根處均爲圓形，所以強度較美國標準螺紋爲優，雖然切削螺紋之刀具不易製造，但能耐重載荷。

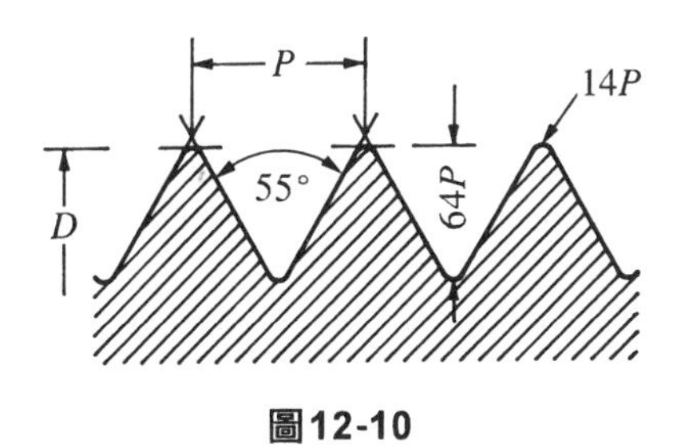

圖12-10

2. 方螺紋(square thread)：如圖12-11所示，其效率較任何螺紋爲高，使用在傳達動力，如起重機，車床之導桿等。如圖所示之螺距設爲P，螺旋外徑爲d，螺紋高爲h時，則

$$P = 0.09d + 2\{\text{mm}\}$$

$$h = \frac{P}{2}$$

在美國，其螺距取美國標準螺紋之2倍。故方螺紋在其一定軸長之

螺紋數，較同螺距之V形者少一半，故受裂力(shear)時，強度亦僅半。

3. 愛克姆螺紋(Acme thread)或梯形螺紋(trapezoidal thread)：如圖12-12所示，爲方螺紋之變形，或稱20°螺紋，斜面易於切削，且因其坡度陡峻，所以效率甚高。廣用於輕動力之輸送，如車床之導螺桿等。

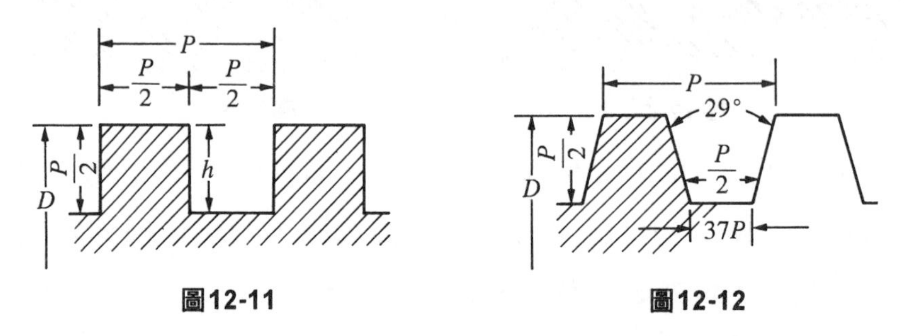

圖12-11　　圖12-12

4. 斜方形螺紋(buttress thread)：如圖12-13所示，用以平面受力之處，兼有V型螺紋之強度及方螺紋之效率，所以適於特種用途，如螺紋壓搾機方面使用之。

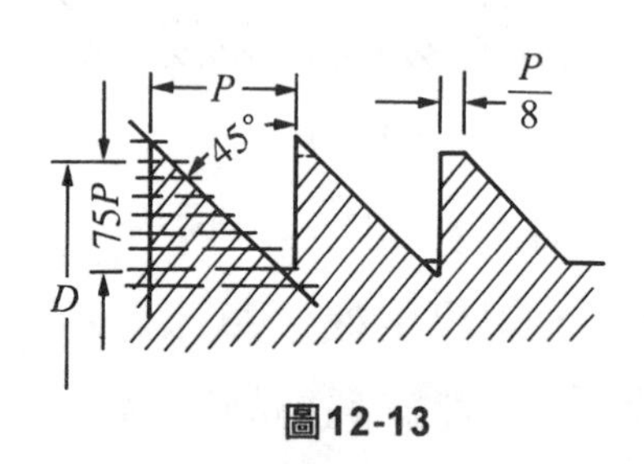

圖12-13

上述之各種螺旋，皆係單紋螺紋(single threaded screw)，即一螺旋係由單一連續之螺紋所構成者，如圖12-14(a)所示；若一螺旋係由平行且距離相等之多數螺紋所構成，則稱爲複紋螺紋(multiple hreaded screw)。如將圓柱繞圍兩張相同的直角三角形的薄紙，且使其圍繞所成之螺旋線距離處處相等，如圖12-14(b)所示，點*A*沿螺紋旋轉一周後，其新位置C，於軸向和原點A不相鄰，而隔一螺紋，在A・C間有一D點，爲雙紋螺旋(double threaded screw)。同理，亦可刻出三條平行且距離相等之螺紋，如圖12-14(c)所示，點A旋轉一周，其新位置C，於軸向不相鄰，而隔兩螺紋，A、C間有B、C兩點，爲三紋螺紋(triple hreaded screw)。

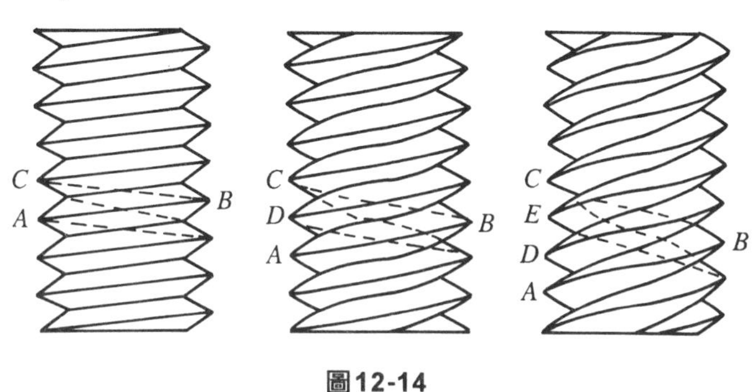

圖12-14

不論單紋螺旋或複紋螺旋，當其迴轉一周時，螺紋上某一點沿螺旋軸線方向移動的一段距離L，即爲導程；單螺紋之螺距與導程相等，雙螺紋之導程爲螺距之兩倍，三螺紋則爲三倍。常見之螺紋多爲單螺紋，故每誤以螺距代替導程。又雙螺紋之螺旋線相隔180°，三螺紋螺旋線相隔120°。

設若螺母固定不動，螺旋迴轉一周，其移動的距離等於導程；又若螺旋僅能迴轉而不能向一端移動，則螺旋迴轉一周，螺母移動的距離亦等導程。

螺紋之大小，公制以螺距之大小表示，單位爲公厘；英制以每吋若干紋數表示。通常，每吋之螺紋數，恰爲以吋爲單位螺距之倒數。在單紋螺旋，亦爲以吋爲單位導程之倒數。如圖12-15所示，將尺之1吋之一端適靠在螺紋頂，而另一端正對一螺紋之底，則表示1吋之間有7.5條螺紋。則稱此螺旋爲每吋有7.5紋之螺旋。故計算每吋之螺紋數時，不必考慮每吋之螺紋，是否必為導數；亦不必顧及螺旋為單螺紋或複螺紋。

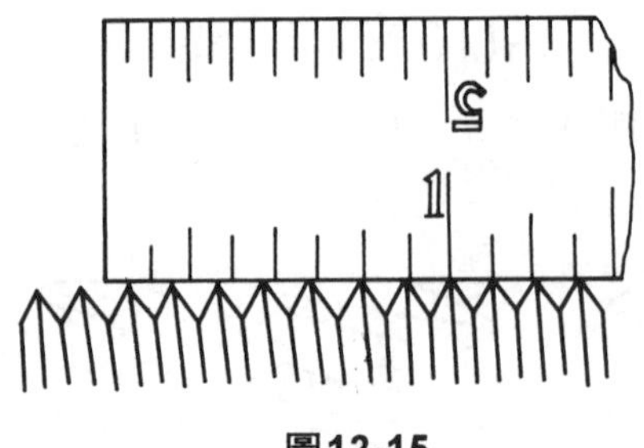

圖12-15

12-4　螺旋之速度

如圖12-16所示，將導程為L吋之螺旋S置於一軸承中，並由軸環(collar)H及B控制之，使其不能左右移轉動。於S上再設一螺母N，使其可沿導路GG左右移動，在螺旋的一端置一曲柄K，K之中心線與螺旋中心線之距離為R。若用手以均勻之轉速N_s搖轉手柄K，S僅為轉動。設S之直徑為D_s，則其周緣之線速度為πDN_s，且N將沿S的軸線方向進行，其運動線速度必為N_sL。故其線速度比為

$$\frac{\text{從動件}(N)\text{之線速度}}{\text{主動件}(S)\text{之線速度}}=\frac{N_sL}{\pi D N_s}=\frac{L}{\pi D}$$

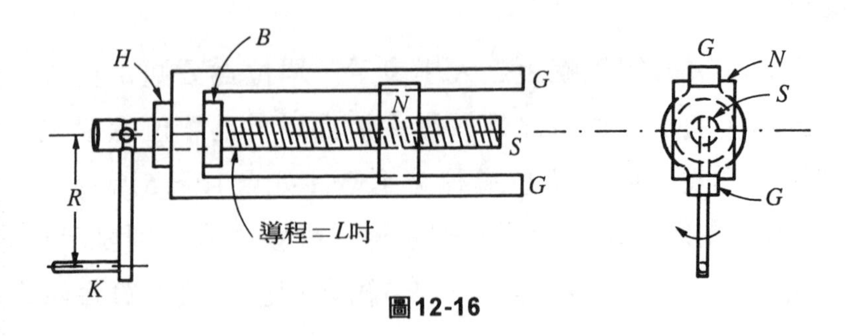

圖12-16

由圖中可知，$2\pi R$必大於L，故其比值更小於1。設轉動手柄K所用之力爲F_K，螺母所旋出之力爲F_N，若摩擦不計，則兩者之功率相等。即

$$F_N \cdot N_S \cdot L = F_K \cdot 2\pi R \cdot N_S$$

故　　機械利益 $=\dfrac{F_N}{F_K}=\dfrac{2\pi R}{L}$

由此可知，以螺紋傳力，可以用較小的人力，換取螺母所產生的較大之力。

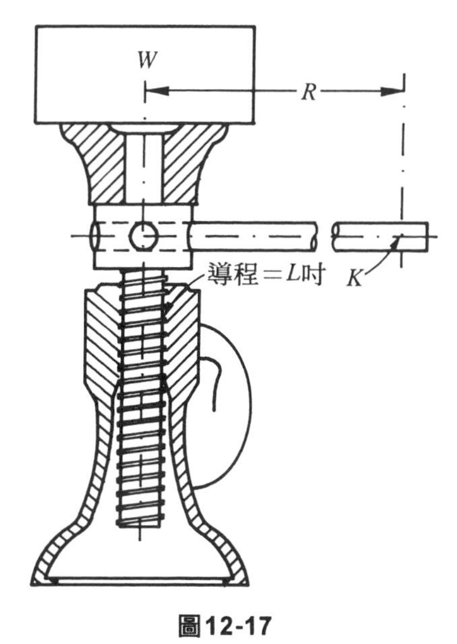

圖12-17

如圖12-17所示，爲螺旋起重機(jack　screw)，當搖動手　舉升重量W時，手柄隨螺紋上升，故當手柄迴轉一周，其動路爲一螺旋線，而非爲一圓周，故其速度比與上述的公式稍異。因螺旋線一周之長爲$\sqrt{(2\pi R)^2+L^2}$，故其正確的線速度比爲

$$\frac{W\text{之直線速度}}{K\text{之直線速度}}=\frac{L}{\sqrt{(2\pi R)^2+L^2}}$$

或 $$\text{機構利益}=\frac{W}{F_K}=\frac{\sqrt{4\pi^2R^2+L^2}}{L}$$

因L之值常較小，故$\sqrt{(2\pi R)^2+L^2}$與$2\pi R$相差甚微，故在實用上可以$2\pi R$代之。

【例12-1】 如圖12-8所示，起重螺旋的導程爲1.2公分，R爲50公分，各部份摩擦損失爲40%，於曲柄F處加30公斤的力，以吊升重量W，試求W之重。

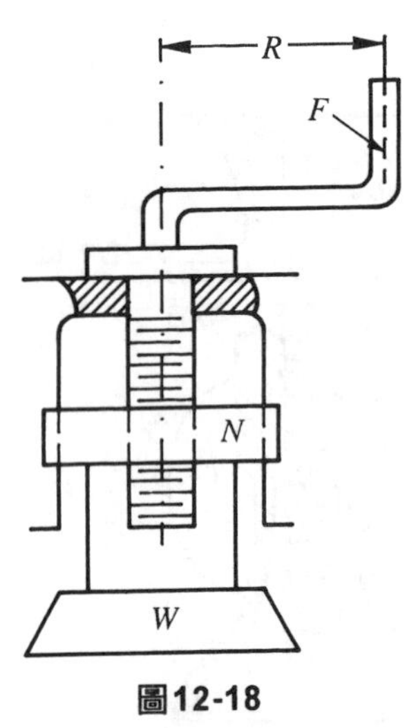

圖12-18

解： 起重螺旋迴轉一周，

$$\text{速度比}=\frac{2\pi\times 50}{1.2}=261$$

以摩擦損失之故，所加之力，祗有60%用於實際起重，故

$$\text{機械利益}=\frac{W}{0.6F}=261$$

即 $W=0.6F\times 261=0.6\times 30\times 261=4700$(公斤)

12-5　差動螺旋及複式螺旋

如圖12-19所示，爲一無軸向移動之螺旋，分爲兩段螺紋，一段爲右螺紋，導程爲L_1；另一段爲左螺旋，導程爲L_2。各迴轉於k和h。如圖示位置，兩者的間隔爲S。若以均勻轉速N_1搖動手柄f，則k和h便會沿不動方向移動，以縮短或增加兩者之間隔S。設間隔之變化爲ΔS，則

$$\Delta S = N_1(L_1 + L_2)$$

此種螺旋裝置稱爲差動螺旋(difference screw)或複式螺旋(compound screw)。若將螺旋上之兩個螺紋改成同爲右螺紋，或同爲左螺紋，則$\Delta S = N(L_1 - L_2)$或$\Delta S = N_j(L_1 - L_2)$，如圖12-19所示，設$L_1 = 1/2$吋，$L_2 = 7/16$吋，且$S_1$及$S_2$同爲右螺旋，則當手柄$K$向右旋轉一周時，整個螺旋必向右移動1/2吋。此時若無S_2螺旋，則Q亦必向右移動1/2吋；但因S_2亦爲右螺旋，故Q必退回7/16吋，故Q向右移動之實際距離爲

$$\frac{1}{2} - \frac{7}{16} = \frac{1}{16}\text{吋}$$

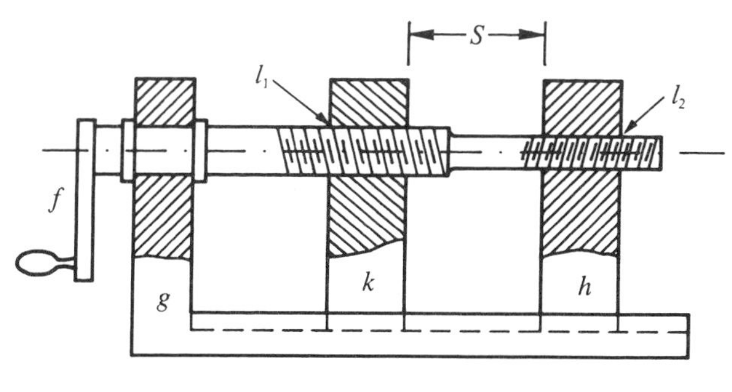

圖12-19

又設$L_1 = 1/2$吋，S_1爲右螺旋，$L_2 = 7/16$吋，S_2爲左螺旋，則當手柄K向右迴轉一周時，整個螺旋必向右移動1/2吋，Q向右移動實際距離爲$\frac{1}{2}+\frac{7}{16}=\frac{15}{16}$吋。由上述第一種情況，可知用導程較大之螺紋，可使螺母較小之運動。

【例12-2】如圖12-20所示，設S_1爲每吋6紋之右螺旋，當手柄K向右迴轉15周時，欲使螺母Q向右移動3吋，則S_2之螺距及螺紋方向如何？又如欲使螺母Q向左移動1吋，則S_2之螺距及螺紋方向如何？

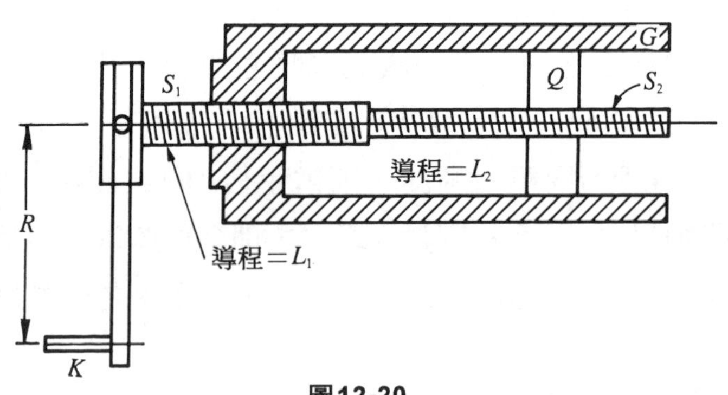

圖12-20

解：設以"＋"號表螺母向右行；"－"號表螺母向左行。因S_1每吋有6紋，故S_1之螺距爲1/6吋，即手柄每轉一周，S_1右移1/6吋，手柄迴轉15周，S_2右移$15/6 = 5/2$吋。此際，若無S_2之螺紋，則Q亦必右移5/2吋，較欲使Q應移動3吋之距離爲小，故應爲左螺旋。設S_2之螺距爲L_2吋，則

$$\left(\frac{1}{6}+L_2\right)\times 15 = 3$$

$$15L_2 = 3-\frac{5}{2}=\frac{1}{2} \qquad \therefore L_2=\frac{1}{30}$$

即S_2應爲每吋30紋之左螺旋。

又若欲使Q向左移動1吋，則因移動方向與S_1移動方向相反，故S_2應爲右螺旋，且S_2之螺距L_2應大於S_1之距離。故

$$\left(\frac{1}{6}-L_2\right)\times 15=-1$$

$$15L_2=\frac{5}{2}+1=\frac{1}{2}\qquad \therefore L_2=\frac{7}{30}$$

即S_2應爲螺距爲7/30吋之右螺旋。

【例12-3】 如圖12-21所示，S_1爲導程3/16吋之右螺旋，S_2爲導程1/8吋的右螺旋，兩螺旋接爲一體，欲使相當於螺母的滑板下降1.25公分，試求手輪迴轉之方向和轉數。

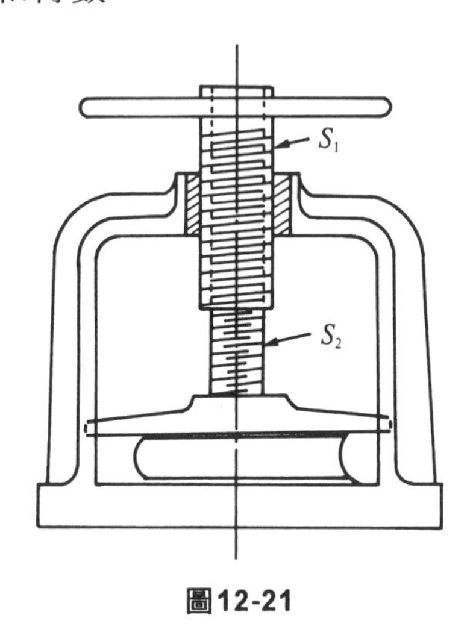

圖12-21

解： 手輪向右迴轉一周，滑板下降之距離爲

$$\frac{3}{16}-\frac{1}{8}=\frac{1}{16}\text{吋}=\frac{2.54}{16}=0.158(\text{公分})$$

因滑板下降1.25公分，故手輪的迴轉數爲

$$\frac{1.25}{0.158}=7.8(\text{轉})$$

即手輪應向右迴轉7.8轉。

習題十二

1. 試述導程和螺距之區別。
2. 兩個單螺紋V型螺旋，若螺旋角相同，甲螺旋的節徑為乙螺旋節徑的1/2，則甲乙兩螺旋之螺距比為何？
3. 如圖12-22所示，若在繩輪周緣之繩上加拉力37.5公斤，使在W處發生1.75公噸之力。繩輪之有效直徑1.08公尺，其機械效率為50%。試求螺旋之導程。

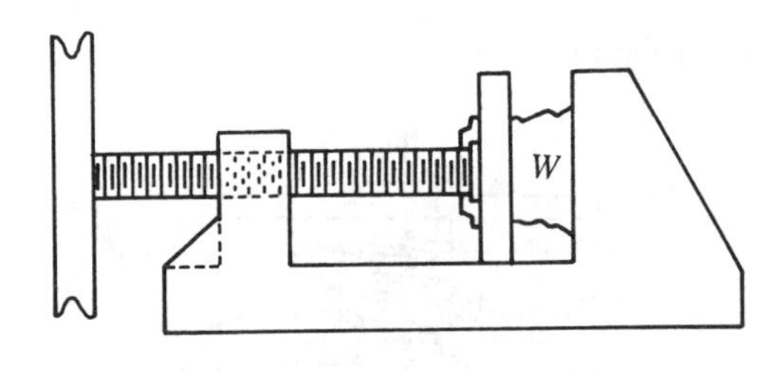

圖12-22

4. 如圖12-23所示，若手輪之直徑為32公分，機械效率為40%，若加15公斤之作用力於手輪，求活塞面所受之壓力為何？

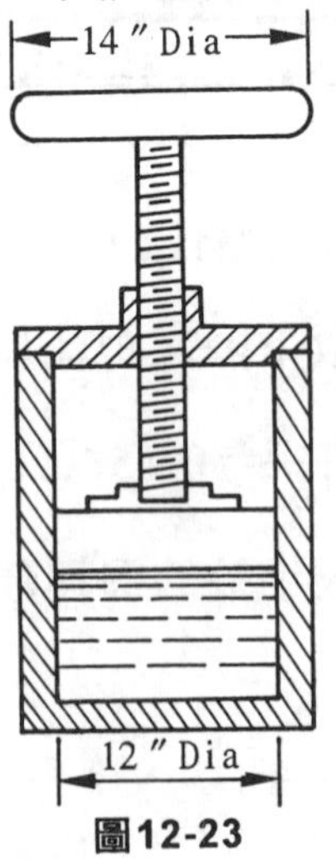

圖12-23

5. 如圖12-24所示，若螺旋桿固定不動，S處之螺紋有2/11公分之導移，S_1有2/10公分之導程，兩者均為右向。M和N迴轉方向及角速度均相同。如距離A減少2公分，則M和N須迴轉若干轉？

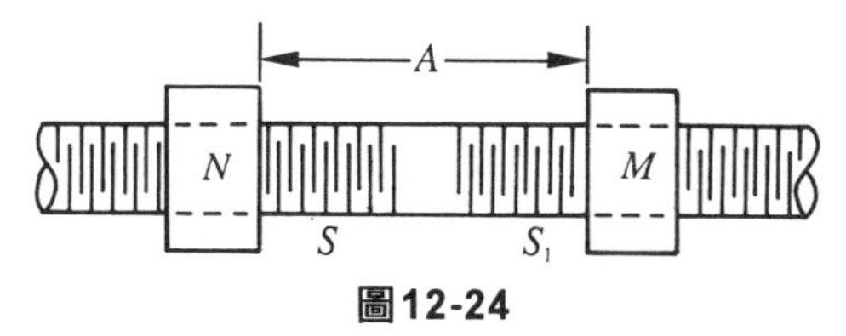

圖12-24

第十三章

槓桿及滑輪機構

13-1　機械利益和機械效益

設一機械中若摩擦力可略而不計，則主動件某點所受之力與從動件某點作功之力之比，稱爲機械利益(mechanical advantage)。設加於主動件某點之力爲P，從動件某點作動之力爲Q，則機械利益A爲

$$A=\frac{Q}{P}$$

若主動件上作用力P所經之距離爲S_P，從動件上作功之力Q所經之距離爲S_Q，則其速度V爲

$$V=\frac{S_Q}{S_P}$$

在機械中，若無能量損失，主動件所受之能量與從動件所作之功相等，即

$$P \cdot S_P=Q \cdot S_Q$$

故　$$A=\frac{Q}{P}=\frac{S_P}{S_Q}=\frac{1}{V}$$

或　$A \cdot V=1$(即效率爲100%)

但實際上任何機械，都有摩擦存在，故施於機械之能量必有一部份因摩擦而損耗。同時，機械自身各部份之運轉，亦要消耗相當的功，故加於機械的能量，必較機械完成之功爲大。設一機械中，主動件接受之能量爲E_P，從動件所作之功爲E_S，由摩擦等所致的能量損失爲E_1，則

$$E_S=E_P-E_1$$

此一機械之機械效率(mechanical efficiency) η ，即爲E_S與E_P之比，即

$$\eta=\frac{E_S}{E_P}=1-\frac{E_1}{E_P}$$

通常，一機械之機械效率，以百分率表之，其值視機械之種類而異，大小頗多懸殊，同種機械，因負荷不同，其效率亦不一致，但任何機械均有摩擦等損耗，故無一種機械其效率能達100%。又如數個機械結合使用時，其效率與利益，可由各分機械之效率與利益表示之。設以E_P表輸入之功，E_S表輸出之功，並以 η 表機械總效率； η_1， η_2，……表各分機械之機械效率，E_1，E_2，……表各分機械輸出之功，則因某分機械輸出之功，即爲其次一分機械輸入之功，故得

$$\eta_1=\frac{E_1}{E_P}，\ \eta_2=\frac{E_2}{E_1}，\ \eta_3=\frac{E_3}{E_2}，\ \eta_n=\frac{E_S}{E_{n-1}}$$

但　$$\frac{E_1}{E_P}\cdot\frac{E_2}{E_1}\cdot\frac{E_3}{E_2}\cdot\cdots\cdots\cdot\frac{E_S}{E_{\pi-1}}=\frac{E}{E_P}$$

故　$$\eta=\eta_1\cdot\eta_2\cdot\eta_3\cdot\cdots\cdots\eta_\pi$$

即機械效率爲分機械效率之乘積。同理可證機械利益爲各分機械利益之乘積。即

$$A=A_1\cdot A_2\cdot A_3\cdots\cdots A_n$$

13-2　槓　桿

凡繞一支點可自由轉動之堅固剛體，稱爲槓桿(lever)。此定點稱爲支點，如圖13-1所示，O爲支點，施於槓桿之力F，稱爲主力(effort)或施力(applied force)，施力的作用點B稱爲力點(point of applicat-on)，其支點O的距離$O\cdot B$，稱爲施力臂(arm of applied force)，放在

槓桿的重力W，稱爲重量(weight)或阻力(resistance)。阻力的作用點A，稱爲重點(point of resistance)。其與支點的距離OA，稱爲力臂(arm of resistance)。若F和W兩力都和槓桿垂直，則當槓桿平衡時，根據轉動平衡原理，可知兩力對於支點之力矩必相等。即

$$F\times OB=W\times OA$$

或　　施力×施力臂＝阻力×阻力臂

這個關係稱爲槓桿原理(principle of lever)。

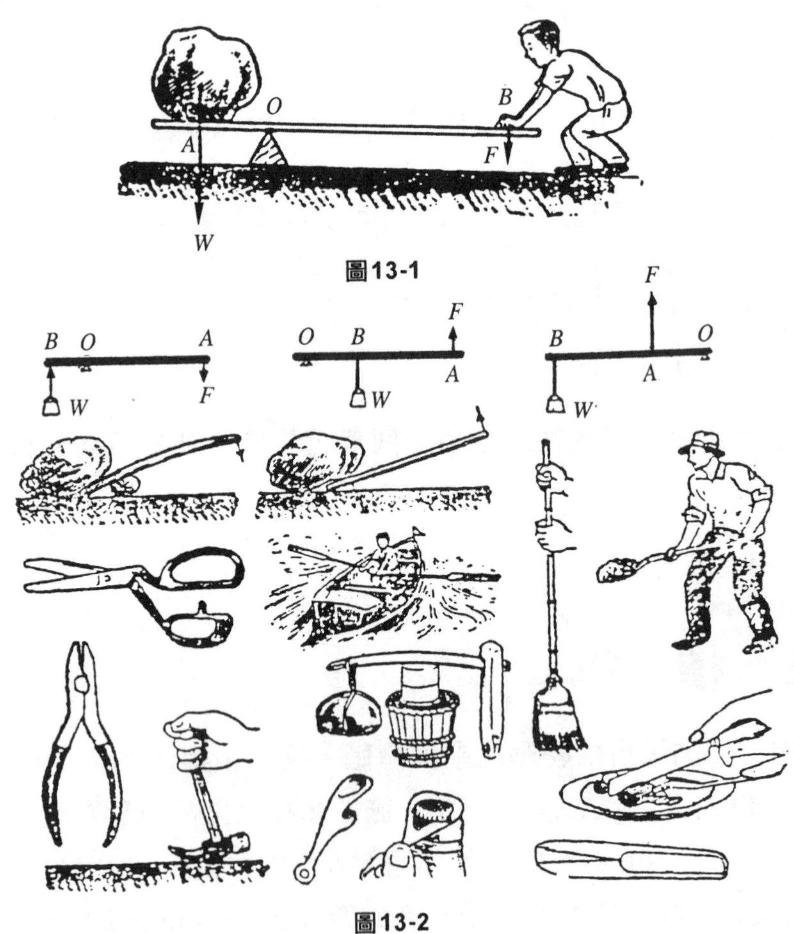

圖13-1

圖13-2

槓桿因支點、力點，重點位置的不同，可分爲三類，如圖13-2所示。

1. 凡支點在中間，重點與力點在兩邊，稱爲第一類槓桿(lever if first class)：如剪刀、天平、鉗子等均屬之。若支點恰在正中間，爲等臂槓桿(lever of equal arms)，如天平。該類槓桿的支點位置不定，可任意移動，視其使用的目的，以定適當的位置。其機械利益可大於1，等於1或小於1。

2. 凡重點在中間，支點與力點在兩邊，稱爲第二類槓桿(lever of second class)，如獨輪車，壓搾器、鍘刀等均屬之。該類槓桿因施力臂恆大於阻力臂，故其機械利益恆大於1。

3. 凡力點在中間，支點與力點在兩邊，稱爲第三類槓桿(lever of third class)，如鑷子，風琴踏板，取糖鋏等均屬之。該類槓桿因施力臂恆小於阻力臂，故其機械利益恆小於1。

13-3　滑　車

輪之周緣鑿有凹槽，藉以捲繩或鏈條，並能繞軸迴轉的圓板裝置，稱爲滑輪(pulley)。倘將繩或鏈繞於輪之周緣，一端緣一重物，當他端用力時，可將此重物升起。通常，滑輪與其輪軸及支架等，合稱爲滑車(block, pulley block)。

凡滑車的軸固定不動者，稱爲定滑車(fixed of standing)，如圖13-3(a)所示。將繩或鏈跨過滑輪兩端下垂，一端懸重物，他端用力下拉，即可將物升起。由圖示如以滑輪軸爲支點，可知施力臂AO，與阻力臂BO之距離相等，若不計摩擦力，其機械利益等於1，相等於第一類槓桿之等臂桿，即不省力亦不省時間，但重物可由下面上昇。

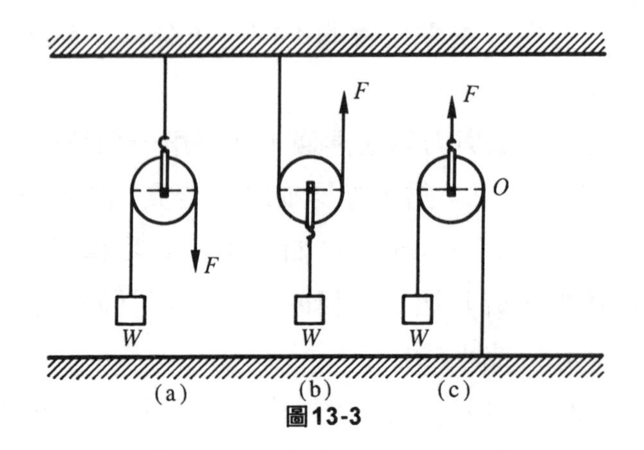

圖13-3

凡滑車的軸可隨所懸重物上下移動而變更其位置者，稱爲動滑車(movable pulley block)。使用動滑車時，將繩之一端固定，他端繞過懸有重物之滑輪，用力上提，如圖13-3(b)所示，滑輪和重物同時昇高。如此裝置之滑車，其重W量有兩繩平均支持，每一繩上之張力各爲$1/2W$，即$F=1/2W$，故其機械利益恆等於2。但施力F將繩提上S，阻力所須距離爲S'，S'爲S的1/2倍，故$FS=WS'$，可知合於功的原理，相當於第二類槓桿。凡於輪架上安裝一滑輪，稱爲單滑輪(simple pulley block)；於輪架上安裝二個以上之滑輪，稱爲複滑輪(compound pulley block)。如圖13-3(c)所示，爲滑車第三種槓桿使用時之情形。支點與抗力點分居滑輪直徑之兩端，而主力點則爲軸心。其機械利益爲1/2，惟重物上昇之速度，則爲主力作用速度之2倍。

因爲滑車僅可改變運動之方向，動滑車則可省力，設若將定滑車及動滑車合併使用，則　可省力，又可改變之方向。由數個定滑車和動滑車聯合使用之裝置，可用以起重，常稱爲起重滑車(tackle, hoisting tackle)。

滑車組合之方式很多，茲舉述如下：

1. 數個單槽輪所組合之滑車組，如圖13-4所示，爲滑車組合中最常用之一種。在此種裝置中，物重W，由六根繩平分提支持，故每繩上所受之張力爲$\frac{W}{6}$，可知$F=W/6$，即其機械利益爲6。若所組合之滑車愈多，定滑車與動滑車之繩數亦愈多，則愈可省力。設滑車組上之繩數爲n，動滑車組的負重爲W，施力爲F，機械利益爲A，又因滑車組本身之重與負重相較甚小，可略而不計，則

$$F=\frac{W}{n}$$

故　$A=\frac{W}{F}=n$

如圖13-5所示，你將一個定滑車與四個動滑車聯合使用，單定滑車之作用，在於改主力F之方向，而各動滑車，則作第二種槓桿之用。因各動滑輪機械利益均爲2，故此滑車組合之總機械利益爲$2^4=16$。惟抗力之速度則僅爲主力速度之

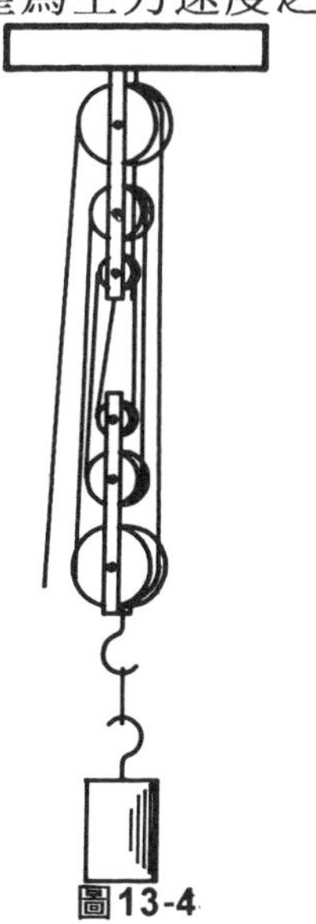

圖13-4

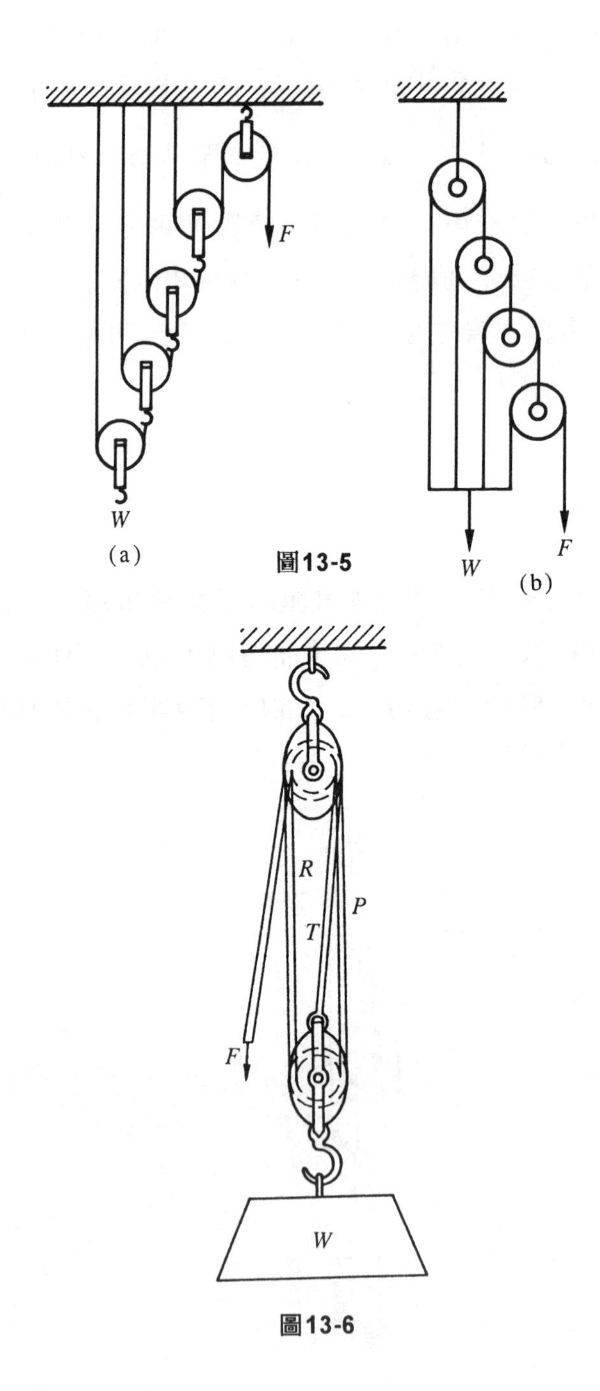

圖13-5

圖13-6

2. 一單槽輪與一雙槽輪所組合之滑車組，如圖13-6所示，定滑車之輪面有兩槽，動滑車之輪面則僅有一槽，繩之一端繫於動滑車之輪架上，他端繞過定滑車之一槽，下行而繞過動滑車之槽後，再繞過定滑車之另一槽。此種起重滑車，當W升高1時，F處之繩得拉長$3l$，故所施之功爲$F \cdot 3l$，W因升高l而所作之功爲$W \cdot l$，則

$$F \cdot 3l = W \cdot l$$

故　$F = \frac{W}{3}$　或　$\frac{W}{F} = 3$

即此種起重滑車之機械利益爲3。

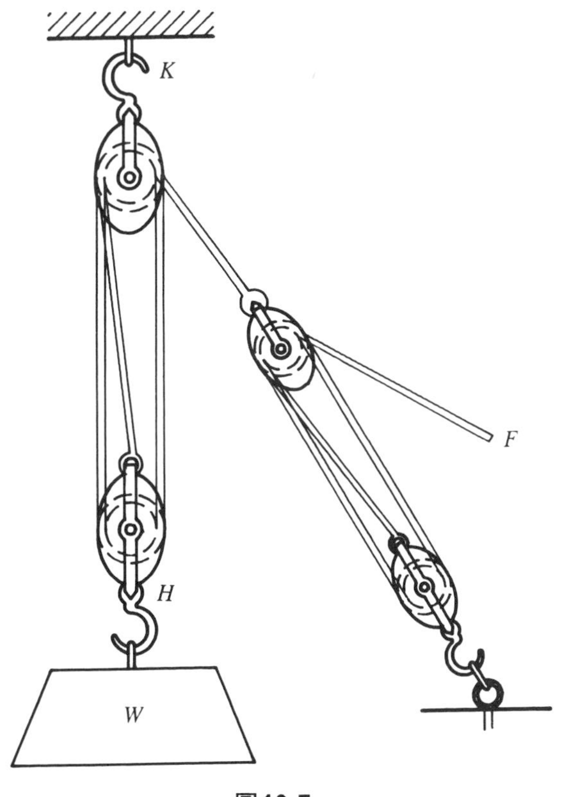

圖13-7

3. 雙滑車組(luff on luff)如圖13-7所示，係由兩組滑車所組成者，欲求此種滑車組合之機械利益，須先分別求出各組滑車之機械利益，然後相乘，便爲此滑車組合之總機械利益。如圖所示，於懸重物W之一組滑車，其機械利益爲3；而作用力F之一組滑車，其機械利益爲4，故其總機械利益爲$3\times4=12$。

【例13-1】如圖13-8所示，求滑車組的機械利益。

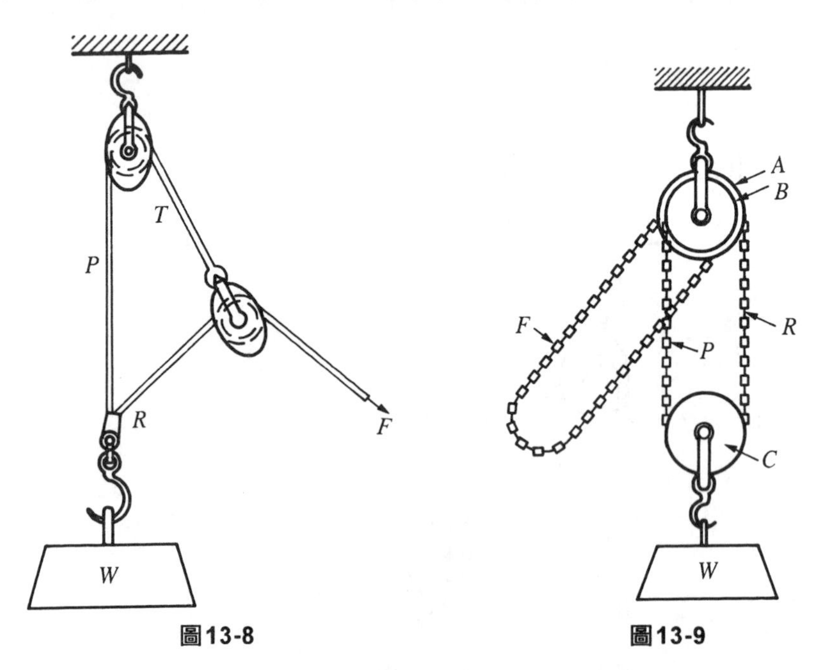

圖13-8　　圖13-9

解：如W吊升l公尺，則繩在P在R皆鬆弛l公尺。在P的l公尺爲T帶過，更造成在R和F皆又鬆弛l公尺。由是R之總鬆弛爲2公尺，須爲F帶過，以加於由T所與之l公尺。故W每吊升1公尺，須下動3公尺，故機械利益爲3。

如圖13-9所示，爲鏈式起重機(chain hoist)，又稱衛斯頓差動滑車(weston differential pulley block)。上方之定滑輪含有直徑相差甚少而緊置一起之兩齒輪A及B，下方爲懸掛重物之單動滑輪C。用一無頭鏈，由F處向上繞經定滑車A，向下繞經定滑輪B，再向下至F連接成環。鏈之P及R處支持重物，F處施力。

設上方定滑輪A，B之直徑分別爲D_a及D_b，當F處施力，使上方之滑輪轉θ角時，P處上升或F處下降之距離爲$\frac{D_a\theta}{2}$，R處後下降$-\frac{D_b\theta}{2}$；故重物實際上升之距離爲$\frac{\theta(D_a/2-D_b/2)}{2}$，故

$$W\cdot\frac{\theta(D_a/2-D_b/2)}{2}=F\cdot\frac{D_a\theta}{2}$$

故機械利益

$$M=\frac{W}{F}=\frac{2D_a}{D_a-D_b}$$

【例13-2】如圖13-9所示之差動滑車，若定滑輪之直徑分別爲30公分及28公分，今欲吊升重6仟克之重物，若摩擦力不計，則須作用力若干？

解：　$F=\frac{D_a}{D_b}W$　　　$(W=6\times100=6000(\text{克}))$

$$F=\frac{30-28}{2\times30}\times6000=200(\text{克})$$

即須作用力200克。

習題十三

1. 何謂機械效率、機械利益及速度比？三者有何關係？試分述之。
2. 槓桿分爲幾種？試舉例說明之。
3. 機械利益小於1之槓桿，其用途爲何？

4. 差動滑輪機械利益？

5. 差動滑輪直徑分別爲50cm及25cm，施力爲5kg，求能吊起多重物料。

6. 如圖13-10所示，若摩擦略而不計，設$W=300$公斤，設求F之力。

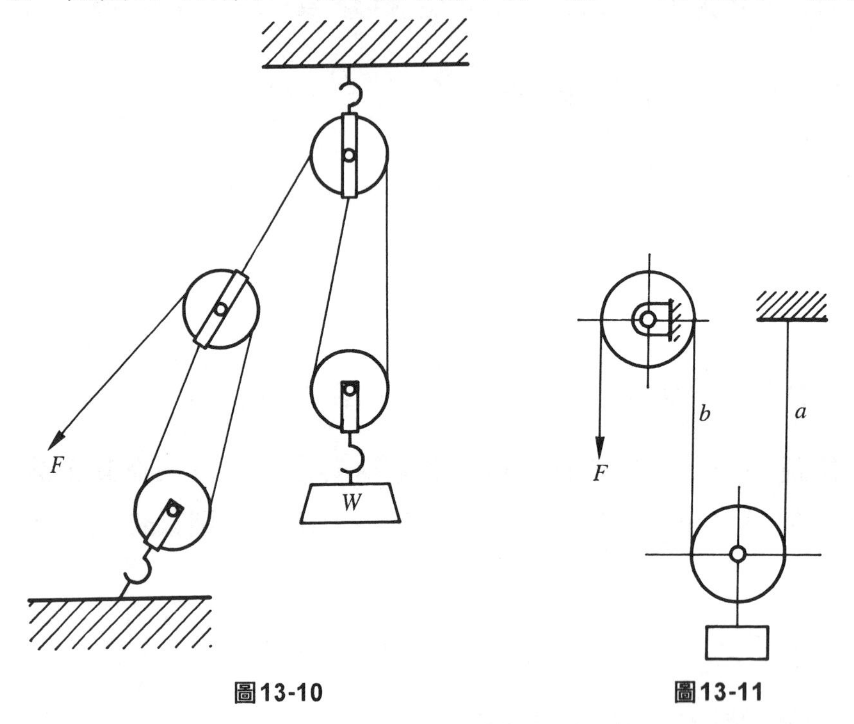

圖13-10　圖13-11

7. 如圖3-11所示，該滑車裝置之機械利益爲若干？若作用力F爲50磅，且摩擦可略而不計，則能升起多少重力之重物？

8. 如圖13-12所示之差動滑車，以30公斤拉力吊起1500公斤之重物，若摩擦可略而不計。求兩定滑動之直徑比。

9. 如圖13-13所示之滑車裝置，設$W=1000$公斤，若摩擦略而不計，求作用力爲若干？每繩之拉力爲若干？

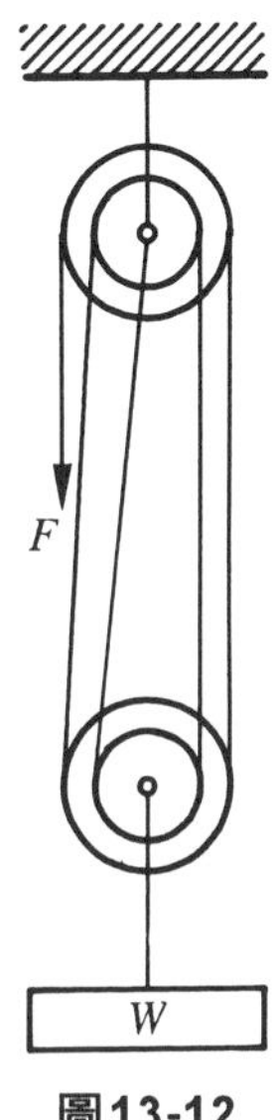

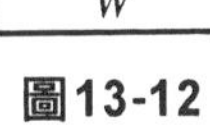

圖13-12

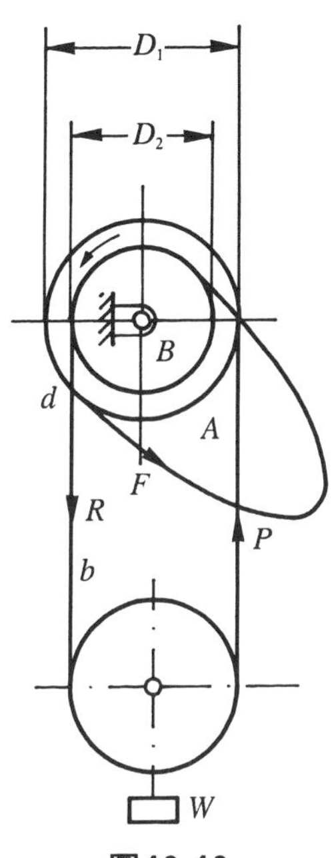

圖13-13

第十四章

間歇運動機構

14-1　間歇運動機構

當一機構之主動件作等速運動，其從動件則有時運動，有時靜止，此種運動稱爲間歇運動，在第七章所討論凸輪從動件的運動中，已有述及。一個剛體之間歇運動，可由他一剛體(即主動件)之往復運動或連續運動而獲得，亦可由他一剛體之間歇運動而獲得。間歇運動除可由凸輪產生外，亦可由棘輪機構(ratchet mechism)、擒縱器(escapement)及間歇齒輪來產生。

14-2　棘輪機構

一個具有齒或銷之輪，由另一個主動臂之往復運動或搖擺運動，以使其產生間歇旋轉運動的機構，稱爲棘輪(ratchet wheel)；此種機構可分爲⑴棘輪及爪(ratchet wheel and pawl)與⑵摩擦棘輪(frictiion ratchet wheel)兩類。

1.　棘輪及爪

一個具有往復運動或搖擺運動，一個具有齒或銷子之輪發生單一轉向之間歇運動，此輪稱爲棘輪。如圖14-1所示，爲一棘輪之裝置，*O*爲棘輪之固定旋轉中心，*A*爲一直桿，鬆套在*O*軸上，能繞*O*軸自由轉動，*Q*及*R*爲兩固定旋轉中中心，其上各銷一爪(pawl)或稱止回爪(detout)或掣子(click)。*R*上所裝者*C*稱爲驅動爪(driving pawl)各由其本身的重力或藉另裝之彈簧之彈力，使之恆與棘輪上的齒接觸。

如圖14-1所示，當*A*桿向左擺動時，驅動爪*C*推動棘輪作反時針方向旋轉，此際固定爪*D*沿棘輪之齒運動，不發生任何阻力。當*A*桿向右擺動時，驅動爪*C*沿棘輪齒滑動，但固定爪*D*則阻止棘輪齒退回，此際棘輪是靜止的。所以A桿雖然不斷的作往復運動，而棘輪則沿一定方向，作時停時轉的間歇運動。

爪或掣子的有效衝程(effective stroke)，爲動桿在每一前進衝程，棘輪被驅的弧長。動桿的總衝程須大於此有效衝程，其差量以使爪或掣子自由落於其位置。

如圖14-2所示，係驅動成鉤狀者，棘輪被驅動爪挽住，僅能作順時針方向旋轉，且可防止爪或掣子由齒端脫落。

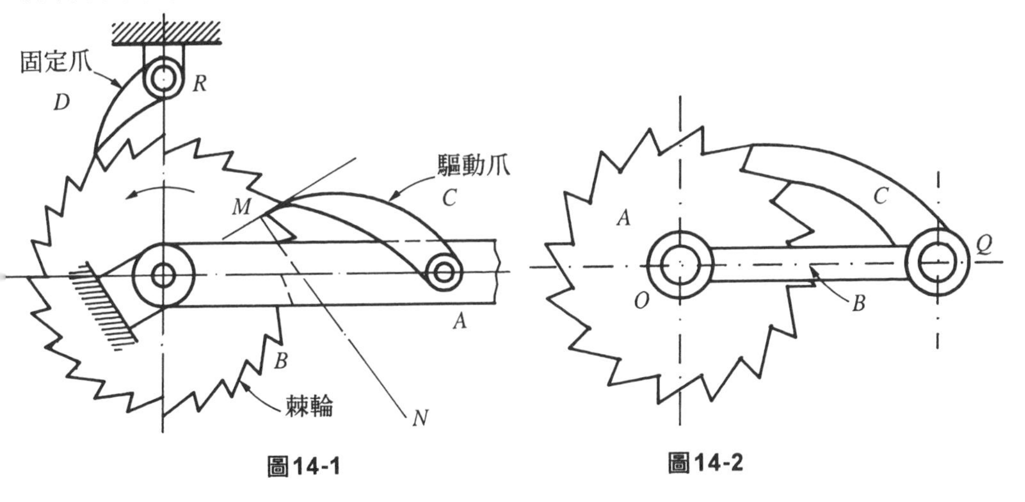

圖14-1　　圖14-2

有時爲使爪或掣子和棘輪的齒增多接合機會起見，常採用同一軸上或同一桿上裝置數個長短不等的爪。設若棘輪僅用一個固定爪，以阻止棘輪之齒不致退回，但棘輪有時將退回一定角度，至爪之前面與齒面相接觸，如能停止。此種退回運動限度最大者，當爪端恰與齒之斜面之頂端接觸，幾達齒輪之一個節距(pitch)。若改成如圖14-3所示，稱爲雙爪棘輪，倘B_1及B_2兩爪之長度，於齒輪上相差齒輪節距之半，則棘輪退回轉動之限度，亦可減少至原來之半。至於一定圓徑，將齒數增加，爪和齒接合機會亦可增加，但齒形有減弱之弊。

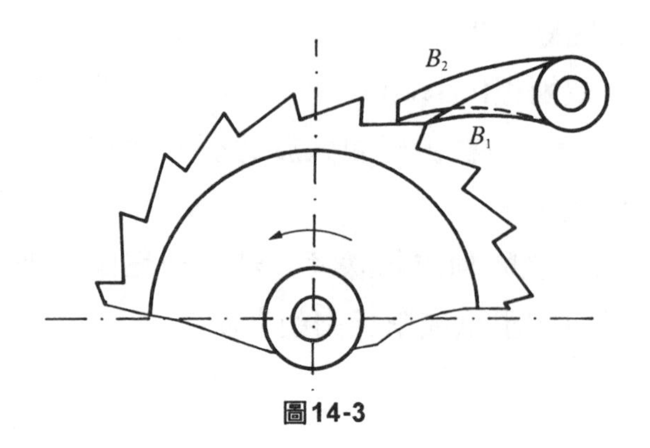

圖14-3

驅動爪亦用多個，如圖14-4所示，使其在輪齒上繼續相差長度，恰等於爪數除棘輪之節距，則前進運動，亦可不符減少齒節，亦可變爲細勻。如圖所示，以C，C_1，C_2稍住三個相等的爪於3上。當棘輪轉動一齒的三分之一時爪4和齒B_1接觸，在其次的三分之一時，4″和B_2接觸，在所餘的三分之一時，4和B接觸。如此接排的結果，不但可使爪與棘輪的運動細勻，且搖桿3於每次退回後再向前進時，無效力之運動，亦可按相同比例減少。

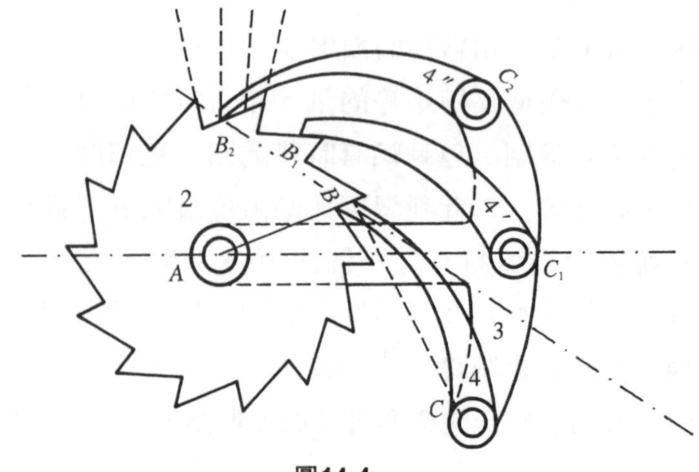

圖14-4

普通棘輪之齒形，僅能使輪運動於單一方向，但某些裝置中，棘輪之迴轉方向，於一定時間後，須予以改變一次，在鉋床中的進給機構，於回行衝程(retarn stroke)中，須能自動進刀(feed)，以備下一次的切削；故須將爪做成可以反轉的可逆爪(reversible pawl)。

如圖14-5所示，棘輪之齒作成直線狀，爪之無作用面作成弧形，以使其於搖桿於迴行衝程中，可以於齒上滑過，爪之後端與一三角形塊相聯，此三角形塊之下邊，被一彈簧向上抵住。爪位於3及3′位置時，彈簧將其抵住棘輪A及A'處，使其得保持與齒接觸。設如圖所示，爪在實線位置，只能推使棘輪沿順時針方向轉動；如果將爪反轉3′位置時，爪便推動棘輪沿反時針方向轉動；若將爪板至3″位置時，則不論搖桿如何搖擺，都不能使棘輪轉動。

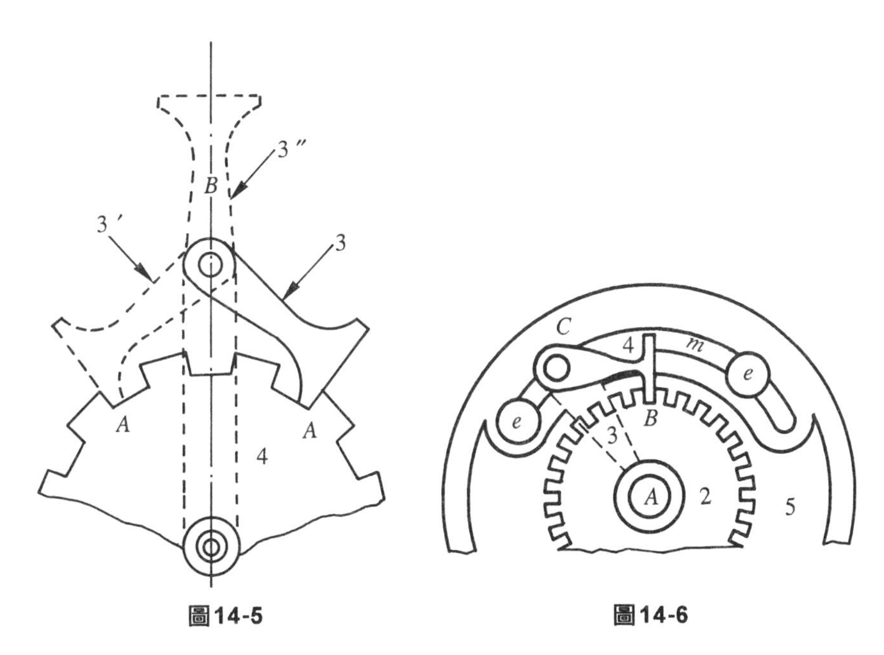

圖14-5　　圖14-6

圖14-6所示，係調整棘輪轉動量的另一種方法。機件5在A軸上鬆擺，5上開一個以A爲中心的圓弧槽m，槽內可容兩個可調整的銷e爪使

放在兩個e的中間，由e推動爪4以A爲中心往復搖擺，再由4推動棘輪2偕同其軸作間歇，當兩銷置於槽兩端，臂3不生運動；但當e和e互相靠近時，因5的搖擺角一定，故5可以藉e來推動棘輪與其軸。故兩銷愈接近，便可產生最大進給。兩銷在其他任何位置，產生上述兩極限的進給運動；此種調整可適於每一情況。

設若使搖桿不論向前或後退方向轉動時，棘輪仍向同一方向運動，則需用雙動棘輪(double-acting ratchet)係由兩個爪交替衝程產生棘輪近於連續的運動，僅在爪反向運動的瞬時間斷。

如圖14-7所示，D爲搖桿的搖擺中心，在桿的兩端C與C'都鬆銷著兩個B及B'其一個較長，另一較短，均使與齒輪之假想圓M相切，當搖桿以爲D爲中心往復搖擺時，兩個爪便會交替地間歇推動棘輪，沿圖示方向迴轉。

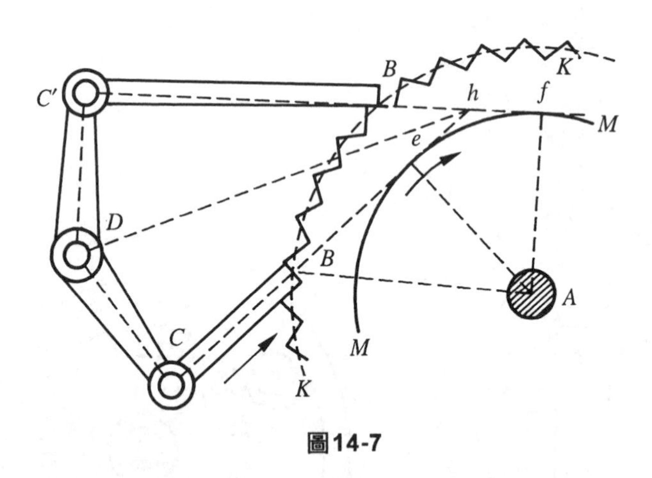

圖14-7

如圖14-8所示，爪的形狀與前述不同，作用爲拉而非推，故迴轉方向亦異，其強度不及前者之大。

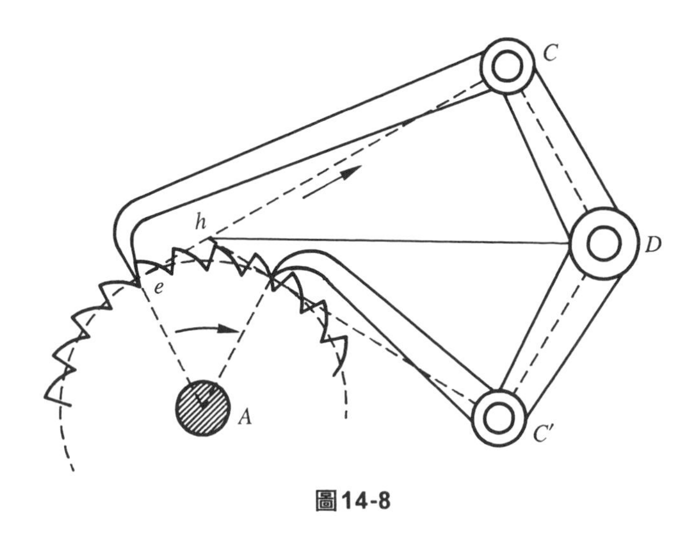

圖14-8

2. 摩擦棘輪

以上各種機輪都是用棘輪和爪，製造成本較高；且輪齒與爪之形式為一定，彼此間的位置亦固定，於運動恆發生噪音。故在傳力較小的情形下，多改用摩擦棘輪(friction ratchet)。當棘輪之起動與靜止，係利用摩擦力，故於運動時不致發生噪音，常稱為無聲棘輪(silent ratchet)。

如圖14-9(a)所示，利用滾珠(ball)或滾子(roller)作為摩擦爪的活輪，滾珠之後方用一個彈簧向狹小之空間抵住，如此可以使在反時針方向迴轉時，立即將滾珠擠緊而不致有滑脫之虞。棘輪則係作成環狀，令爪在環之內面接觸，則爪之凸面與環之凹面接觸，接觸之面積增大，摩擦可得以減少。因此種裝置不能逆轉，故又稱為單向離合器(one-way clutch)。(b)和(a)相似，係用於板鉗(wrench)和鑽孔器(drill)上之棘輪，搖桿B運動時，由於滾珠R與R與環之間的摩擦力，以使A發生迴轉。(c)又稱摩擦擋器(friction catch)於圖示位置，當搖桿B依箭形方向迴轉，爪C和輪A以摩擦作用，輪隨之迴轉。若搖桿反向轉動，輪則不動。

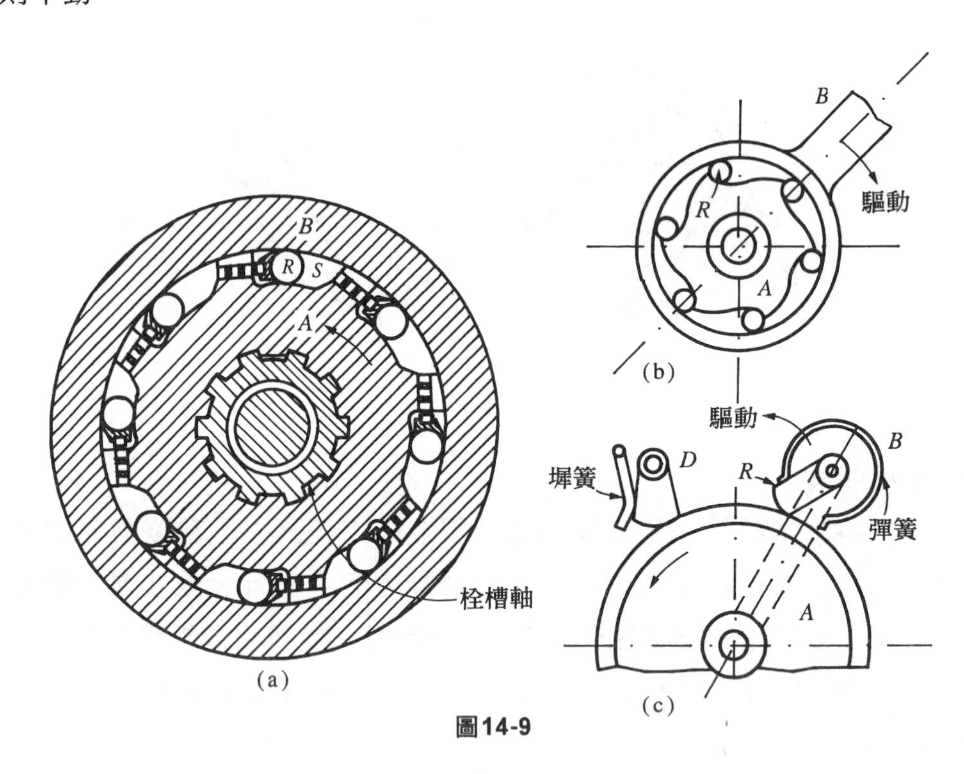

圖14-9

14-3 擒縱器

擒縱器(escapement)係利用一個搖擺件有節奏的阻止和縱脫一個齒輪的迴轉運動。如圖14-10所示，爲簡單形式之擒縱裝置。架4可在軸承5中滑動，裝有齒輪2的固定部份和5相接。擒縱輪(escape wheel)2依箭頭方向連續迴轉，所附三個齒輪b，b'，b''，架有兩個托板(pallet) c和c'，在圖示位置，齒b恰停止驅動托板c向右，將在縱中；而齒b'恰將與托c'相接觸，即將擒著，驅動架4向左。

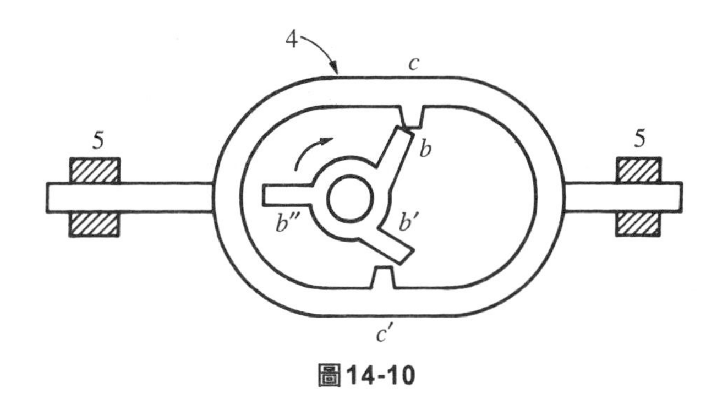

圖**14-10**

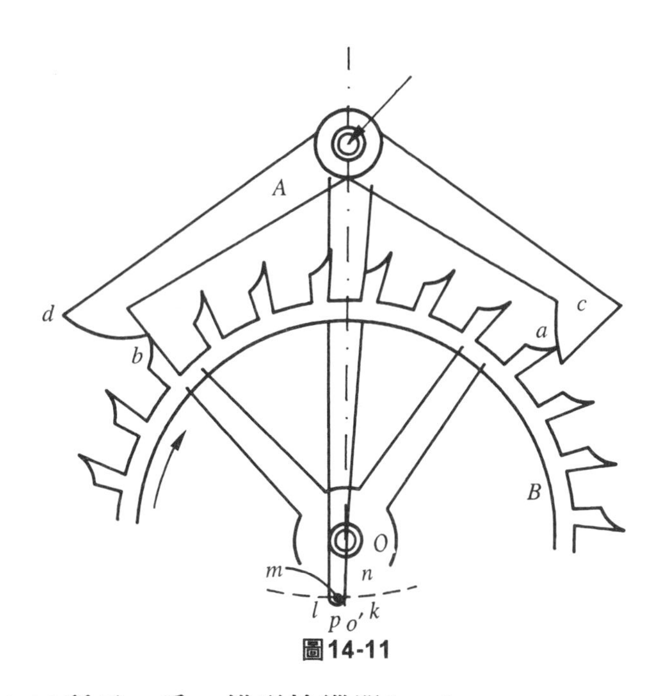

圖**14-11**

如圖14-11所示，爲一錨形擒縱器(auchor escapement)，係應用於鐘錶內。O及Q爲兩固定中心，搖擺件A上有左右兩臂，臂端各有一接觸面(即托板)bd及ac。後面復有一臂Op，p爲一銷之中心，可套於一懸擺之中心槽內隨懸擺之左右搖擺，p點即在圓弧lk上運動。B爲有齒之擒縱輪，用其齒尖與兩托板接觸，左托板曲線bd之所有法線，均通過天心軸(verge)中心O之上方，當bd與齒尖接觸時，p向右擺動，而使B作反時針方向迴轉。右托板曲線ac之所有法線均通過OQ之間，故ac與齒尖接觸，p向左擺動，亦能使B作反時針方向迴轉。同理，若B受能源之力被迫作順時針方向迴轉，其齒尖bd接觸時，能使p向左擺，齒尖與ac接觸，能使p向右擺。

因懸擺爲一具有相當質量之物體，故搖擺時有相當之慣性力存在。設兩點l和k爲p運動的兩極端位置，當p點自中立點O'開始向左擺，此際有一個齒尖與托板bd接觸，即縱B作順時針方向迴轉。於p到達m時此齒適能滑出b而被縱脫，右方之一個齒尖適撞在ac上。由於懸擺之慣性力，p繼續由m到達l，托板ac即反推B作逆時針方向迴轉。繼則擺折回右擺，B輪亦隨著折回作順時針方向迴轉，且由能源而來之力趨勢將托板ac向右推，而助A搖擺。當p到達n時，右托板又適縱一個齒，左方之次一個齒恰撞在db上。同樣由於懸擺之慣性力，p繼續由n至k，托板bd推齒輪逆時針方向迴轉。及至p由k折回，擺向左擺，輪又依順時針方向迴轉，而且齒又將托板向左推之趨勢，以助A之搖擺。由是重復前述循環周而復始。

擒縱輪推動托板，促進擺動，以平衡摩擦力；托板衝撞輪齒，擒縱輪反轉。但前者時長，後者時短，擒縱輪不斷維持擺的擺動。調整擒縱輪的振動時間，不僅決定於擺長，亦決定於擒縱輪之力。故維持力的任何改變，均在擾亂時鐘之正確性。

爲減除懸擺上承受逆轉之力，將錨形擒縱器改良，如圖14-12所示。ef與gh兩弧同在以天心軸A爲圓心之圓弧上，fc的法線都在B點的下方，hd的法線都在A與B之間。fc與Af的夾角等於dh與Ah的夾角，所以左右任何一個ef或gh與擒縱輪齒靠著時，a在擺動，擒縱輪都不會有回擺之現象，故稱爲不擺擒縱器(dead-beat escapement)。

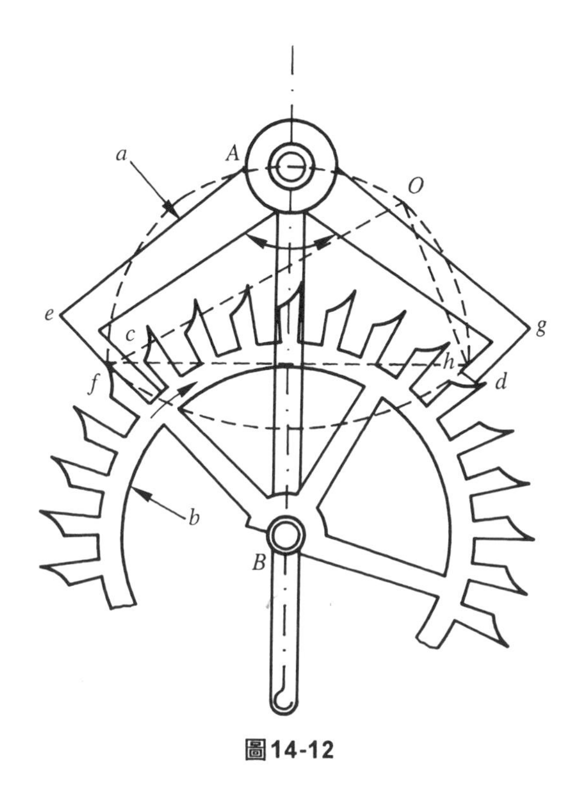

圖14-12

上述擒縱器均需單擺，不適用於錶內，故多改用扭力彈簧，俗稱游絲(hair spring)。利用擒縱輪的齒推使游絲發生彈性變形，天心軸上之雙臂桿便擺向一方，然後利用游絲之彈力，把雙臂桿彈回至另一方，如此雙臂搖擺不停而擒縱輪，可順著一個方向作間歇運動。

如圖14-13所示，爲錶上所用擒縱器之一種。天心輪之上裝有一個半圓薄筒形的擺輪*sr*與游絲相接，擒縱輪齒爲前低後高之楔形，如左圖所示，當*sr*順時針方向擺動，*s*越過*b*時，縱齒右動，順時針迴轉之擒縱輪，助齒*rs*轉動，如右圖所示。繼則*s*拂著擒縱輪使其緩慢移動，當*s*脫離*c*點，被阻*r*之內部，暫形停轉。待*sr*反向擺動時，輪齒又被縱脫，輪復旋轉，齒又助*sr*轉動，直至下一齒又被阻於*s*之外部，如左圖所示，由是循環不已，擒縱輪使可作間歇之擺動。

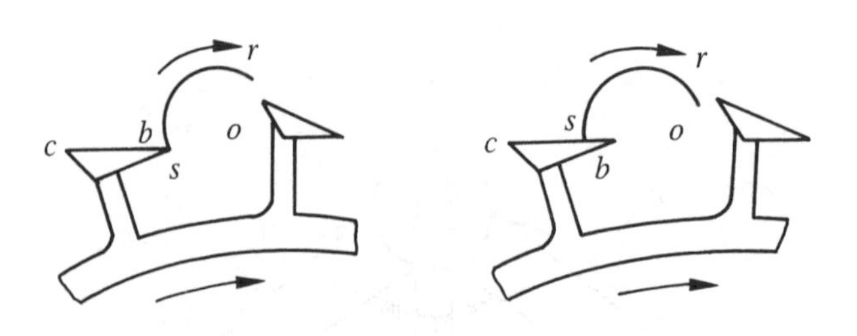

圖14-13

14-4　間歇齒輪

齒輪的傳達運動，係由於齒與齒之嚙合，故當齒作間歇的嚙合，其運動的傳達，亦必為間歇運動，易言之，當主動輪軸以等角速度迴轉，使從動齒輪作間歇運動，主動輪的齒數，依傳動和靜止時間作適當的分佈。如圖14-14所示，A為主動輪只有一齒，B為從動輪，具有八齒，當主動輪齒與從動輪齒合時，從動輪即隨主動輪轉動。主動輪每轉八次，從動輪始轉動一次。

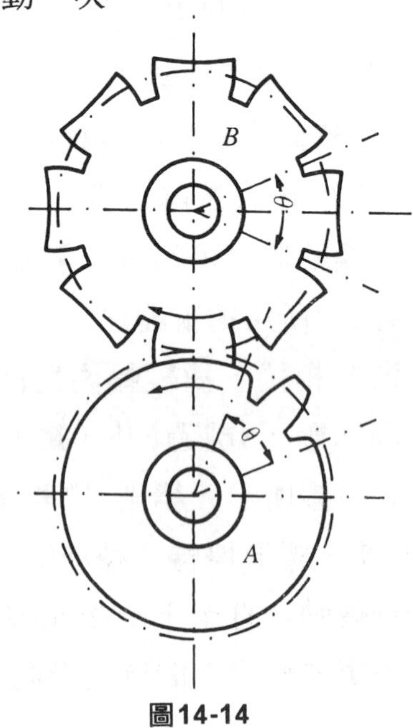

圖14-14

通常，主動輪及從動輪之輪齒，可作各種特殊之配置，以使其作規則性或不規則性之間歇運動。

間歇運動的齒輪，多利用構造簡單的銷輪和輪周具槽的日內瓦輪(geneva wheel)，如圖14-15所示即為其應用之一例。主動輪周A裝有一銷P_a，中間輪B具有十徑向槽，輪周亦有一銷P_b，從動輪C亦具十徑向槽，A轉十轉，B轉動十轉，C轉動一轉，即A每轉動一百轉，C始轉動一轉。

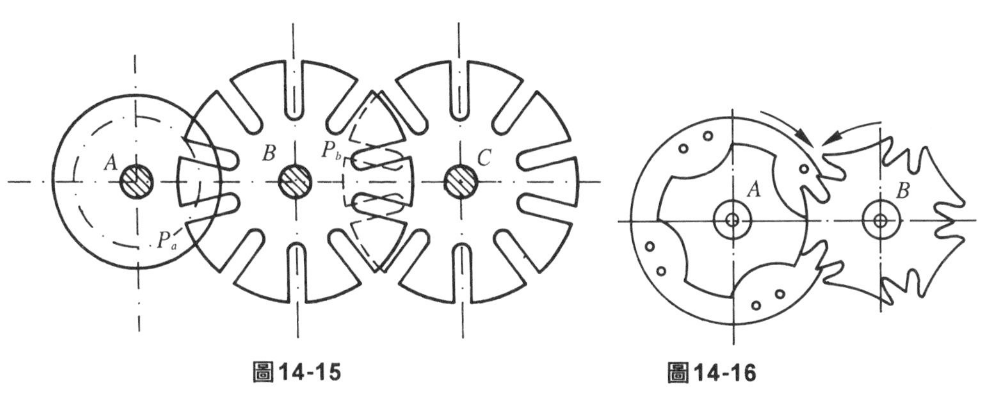

圖14-15　　圖14-16

上述從動輪之角速度及角速度變化激烈，將其改變，如圖14-16所示，可得約為一致的傳動狀態。

如圖14-17所示，係為一對間歇斜齒輪。當主動輪s連續迴轉時，從動輪軸s'即作間歇迴轉運動。至於其每次轉動的角度，則視s軸上所裝置之特殊形狀之斜齒輪齒數而定。

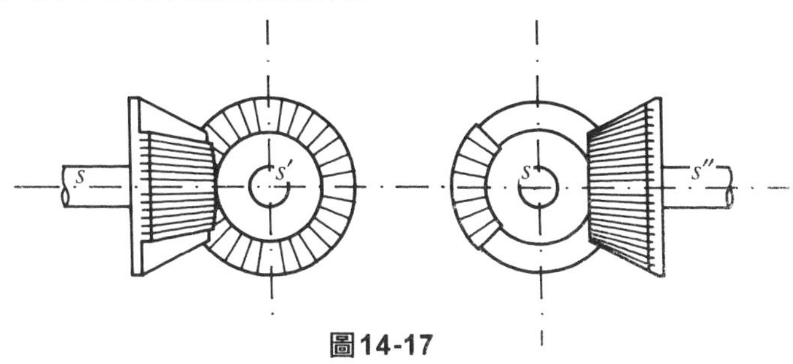

圖14-17

習題十四

1. 何謂間歇運動？大多數用在何種機構。

2. 棘輪的作用爲何？可分爲幾種？

3. 試述多棘輪之優點。

4. 試述無聲棘輪之優點。

5. 何謂擒縱器？其功用。

6. 間歇齒輪可分爲幾類。功用爲何？

第十五章

其他機構

15-1　反向運動機構

當一機構之原動件，作一定方向之等速迴轉運動，而其從動件則作往復運動或正反方向之迴轉運動，則此種機構，稱爲反向運動機構。茲舉述數種於下：

1. 由迴轉運動產生往復運動之機構——如圖15-1所示，爲一齒條與一小齒輪所構成之反向運動機構。小齒輪上，僅一部份有齒。於小齒輪斜動時，小齒輪上之齒即與齒條之齒相嚙合，乃即上升；至小齒輪無齒之部份時，齒條即藉其本身之重力或彈簧之拉力而回復其原有位置。當小齒輪持續其迴轉運動，則齒輪即作往復直線運動。

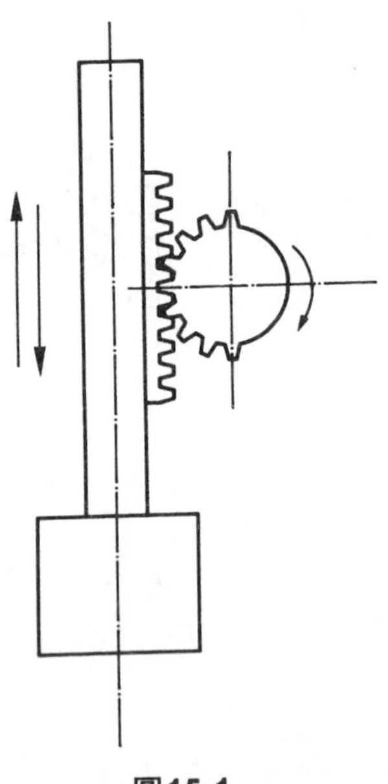

圖15-1

又如圖15-2所示，如一小齒輪與一上下均爲齒條之構架所組成之反向運動機構。小齒輪上僅一部份有齒，當其迴轉時，此小齒輪上之齒即輪流與架之上下齒條相嚙合，因此使構架產生往復直線運動。

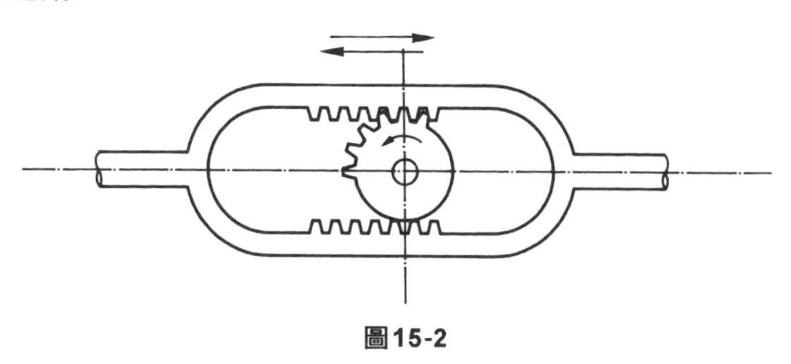

圖15-2

2. 變更從動軸迴轉方向之機構——如圖15-3所示，係利用斜齒輪及離合器變換S'軸迴轉方向之方法。主動軸S上置有主動齒輪C，且與兩斜齒輪B及B'相嚙合，軸S'可以在B及B'內自由轉動。離合器之一部份與B及B'聯接，離合器兩端之方形爪D及D'以栓槽(spline)與S'軸相聯，故能沿軸向自由移動，並能隨軸轉動。E為離合器之移位桿(shifting lever)，可使方形爪嚙合，因而可變更從動軸S'之迴轉方向。

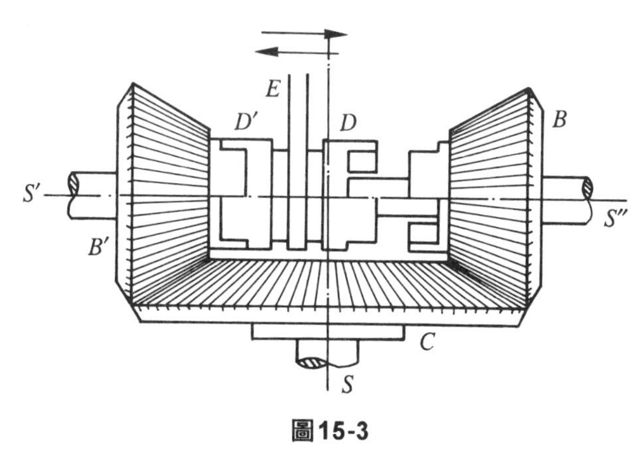

圖15-3

如圖15-4所示，係利用開口帶及交叉帶傳動及離合器，以變換從動軸S'之迴轉方向之機構。滑輪A及A'直接連於主動軸S'上，滑輪B及B'可在S'軸上自由轉動。A與B用開口帶相聯，A'及B'用交叉帶相聯，離合器C以栓槽與S'相聯。C可以沿軸向自由移動，並能隨S'軸轉動。離合器之一部份與B及B'相聯，當離合器移至右邊時，C與B'相嚙合；當其移至左邊時，C與B相嚙合，在此兩種情況下，S'之迴轉方向適相反。

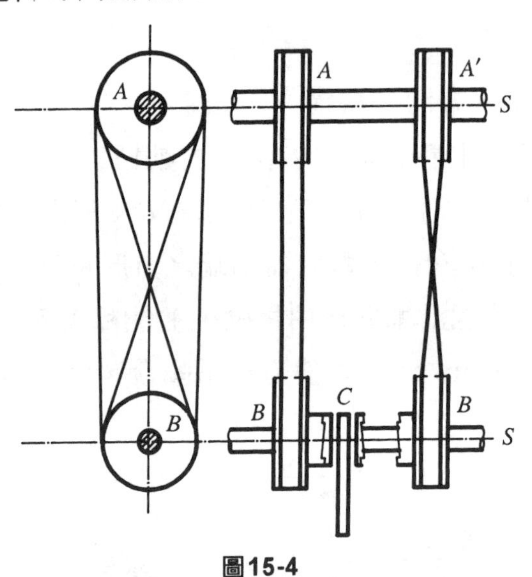

圖15-4

15-2　聯軸器種類

1.　剛性聯軸器(rigid coupling)

聯軸器在構造上僅能應用於連接兩軸之中心保持對通者，稱為剛性聯軸器。可分下列五種：

(1)　凸緣聯軸器(flangen couplong)：如圖15-5所示，為最常用之聯軸器，其構造簡單，價格低廉；但二連接軸必需精密對準，以防止撓曲及嚴重磨損。

(2) 錐形聯軸器(cone coupling)：如圖15-6所示，係以鑄鐵製成，大小數個圓筒結合而成，大圓筒內徑削成相對之圓錐形；又用一對外徑削成與前者錐度相同之圓錐形而以螺栓連接之；大圓筒與小圓筒因摩擦力而併為一體。且由斜面作用及小圓筒之開口，可將軸身握緊，猶恐軸面間發生滑動，更用鍵嵌止之。

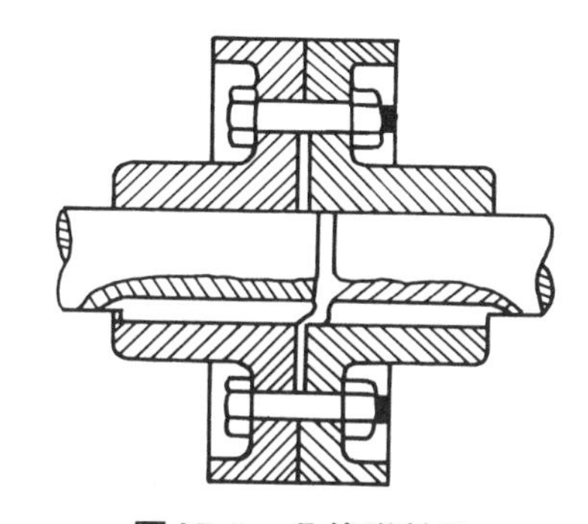

圖15-5　凸緣聯軸器

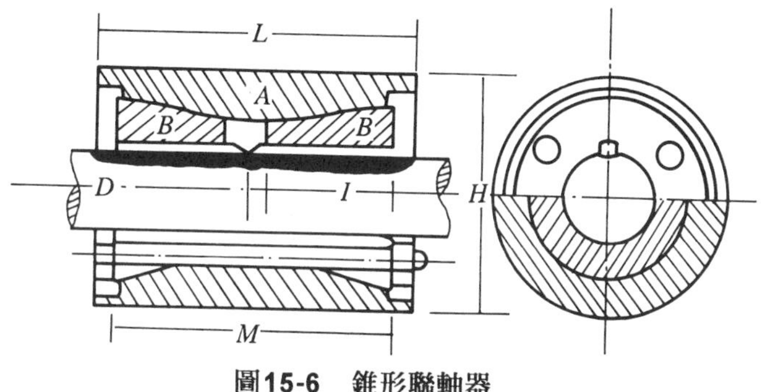

圖15-6　錐形聯軸器

(3) 摩擦阻環聯軸器(friction clip coupling)：如圖15-7所示，此為兩端具有傾斜之圓筒形用內徑傾斜之套筒套緊之一種方法，依靠摩擦力來傳達動力。

(4) 分筒聯軸器(split muff coupling)：如圖15-8所示，*AB*兩分裂圓

筒對合以螺栓鎖緊，並用斜鍵以防止軸面與聯軸器軸孔內面間發生滑動。

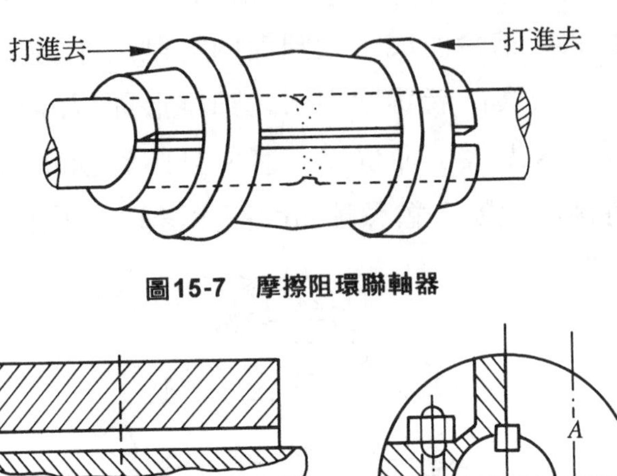

圖15-7 摩擦阻環聯軸器

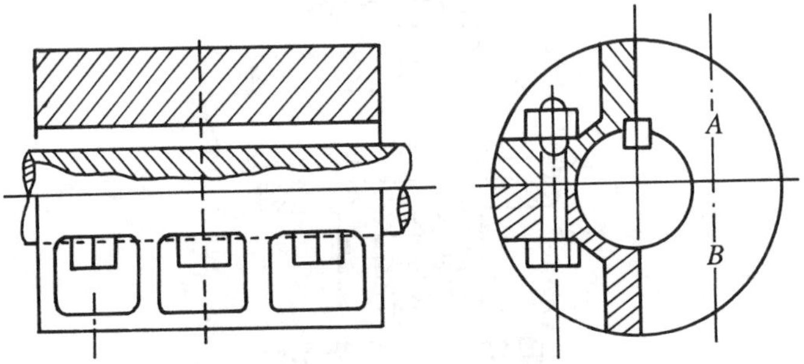

圖15-8 分筒聯軸器

(5) 套筒聯軸器(collar coupling)：如圖15-9所示，為聯軸器中最簡單一種，僅適用於輕負荷之工作軸上，構造上僅為一套筒，所以又名套筒聯軸器(sleeve coupling)。

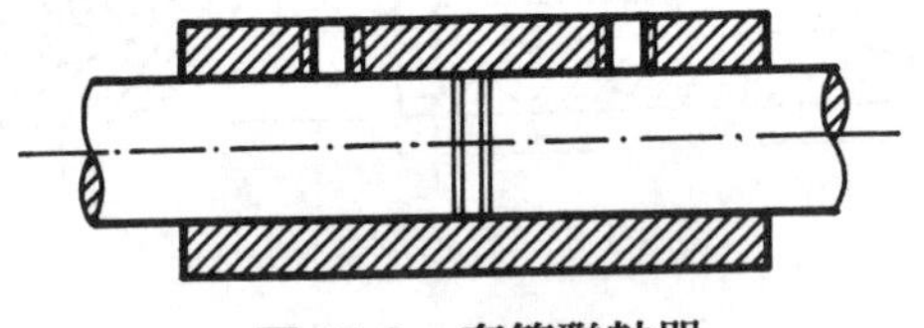

圖15-9 套筒聯軸器

2. 可撓性聯軸器(flexible coupling)

在某些情況下，聯軸器需要適當之撓曲性，以便允許兩軸間有小量的角度偏差，中心線偏差及軸向移動，使用撓性聯軸器即可達到上述目的，且吸收一部份軸之扭力矩。

(1) 彈性材料膠合聯軸器(elastic meterial bonded coupling)：如圖15-10所示，若欲調整微量之軸向偏差及扭矩之變化，則以彈性材料如合成橡膠、泰福隆(teflon)等接合於二分高之同軸或金屬軸環上，而此金屬環則以定位螺絲或以鍵固定二軸；較複雜之聯軸器，上下各附有彈性材料，如圖15-11所示。

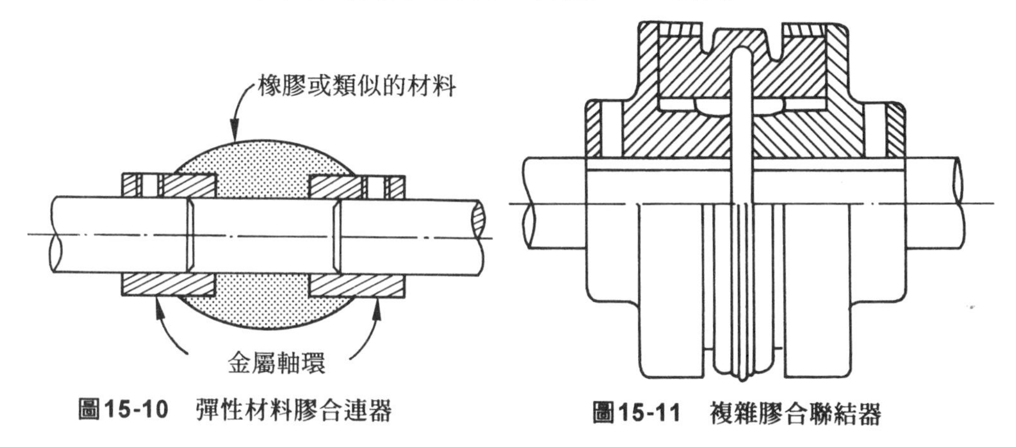

圖15-10　彈性材料膠合連器

圖15-11　複雜膠合聯結器

(2) 鏈條聯軸器(chain coupling)：如圖15-12所示，主要包括兩個鏈輪，然後用一條連續的雙股滾子鏈或無鏈連接起來，這種聯軸器容許兩軸有微量之偏心或角度偏差。

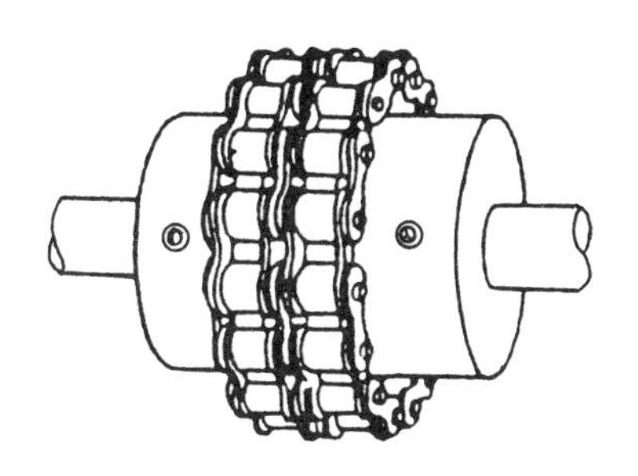

圖15-12　鏈條聯軸器

(3) 歐丹聯軸器(oldham's coupling)：如圖15-13所示，凡兩軸平行，其兩聯軸器心線相距極近時，欲使之連為一體共同迴轉則需用此軸器。在兩軸各有凸緣，兩凸緣之接觸面上各具有凹槽，且互相垂直；另外有一圓盤，盤之兩面各有凸緣凹槽互相嵌合。

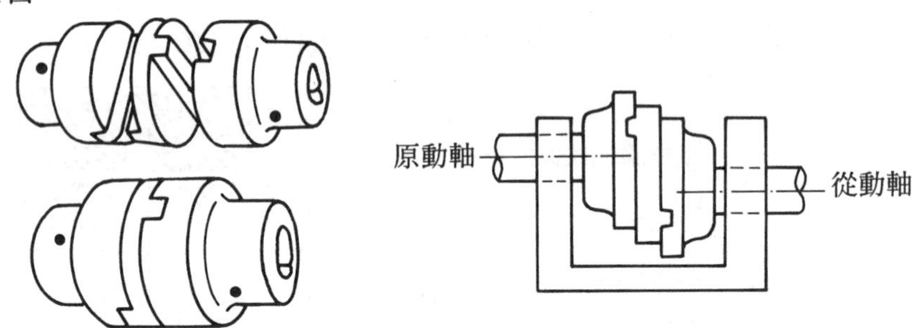

圖15-13 歐丹聯軸器

(4) 萬向接頭(univesal joint)：如圖15-14所示，又稱為十字接頭或虎克接頭，應用於兩軸中心線交於一點，且軸之角度在25°之內可以任意變動；原動軸以等角速度迴轉而從動軸之角度隨兩軸角度之大小而改變，如切免除從動軸角度之變化，而使其和原動軸完全相同，必須具備下列三條件：①在原動軸與從動軸間另加一中間軸，使原動軸與中間軸之軸間等於中間軸與從動軸之軸間角。②中間軸應做成兩節套筒，配以銷鏈，使其長度可伸縮。③中間軸兩端之叉應在同一平面內。

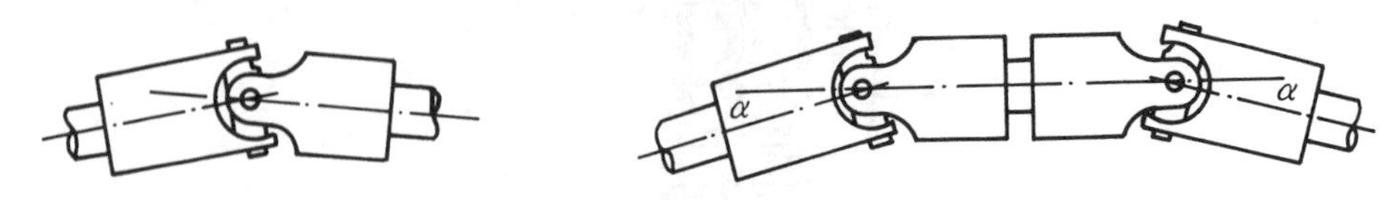

圖15-14 萬向接頭

(5) 其他撓性聯軸器：圖15-15為撓性圓盤聯軸器(flexible disk coupling)。圖15-16所示為撓性環線彈簧聯軸器(flexible

turoidal spring coupling)，圖15-17所示爲撓性齒輪聯軸器(fi-exible gear-type coupling)。

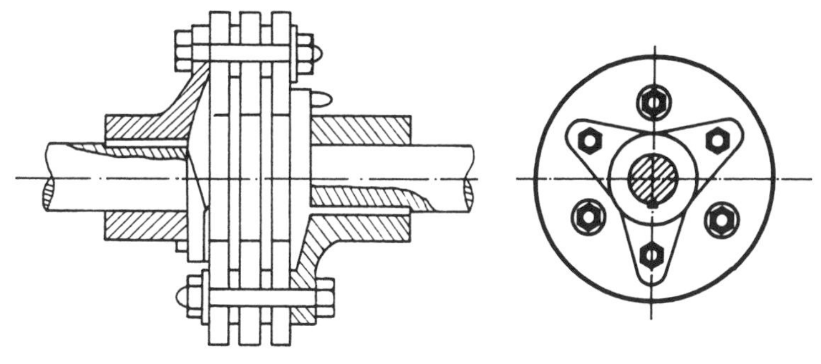

圖15-15　撓性圓盤聯軸器

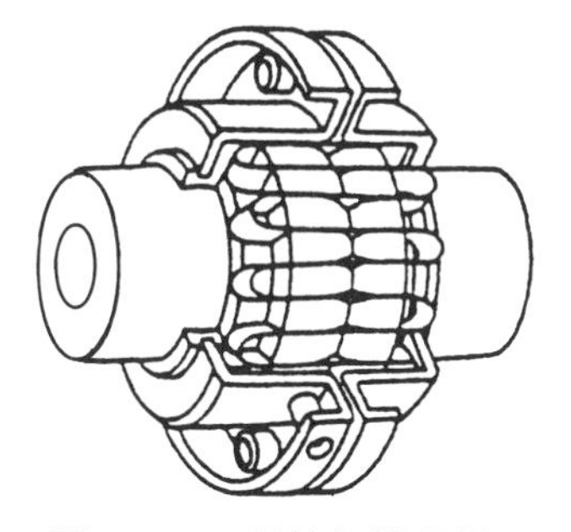

圖15-16　環線彈簧聯軸器

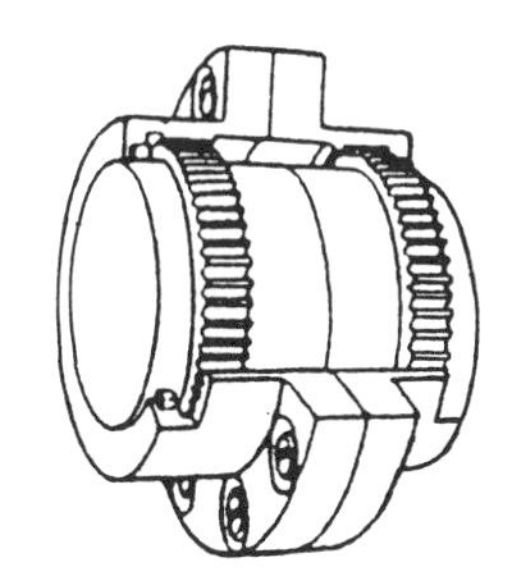

圖15-17　撓性齒輪聯軸器

3.　流體聯軸器(fluid coupling)

如圖15-18所示，係在輸入及輸出兩軸之間使用流體，通常以機油爲主；當原動軸旋轉時，原動軸上之葉片，以油爲媒介壓迫從動軸之葉片迴轉，再將動力傳出。

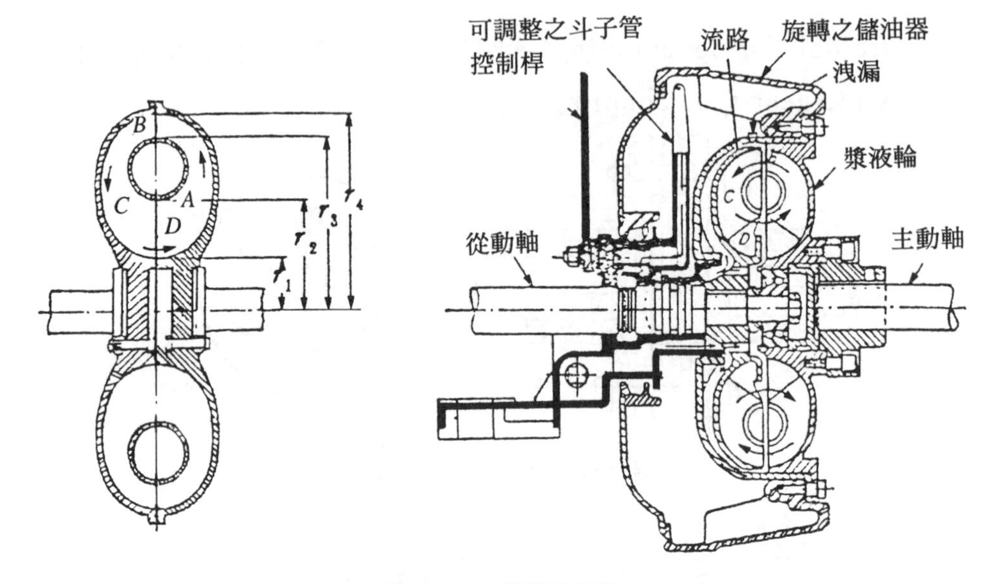

圖15-18　流體聯軸器

15-3　離合器及其設計

離合器(clutch)主要功用爲一部機器的主動部分持續不斷的轉，而被動部分必需時轉時停，或主動部分必需達到相當高之轉速後才施以負荷，如內燃機(汽車)，再使之與被動部分連接起來，如此必須裝一個離合器，才能達到目的，它與前面所說的聯透過有相同效果。它有下列種類：

1.　爪離合器(jaw clutch)

亦稱爲確動離合器(pozitive clutch)，其用途多爲起動及停止間歇使用之機器，如各工具機之齒輪之變速，轉速不能太高，一般在60 rpm以下，能傳遞較大之動力。如圖15-19所示爲方爪離合器(sguore-jaw clutch)，離合較困難，但傳動確實不易脫落。圖15-20所示爲斜爪離合器(bevel-jaw clutch)，容易離合，但傳動不確實易自動脫落。

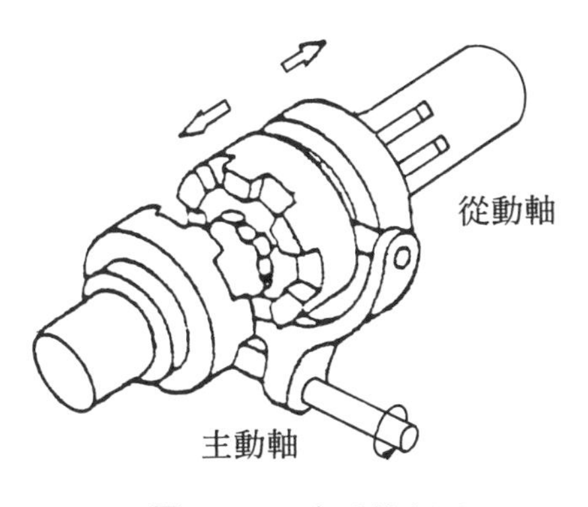

圖15-19　方爪離合器

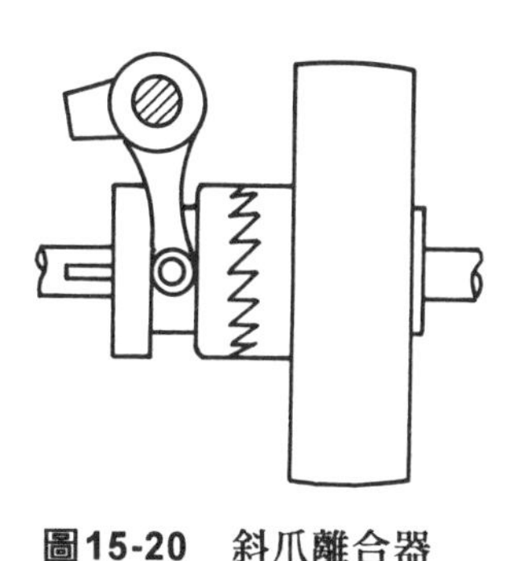

圖15-20　斜爪離合器

方形顎夾離合器所能傳遞扭力(T)

$$T=nAS_S\frac{D_1+D_2}{4} \qquad \text{(公式15-1)}$$

A＝顎夾之底面積cm^2

D_1＝顎夾離合器之內徑cm

D_2＝顎夾離合器之外徑cm

n＝顎夾數

S_S＝顎夾之允許剪應力

斜爪離合器之顎夾呈三角形，因此角顎夾所能傳動之力僅爲方爪之半，其顎夾之底面積爲$nA\frac{\pi}{4}(D_2-D_1)$

$$\therefore T=\frac{\pi(D_2+D_1)(D_2+D_1)^2}{32}S_S \qquad \text{(公式15-2)}$$

2. 錐形離合器(friction cone clutch)

如圖15-21所示，主要由兩個圓錐體所構成，當兩錐體接合時，藉斜面間之摩擦力將主動軸之動力傳達到從動軸上。

錐體所受之軸向壓力爲F，所傳動的扭力爲T，正壓力N，切線方

向之力F_a即摩擦力，由圖可得

$$F_c = N\sin a$$

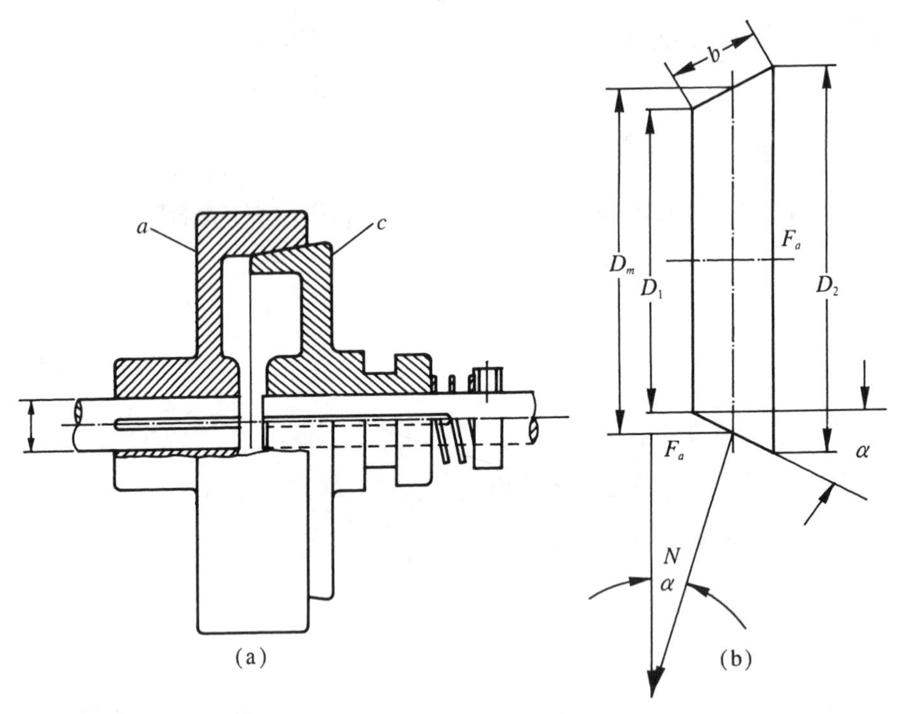

圖15-21　錐形離合器

摩擦係數爲f，則摩擦力爲fN，因此

$$F_t = \frac{fF_a}{\sin a} \qquad \text{(公式15-3)}$$

由摩擦所生之扭力爲

$$T = \frac{F_t D_m}{2} = \frac{fF_a D_m}{2\sin a} \qquad \text{(公式15-5)}$$

由上式可表出軸向F_a與錐形離合器尺寸之關係

$$F_a = \pi D_m bP\sin a \qquad \text{(公式15-6)}$$

使用時需設法在兩錐體摩擦間增加摩擦力，一般以皮革、石棉、編織物等摩擦係數大的物質充之。

3. 單盤式離合器(simple-disk clutch)

如圖15-22所示在兩圓盤之間置一具有高摩擦係數之耐磨物，藉以傳達動力。一般汽車上之離合器皆此形式，當汽車行駛中，離合器靠右方彈簧之力而結合傳動；如踩離合器踏板時，離合器之討磨物即與圓盤分離而使動力無法傳達。

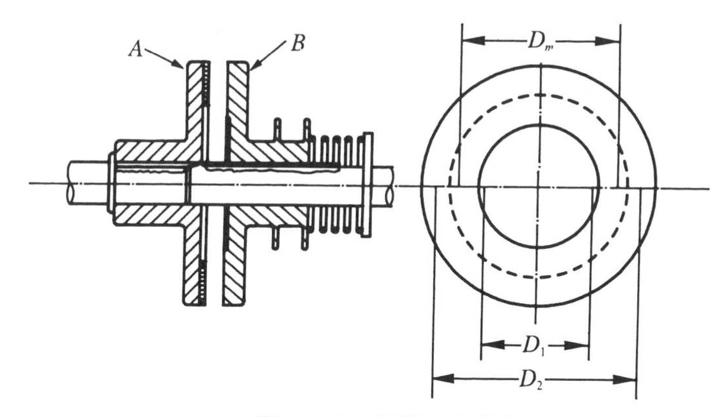

圖15-22　單盤式離合器

圓盤離合器可視爲$a=90^\circ$之錐形離合器，則可得

$$T = \frac{1}{f} F_a D_m \qquad \text{(公式15-7)}$$

假如圓盤上的壓力分佈均匀，則

$$F_a = \pi D_m bP$$

則 $$F_a = \frac{\pi}{4}(D_2^2)P \qquad \text{(公式15-8)}$$

如摩擦之接觸面很寬D_m之值爲

$$D_m = \frac{2}{3}\frac{D_2^3 - D_1^3}{(D_2^2 - D_1^3)}$$

如i爲摩擦面之成對之數，則其扭力爲

$$T = 0.5 i f F_a D_m \qquad \text{(公式15-9)}$$

4. 多盤式離合器(multiple-disk clutch)

如圖15-23所示，爲具有多組圓盤摩擦表面之離合器，可得較大之動力傳達，一般用於汽車上之傳動系統。

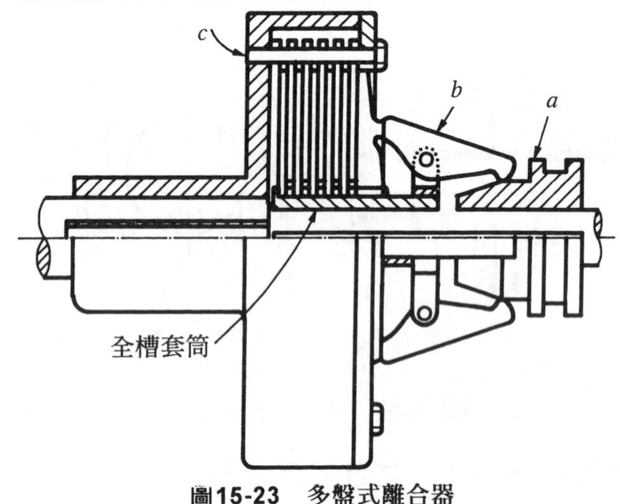

圖15-23 多盤式離合器

5. 帶離合器(band clutch)

如圖15-24所示，其構造包括一條撓性之鋼帶，在鋼帶面上覆以摩擦係數大之物質，帶之一端固定在原動輪從動輪上，另一端繞過一輪鼓後與操縱機構連結，當由操縱機構將鋼帶收緊，而與輪鼓密合時，原動輪即與從動輪合爲一傳達動力。帶離合器作用之可由帶之張力方程式得之

$$\frac{F_1}{F_2} = e^{f\theta} \qquad \text{(公式15-10)}$$

式中　e＝自然對數之底數2.718

θ＝帶與輪鼓接觸之角度(弧度)

鋼帶之寬度可由垂直於輪鼓之允許單位壓力而定，W為鋼之寬

$$P\max = \frac{F_1}{W_r} \qquad \text{(公式15-11)}$$

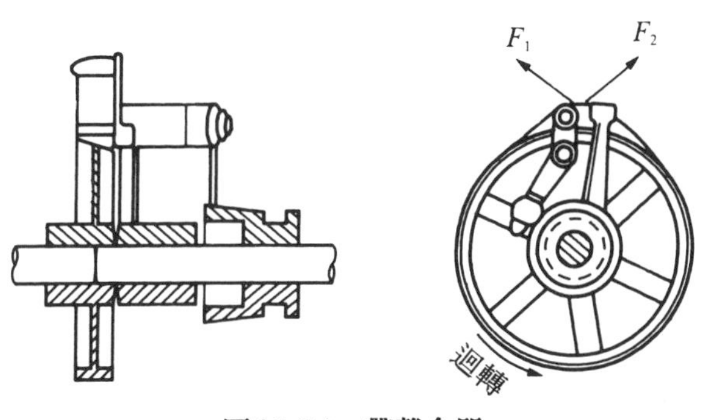

圖15-24　帶離合器

6. 塊狀離合器(block clutch)

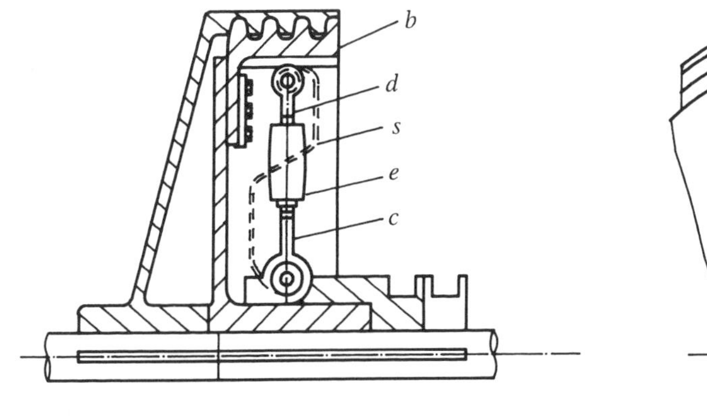

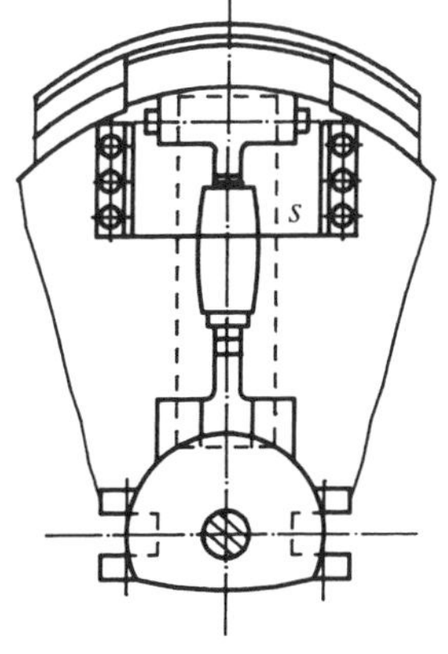

圖15-25　塊狀離合器

是以一個或一組滑塊，緊壓在輪鼓的四周生摩擦力而將動力傳遞。圖15-25爲此種離合器之一，在輪鼓內沿有圓槽，離合器有四塊滑塊，b所

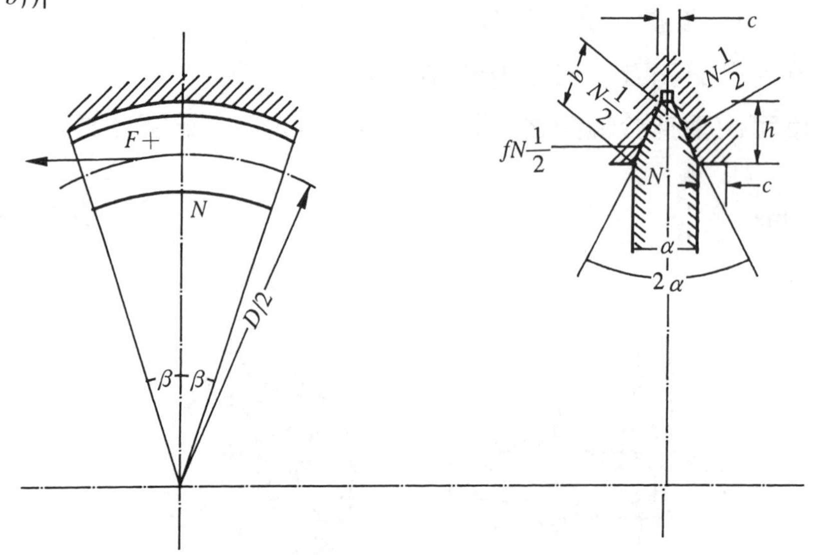

圖15-26　塊狀離合器部分圖

習題十五

1. 聯軸器功用？
2. 剛性與可撓性離合器如何分別？
3. 何謂歐丹聯軸器？
4. 萬向接頭需具備那些條件？
5. 何謂離合器？它與聯軸器如何分別？

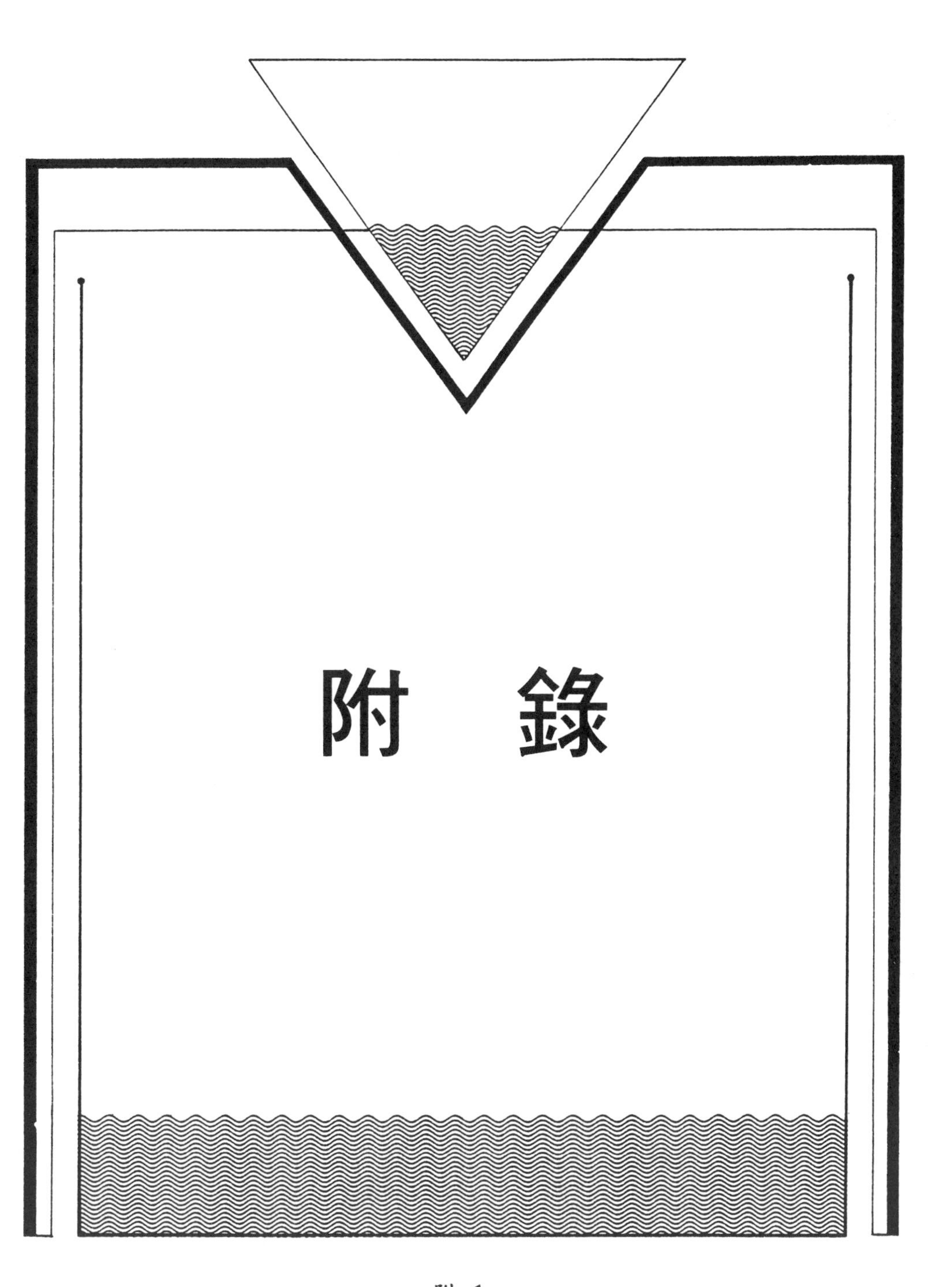

附　錄

以周節作基礎的齒輪各部尺寸表

周　節	徑　節	節圓上的齒厚	齒　頂	工作深度	齒　根	齒全深
C.P	*D.P*	*t*	*a*	*W*	*e*	*W+C*
吋		吋	吋	吋	吋	吋
2	1.5708	1.0000	0.6366	1.2752	0.7366	1.3732
1 7/8	1.6755	0.9375	0.5968	1.1937	0.6906	1.2874
1 3/4	1.7952	0.8750	0.5570	1.1141	0.6445	1.2016
1 5/8	1.9333	0.8125	0.5173	1.0345	0.5985	1.1158
1 1/2	2.0944	0.7500	0.4775	0.9549	0.5525	0.0299
1 7/16	2.1855	0.7187	0.4576	0.9151	0.5294	0.9870
1 3/8	2.2848	0.6875	0.4377	0.8754	0.5064	0.9441
1 1/8	2.3362	0.6666	0.4244	0.8488	0.4910	0.9154
1 5/16	2.3936	0.6562	0.4178	0.8356	0.4834	0.9012
1 1/4	2.5133	0.6250	0.3979	0.7958	0.4604	0.8583
1 3/16	2.6456	0.5937	0.3780	0.7560	0.4374	0.8154
1 1/8	2.7925	0.5625	0.3581	0.7162	0.4143	0.7724
1 1/16	2.9568	0.5312	0.3382	0.6764	0.3913	0.7295
1	3.1416	0.5000	0.3183	0.6366	0.3683	0.6866
15/16	3.3510	0.4687	0.2984	0.5968	0.3453	0.6437
7\8	3.5904	0.4375	0.2785	0.5570	0.3223	0.6007
13/16	3.8666	0.4062	0.2586	0.5173	0.2993	0.5579
4/5	3.8270	0.4000	0.2546	0.5092	0.2946	0.5492
3/4	4.1888	0.3750	0.2387	0.4775	0.2762	0.5150
11/16	4.6696	0.3437	0.2189	0.4377	0.2532	0.4720
2/3	4.7124	0.3333	0.2122	0.4244	0.2455	0.4577
5/8	5.0265	0.3125	0.1989	0.3929	0.2301	0.4291
3/5	5.0360	0.3000	0.1910	0.3870	0.2210	0.4120
4/7	5.4978	0.2857	0.1819	0.3638	0.2105	0.3923
9/16	5.5851	0.2812	0.1790	0.3581	0.2074	0.3862
1/2	6.6832	0.2500	0.1592	0.3183	0.1842	0.3433
4/9	7.0685	0.2222	0.1415	0.2830	0.1637	0.3052
7/16	7.1808	0.2187	0.1393	0.2785	0.1611	0.3003
3/7	7.3304	0.2145	0.1364	0.2728	0.1578	0.2942
2/5	7.8540	0.2000	0.1273	0.2546	0.1473	0.2746
3/8	8.3776	0.1875	0.1194	0.2387	0.1381	0.2575
4/11	8.6394	0.1818	0.1158	0.2316	0.1340	0.2493
1/8	9.4248	0.1666	0.1061	0.2122	0.1228	0.2289
5/16	10.0531	0.1562	0.0995	0.1986	0.1151	0.2146
3/10	10.4719	0.1500	0.0955	0.1910	0.1105	0.2060
2/7	10.9956	0.1429	0.0909	0.1819	0.1052	0.1962
1/4	12.5664	0.1250	0.0796	0.1591	0.0921	0.1716
2/9	14.1372	0.1111	0.0707	0.1415	0.0818	0.1526
1/5	15.7080	0.1000	0.0637	0.1273	0.0737	0.1373
3/16	16.7552	0.0937	0.0597	0.1194	0.0690	0.1287
2/11	17.2788	0.0909	0.0579	0.1158	0.0670	0.1249
1/6	18.8496	0.0833	0.0531	0.1061	0.0614	0.1144
2/13	20.4203	0.0769	0.0489	0.0978	0.0566	0.1055
1/7	21.9911	0.0714	0.0455	0.0910	0.0526	0.0981
2/15	23.5619	0.0666	0.0425	0.850	0.0492	0.0917
1/8	25.1327	0.0625	0.0398	0.796	0.0460	0.0858
1/9	28.2743	0.0555	0.0354	0.0707	0.0409	0.0763
1/10	31.4159	0.0500	0.0318	0.0637	0.0368	0.0687
1/16	50.2655	0.0312	0.0199	0.0398	0.0230	0.0429
1/20	62.8313	0.0250	0.0159	0.0318	0.0184	0.0343

以徑節作基礎的齒輪各部尺寸表(單位吋)

徑　節	周　節	節圓上的齒厚	齒　頂	工作深度	齒根深	齒全深
D.P	*C.P*	*t*	*a*	*W*	*e*	*W*+*c*
1/2	6.2382	3.1416	2.0000	4.0000	2.3142	4.3142
3/4	4.1888	2.0944	1.3333	2.6666	1.5428	2.8761
1	3.1416	1.5708	1.0000	2.0000	1.1571	2.1571
1 1/4	2.5133	0.2566	0.8000	1.6000	0.9257	1.7257
1 1/2	2.0944	1.0472	0.6666	1.3333	0.7714	1.4381
1 3/4	1.7952	0.8976	0.5714	0.1429	0.6612	0.2326
2	1.5708	0.7854	0.5000	1.0000	0.5785	1.0725
2 1/4	1.3963	0.6981	0.4444	0.8888	0.5143	0.9587
2 1/2	1.2566	0.6285	0.4000	0.8000	0.4628	0.8628
2 3/4	1.1424	0.5712	0.3636	0.7273	0.4208	0.7844
3	1.0472	0.5236	0.3333	0.6666	0.3857	0.7190
3 1/2	0.8976	0.4488	0.2857	0.5714	0.3306	0.6163
4	0.7854	0.3927	0.2500	0.5000	0.2893	0.5393
5	0.6283	0.3142	0.2000	0.4000	0.2314	0.4314
6	0.5236	0.2618	0.1666	0.3333	0.1928	0.3595
7	0.4488	0.2244	0.1429	0.2857	0.1653	0.3181
8	0.3927	0.1963	0.1250	0.2500	0.1446	0.2696
9	0.3491	0.1745	0.1111	0.2222	0.1286	0.2397
10	0.3142	0.1571	0.1000	0.2000	0.1157	0.2157
11	0.2856	0.1428	0.0909	0.1818	0.1052	0.1961
12	0.2618	0.1309	0.0833	0.1666	0.0964	0.1798
13	0.2417	0.1208	0.0769	0.1538	0.0890	0.1659
14	0.2244	0.1122	0.0714	0.1429	0.0826	0.1541
15	0.2094	0.1047	0.0666	0.1333	0.0771	0.1438
16	0.1963	0.0982	0.0625	0.1250	0.0723	0.1348
17	0.1848	0.0924	0.0588	0.1176	0.0681	0.1269
18	0.1745	0.0873	0.0555	0.1111	0.0643	0.1198
19	0.1653	0.0827	0.0526	0.1053	0.0609	0.1135
20	0.1571	0.0785	0.0500	0.1000	0.0579	0.1079
23	0.1428	0.0714	0.0455	0.0909	0.0526	0.0980
24	0.1309	0.0654	0.0417	0.0833	0.0482	0.0898
26	0.1208	0.0604	0.0385	0.0769	0.0445	0.0829
28	0.1122	0.0561	0.0357	0.0714	0.0413	0.0770
30	0.1047	0.0524	0.0353	0.0666	0.0386	0.0719
32	0.0982	0.0491	0.0312	0.0625	0.0362	0.0674
34	0.0924	0.0462	0.0294	0.0588	0.0340	0.0634
36	0.0873	0.0436	0.0278	0.0555	0.0321	0.0599
38	0.0827	0.0413	0.0263	0.0526	0.0304	0.0568
40	0.0785	0.0393	0.0250	0.0500	0.0289	0.0539
42	0.0748	0.0374	0.0238	0.0476	0.0275	0.0514
44	0.0714	0.0557	0.0227	0.0455	0.0263	0.0490
46	0.0685	0.0341	0.0217	0.0435	0.0252	0.0469
48	0.0654	0.0327	0.0208	0.0417	0.0241	0.0449
50	0.0628	0.0314	0.0200	0.0400	0.0231	0.0431
56	0.0561	0.0280	0.0178	0.0357	0.0207	0.0385
60	0.0524	0.0962	0.0166	0.0355	0.0193	0.0360

以模數作基礎的齒輪各部尺寸表(單位公厘)

模　數	周　節	徑　節	節圓上的齒厚	齒　頂	工作深度	齒　根	齒全深
M	*C.P*	*D.P*	*t*	*a*	*W*	*e*	*W*+*e*
0.50	1.571	50.800	0.785	0.500	1.000	0.579	1.079
0.75	2.356	33.867	1.178	0.700	1.500	0.868	1.618
1.00	3.142	25.400	1.571	1.000	2.000	1.157	2.157
1.25	3.927	20.320	1.964	1.250	2.500	1.446	2.696
1.50	4.712	16.933	2.356	1.500	3.000	1.736	3.236
1.75	5.498	14.514	2.749	1.750	3.500	0.025	3.775
2.00	6.283	12.700	3.142	2.000	4.000	02.314	4.314
2.25	7.069	11.288	3.534	2.250	4.500	2.603	4.853
2.50	7.854	10.160	3.927	2.500	5.000	2.893	5.393
2.70	8.639	9.236	4.320	2.750	5.500	3.182	5.932
3.00	9.428	8.466	4.712	3.000	6.000	3.471	6.471
3.25	10.210	7.815	5.105	3.250	6.500	3.761	7.011
3.50	10.996	7.257	5.498	3.500	7.000	4.050	7.550
3.70	11.781	6.773	5.891	3.750	7.500	4.339	8.089
4.00	12.566	6.350	6.283	4.000	8.000	4.628	8.628
4.5	14.137	5.644	7.069	4.500	9.000	5.207	9.707
5.0	15.708	5.080	7.854	5.000	10.000	5.785	10.785
5.5	17.729	4.618	8.639	5.500	11.000	6.364	11.854
6.0	18.850	4.233	9.425	6.000	12.000	6.943	12.943
6.5	20.420	3.908	10.210	6.500	13.000	7.521	14.021
7.0	21.991	3.628	10.996	7.000	14.000	8.100	15.100
7.5	23.562	3.387	11.781	7.500	15.000	8.678	16.178
8	25.133	3.175	13.566	8.000	16.000	9.257	17.257
9	28.274	2.822	14.157	9.000	18.000	10.414	19.411
10	31.416	2.540	15.708	10.000	20.000	11.571	21.571
11	34.558	2.309	17.279	11.000	22.000	12.728	23.728
12	37.669	2.117	18.850	12.000	24.000	13.885	25.885
13	40.841	1.954	20.420	13.000	26.000	15.042	28.042
14	43.962	1.814	21.991	14.000	28.000	16.199	30.199
15	47.124	1.693	23.552	15.000	30.000	17.358	32.356
16	50.266	1.870	25.133	16.000	32.000	18.513	34.513
17	53.407	1.494	25.704	17.000	34.000	19.670	36.670
18	55.549	1.355	28.274	18.000	36.000	20.827	38.827
19	59.690	1.337	29.845	19.000	38.000	21.985	40.985
20	62.834	1.270	32.416	20.000	40.000	22.142	43.442
21	65.974	1.210	32.987	21.000	42.000	24.297	45.297
22	69.115	1.154	34.557	22.000	44.000	25.454	47.454
23	72.257	1.104	36.128	23.000	46.000	26.611	49.611
24	75.398	1.058	37.569	24.000	48.000	27.768	51.768
25	78.540	1.016	39.270	25.000	50.000	28.925	53.925
26	81.682	0.977	40.841	26.000	52.000	30.0828	56.082
27	84.823	0.941	42.441	27.000	54.000	31.237	58.237
28	87.695	0.907	43.847	28.000	56.000	32.396	60.396
29	91.106	0.876	45.553	29.000	58.000	33.553	62.553
30	94.248	0.847	47.124	30.000	60.000	34.710	64.710
35	109.955	0.726	54.973	35.000	70.000	40.498	75.498
40	125.654	0.655	62.832	40.000	80.000	46.283	86.283
45	144.572	0.564	70.685	45.000	90.000	52.069	97.069
50	157.080	0.508	78.540	50.000	100.000	57.854	107.854
60	183.496	0.423	94.248	60.000	120.000	56.425	129.425

三角函數真數表

(正弦)	0′	10′	20′	30′	40′	50′	60′	
0	0.000	0.003	0.006	0.009	0.012	0.015	0.017	89
1	0.017	0.020	0.033	0.026	0.029	0.032	0.035	88
2	0.035	0.038	0.041	0.044	0.074	0.049	0.052	87
3	0.052	0.055	0.058	0.061	0.064	0.067	0.070	86
4	0.070	0.073	0.076	0.078	0.081	0.084	0.087	85
5	0.087	0.090	0.093	0.096	0.098	0.102	0.105	84
6	0.105	0.107	0.110	0.113	0.116	0.119	0.122	83
7	0.122	0.125	0.123	0.131	0.133	0.136	0.139	82
8	0.189	0.142	0.145	0.148	0.151	0.154	0.156	81
9	0.156	0.159	0.162	0.165	0.168	0.171	0.174	80
10	0.174	0.177	0.179	0.182	0.185	0.188	0.191	79
11	0.191	0.194	0.197	0.199	0.202	0.205	0.208	78
12	0.208	0.211	0.214	0.216	0.219	0.222	0.225	77
13	0.225	0.228	0.231	0.233	0.236	0.239	0.242	76
14	0.242	0.245	0.248	0.250	0.253	0.256	0.259	75
15	0.259	0.262	0.264	0.267	0.270	0.273	0.276	74
16	0.276	0.278	0.281	0.284	0.287	0.290	0.292	73
17	0.292	0.295	0.298	0.301	0.303	0.306	0.309	72
18	0.309	0.312	0.315	0.317	0.320	0.323	0.326	71
19	0.326	0.328	0.331	0.334	0.337	0.339	0.342	70
20	0.342	0.345	0.347	0.350	0.353	0.356	0.358	69
21	0.353	0.361	0.364	0.367	0.369	0.372	0.375	68
22	0.375	0.377	0.380	0.388	0.385	0.388	0.391	67
23	0.391	0.393	0.396	0.399	0.401	0.404	0.407	66
24	0.407	0.409	0.412	0.415	0.417	0.420	0.423	65
25	0.423	0.425	0.423	0.431	0.433	0.436	0.438	64
26	0.438	0.441	0.444	0.446	0.449	0.451	0.454	63
27	0.454	0.457	0.459	0.462	0.464	0.467	0.469	62
28	0.469	0.472	0.475	0.477	0.480	0.482	0.485	61
29	0.485	0.487	0.490	0.492	0.495	0.497	0.500	60
30	0.500	0.503	0.505	0.508	0.510	0.513	0.515	59
31	0.515	0.518	0.520	0.522	0.525	0.527	0.530	58
32	0.530	0.532	0.535	0.537	0.540	0.542	0.545	57
33	0.545	0.547	0.550	0.552	0.554	0.557	0.559	56
34	0.559	0.562	0.564	0.566	0.569	0.571	0.574	55
35	0.574	0.576	0.573	0.581	0.583	0.585	0.588	54
36	0.598	0.590	0.592	0.595	0.597	0.599	0.602	53
37	0.608	0.604	0.606	0.609	0.611	0.613	0.616	52
38	0.616	0.618	0.620	0.623	0.625	0.627	0.629	51
39	0.629	0.632	0.634	0.636	0.638	0.641	0.643	50
40	0.643	0.645	0.647	0.649	0.652	0.654	0.656	49
41	0.656	0.658	0.660	0.663	0.665	0.667	0.669	48
42	0.669	0.671	0.673	0.676	0.678	0.680	0.682	47
43	0.682	0.684	0.686	0.688	0.690	0.693	0.695	46
44	0.695	0.697	0.699	0.701	0.703	0.705	0.707	45
	60′	50′	40′	30′	20′	10′	0′	(餘弦)

中英文對照

A

Abscissa　橫坐標
Absolute Motion　絕對運動
Absolute Speed　絕對速度
Acceleration　加速度
Acme Thread　愛克母紋
Actual Velocity　實在速度
Addendum Circle　齒頂圓
Addendem Distance　頂距
Angle of Action　作用角
Annular Gear　內齒輪
Arc of Atcion　作用弧
Arm　臂
Antomatic Machine自動機械

B

Back Gear　傍傳齒輪
Back Lash　齒軋隙
Balance　平衡
Bearing　軸承
Bell Crank Lever　曲槓桿
Belt Drive　帶圈傳動
Bevel Gear　斜齒輪
Bolt　螺釘
Bucket　水斗

C

Cam　凸輪
Casing　外殼
Centrode　瞬心線
Centrifugal Force　離心力
Chain　鍊(圈)
Circular Pitch　周節
Clearance　齒間隙
Collar　軸環
Component　分(線)，分(力)
Cone　圓錐(體)
Connecting Rod　連桿
Conid　錐狀弧面
Continuous System　連繞式
Counter Shaft　副軸
Crank　曲柄
Ckank Shaft　曲柄軸
Crank Pin　曲柄針
Crossed Belt　叉帶
Cross Head　十字頭
Cross Head Guide　十字頭導鈑
Crown　輪脊
Cut And Try Method　試驗方法

Cutting Speed　切削速度

Cylinder　機筒・圓筒(體)

Cylindrical Cam　圓柱凸輪

D

Dead Point　止點

Design　計劃

Development　展開圖

Diametral Pitch　徑節

Differential　分速器

Differential Screw　差動螺旋

Direction　方向

Disc　圓鈑(體)

Displacement of Cross Head　十字頭位移

Double Thread　雙層帶

Double Thread　雙(螺)紋

Driven　被動(輪)

Driver　主動(輪)

Dynamics of Machines　機械動力學

E

Effective Pull　有效挽力

Elevation　立視圖

Ellipse　橢圓

Elliptice Gear　橢圓齒輪

End View　側視圖

Epicyclic Train　周轉輪列

F

Feed Roller　進料轉筒

Flange　輪緣

Flange of Groove　溝槽邊緣

Flank of Tooth　齒腹

Foci　焦點

Follower　從動件

Force　力

Fonr Bar Linkage　四桿聯動裝置

Frame　機架

Friction　摩擦

Front View　前視圖

Full Size　足尺

G

Gear　齒輪

Gear Face　齒輪面

Gear Shifting Lever　變速桿

Gear Tooth　輪齒

Gluing 膠合

Graphical Representation 圖示法

Gravity Motion 落體運動

Groove 槽

Guide Pulley 導輪

Guide Sheave 導輪

H

Harmonic Motion 諧運動

Helical Curve 螺線

Helical Line 節線

Helical Gear 螺旋齒輪

Helix 螺線

Hoist 起動機

Horse Power 馬力

Hub 輪轂，轂

Hyperbola 雙曲線

I

Idle Wheel 惰輪

Inclined Plane 斜面

Initial Tension 初張力

Instantaneous Axis 瞬時軸

Intermediate Speed 中速度

Involnte 漸開線

J

Jack 起重器

jack Scrow 螺旋起重器

K

Key 鍵

Key Shaped 鍵形

Kinematics of Machines 機械運動學

L

Lathe 車床

Lead 旋距

Lead Screw 導螺旋

Left Hand Rotation 往旋轉

Left Hand Thread 左螺旋

Length of Tooth 齒長

Lever 槓桿

Line of Centers 中心聯接線

Line of Connections 連接線

Link 連節

Linkage 聯動系
Load 擔負
Locomotive 機車
Loose Sheave 鬆輪
Low Speed 慢車
Luff on Luff 帆滑車

M

Machine 機械
Major Axis 主軸
Mechanical Advantage 機械利益
Mechanism 機構
Mesh 嚙合
Minor Axis 短軸
Module 模數
Motion 運動
Multiple System 多圈式
Multiple Turn Cam 複旋凸輪

N

Negative Acceleration 負加速度，減速度
Normal Cone 法線圓錐
Nut 螺旋套

O

Obliquity Pitch 斜度
Obliquity of Action 作用之斜度
Open Belt 開帶
Ordinate 縱坐標
Outside Gtoove 外槽

P

Pantograaph 比例畫線
Parallel Rod 平行桿
Path 路線
Path of Contact 接觸線
Perioheral Speed 周邊線速度
Pinion 小齒輪
Piston 活塞
Piston Rod 活塞桿
Pitch 節，齒距，螺距
Pitch Circle 節圓
Pitch Number 節數
Pitch Cone 節圓錐
Pitch Point 節點
Plan 平面圖
Plate 片(體)
Plate Cam 片凸輪

Possitive Acceleration 正加速度，加速度

Possitive Meton 確動

Pound 磅

Power 功率

Pressure Angle 壓力角

Projection 正投影

Propeller Shaft 推進軸

Pulley 帶輪

Pulley Block 滑車組

Q

Quarter Turn Pult 正角扭轉帶圈

Quick Return Mechanism 急還機構

R

Rack 齒桿

Radian 弧度

Ram 推銷機件

Recipocating Steam Engine 往復蒸汽機

Relative 相對的

Relative Speed 相對速度

Resultant 合力，組合

Reverse Drive 倒車

Recolutionns Per Minute 每分鐘旋轉數

Revolving Wheel 旋轉輪

Right Hand Rotation 右旋轉

Right Hand Screw 右螺旋

Righr Hand Thread 右螺紋

Riveting 釘合

Roller 滾子

Root Circle 齒根圓

Root Distance 根距

Rope 繩圈

S

Same Pitch 同節齒距

Screw 螺旋

Screw Thread 螺紋

Second Speed 第二速度

Shaft 軸

Shaper 牛頭鉋床

Sheave 繩輪

Shipper 發移器

Side View 側視器

Single Belt 單層帶

Singe Thread　單(螺)紋

Slack　鬆弛

Slack Side　弛面

Slider　滑動件，滑動體

Sliding Block　滑行塊

Slip　滑溜

Speed　速率，速度

Speed Cone　變速錐輪

Spindle　指軸

Spline　滑鏈

Spring　彈簧

Sprocket　鏈輪

Sprocket Wheel　鍊輪

Spur Gear　正齒輪

Square Threrad　方(螺)紋

Steame Engine　蒸汽機

Stepped Pulley　塔輪

Strain　應變

Strand　(繩)股

Strength　強度

Stroke　動程

Stud　柱狀釘

T

Tabulation Method　列表法

Tension　張力

Tension Sheave　張力輪

Tension Weight　調節張力之重

Third Speed　第三速度

Tight Side　緊面

Tooth face　齒面

Tooth Flank　齒腹

Top View　上視圖

Trace　視跡

Train Value　輪列值

Transmission　變速器

Travelling Tension Carriage　活動張力調節器

Triple Thread　三(螺)紋

Triple Pnlley Blloc　三級滑車組

Turn Buckle　螺旋緊子

U

Uniform Acceleration　等加速度

Uniform Motion　等速運動

V

Variable Acceleration　變加速度

Variable　變速度

Velocity 速度

V-thread V紋

water Wheel 水車

Wedge 劈

Wheel Train 輪列

Wire Rope 鋼絲繩

Wood Planor 木材鉋床

Worm 蝸桿

Worm Wheel 蝸輪

Wrench 板鉗

Yoke 軛

國家圖書館出版品預行編目資料

機構學 / 詹鎮榮編著. -- 四版. -- 臺北縣土城市：全華圖書, 2009.05
面； 公分
ISBN 978-957-21-6434-1 (平裝)

1. 機構學

446.01 97008846

機構學

作者 / 詹鎮榮

執行編輯 / 古雨潔

發行人 / 陳本源

出版者 / 全華圖書股份有限公司

郵政帳號 / 0100836-1 號

印刷者 / 宏懋打字印刷股份有限公司

圖書編號 / 0267803

四版二刷 / 2012 年 4 月

定價 / 新台幣 320 元

ISBN / 978-957-21-6434-1 (平裝)

全華圖書 / www.chwa.com.tw

全華網路書店 Open Tech / www.opentech.com.tw

若您對書籍內容、排版印刷有任何問題，歡迎來信指導 book@chwa.com.tw

臺北總公司(北區營業處)
地址：23671 新北市土城區忠義路 21 號
電話：(02) 2262-5666
傳真：(02) 6637-3695、6637-3696

南區營業處
地址：80769 高雄市三民區應安街 12 號
電話：(07) 862-9123
傳真：(07) 862-5562

中區營業處
地址：40256 臺中市南區樹義一巷 26-1 號
電話：(04) 2261-8485
傳真：(04) 3600-9806

廣　告　回　信
板橋郵局登記證
板橋廣字第540號

行銷企劃部　收

23671 新北市土城區忠義路21號
全華圖書股份有限公司

讀者回函卡

填寫日期：　/　/

姓名：＿＿＿＿　生日：西元＿＿年＿＿月＿＿日　性別：□男 □女

電話：（　）＿＿＿＿　傳真：（　）＿＿＿＿　手機：＿＿＿＿

e-mail：（必填）＿＿＿＿

註：數字零，請用 Φ 表示，數字 1 與英文 L 請另註明並書寫端正，謝謝。

通訊處：□□□□□

學歷：□博士　□碩士　□大學　□專科　□高中・職

職業：□工程師　□教師　□學生　□軍・公　□其他

學校／公司：＿＿＿＿　科系／部門：＿＿＿＿

・需求書類：

□ A. 電子 □ B. 電機 □ C. 計算機工程 □ D. 資訊 □ E. 機械 □ F. 汽車 □ I. 工管 □ J. 土木

□ K. 化工 □ L. 設計 □ M. 商管 □ N. 日文 □ O. 美容 □ P. 休閒 □ Q. 餐飲 □ B. 其他

・本次購買圖書為：＿＿＿＿　書號：＿＿＿＿

・您對本書的評價：

封面設計：□非常滿意　□滿意　□尚可　□需改善，請說明＿＿＿＿

內容表達：□非常滿意　□滿意　□尚可　□需改善，請說明＿＿＿＿

版面編排：□非常滿意　□滿意　□尚可　□需改善，請說明＿＿＿＿

印刷品質：□非常滿意　□滿意　□尚可　□需改善，請說明＿＿＿＿

書籍定價：□非常滿意　□滿意　□尚可　□需改善，請說明＿＿＿＿

整體評價：請說明＿＿＿＿

・您在何處購買本書？

□書局　□網路書店　□書展　□團購　□其他＿＿＿＿

・您購買本書的原因？（可複選）

□個人需要　□幫公司採購　□親友推薦　□老師指定之課本　□其他＿＿＿＿

・您希望全華以何種方式提供出版訊息及特惠活動？

□電子報　□ DM　□廣告（媒體名稱＿＿＿＿）

・您是否上過全華網路書店？（www.opentech.com.tw）

□是　□否　您的建議＿＿＿＿

・您希望全華出版那方面書籍？＿＿＿＿

・您希望全華加強那些服務？＿＿＿＿

～感謝您提供寶貴意見，全華將秉持服務的熱忱，出版更多好書，以饗讀者。

全華網路書店 http://www.opentech.com.tw　　客服信箱 service@chwa.com.tw

2011.03 修訂

親愛的讀者：

感謝您對全華圖書的支持與愛護，雖然我們很慎重的處理每一本書，但恐仍有疏漏之處，若您發現本書有任何錯誤，請填寫於勘誤表內寄回，我們將於再版時修正，您的批評與指教是我們進步的原動力，謝謝！

全華圖書　敬上

勘　誤　表

書　號		書　名		作　者	
頁　數	行　數	錯誤或不當之詞句		建議修改之詞句	

我有話要說：（其它之批評與建議，如封面、編排、內容、印刷品質等・・・）